高等学校计算机应用规划教材

中文版 AutoCAD 2016 基础教程

薛焱 李志忠 编著

U0283368

清华大学出版社

北 京

内 容 简 介

本书系统地介绍了使用中文版 AutoCAD 2016 进行计算机绘图的方法。全书共分 14 章，主要内容包括 AutoCAD 2016 入门基础，AutoCAD 绘图基础知识，使用图层、视图和辅助功能，绘制二维图形，编辑和调整二维图形对象，文字与表格的应用，图案填充、面域和图形信息，添加图形尺寸标注，块、外部参照和设计中心，三维绘图基础，绘制三维图形，编辑三维图形，观察和渲染三维图形，图形输入输出和打印等。

本书结构清晰，语言简练，实例丰富，既可作为高等学校相关专业的教材，也可作为从事计算机绘图技术研究与应用人员的参考书。

本书对应的电子课件、实例源文件和习题答案可以到 http://www.tupwk.com.cn 网站下载。

图书在版编目(CIP)数据

中文版 AutoCAD 2016 基础教程/薛焱，李志忠 编著. —北京：清华大学出版社，2016(2024.12 重印)
(高等学校计算机应用规划教材)
ISBN 978-7-302-42344-7

I. ① 中… II. ① 薛… ②李… III. ① AutoCAD 软件－高等学校－教材 IV. ① TP391.72

中国版本图书馆 CIP 数据核字(2015)第 293484 号

责任编辑：胡辰浩 袁建华
装帧设计：孔祥峰
责任校对：成凤进
责任印制：丛怀宇

出版发行：清华大学出版社
      网 址：https://www.tup.com.cn, https://www.wqxuetang.com
      地 址：北京清华大学学研大厦 A 座   邮 编：100084
      社 总 机：010-83470000   邮 购：010-62786544
      投稿与读者服务：010-62776969, c-service@tup.tsinghua.edu.cn
      质 量 反 馈：010-62772015, zhiliang@tup.tsinghua.edu.cn
      课 件 下 载：https://www.tup.com.cn，010-62794504
印 装 者：三河市龙大印装有限公司
经 销：全国新华书店
开 本：185mm×260mm   印 张：22.5   字 数：520 千字
版 次：2016 年 1 月第 1 版   印 次：2024 年 12 月第 9 次印刷
定 价：68.00 元

产品编号：064370-03

前　言

计算机绘图是近年来发展最迅速、最引人注目的技术之一。随着计算机技术的迅猛发展，计算机绘图技术已被广泛应用于机械、建筑、电子、航天、造船、石油化工、土木工程、冶金、农业、气象、纺织及轻工等多个领域，并发挥着越来越大的作用。

由 Autodesk 公司开发的 AutoCAD 是当前最为流行的计算机绘图软件之一。由于 AutoCAD 具有使用方便、体系结构开放等特点，深受广大工程技术人员的青睐。其最新版本 AutoCAD 2016 在界面、图层功能和控制图形显示等方面都达到了崭新的水平。

本书全面、翔实地介绍了 AutoCAD 的功能及使用方法。通过本书的学习，读者可以把基本知识和实战操作结合起来，快速、全面地掌握 AutoCAD 2016 软件的使用方法和绘图技巧，达到融会贯通、灵活运用的目的。

本书共分 14 章，从 AutoCAD 入门和绘图基础开始，分别介绍了绘图辅助工具的使用，绘制和编辑二维图形，创建文字和表格，设置面域与图案填充，图形尺寸的标注，块、外部参照和设计中心的使用，三维图形的绘制、编辑和渲染，图形的打印和发布等内容。

本书是作者在总结多年教学经验与科研成果的基础上编写而成的，它既可作为高等学校相关专业的教材，也可作为从事计算机绘图技术研究与应用人员的参考书。

为了方便老师教学，我们免费提供本书对应的电子课件、实例源文件和习题答案，读者可以到 http://www.tupwk.com.cn 网站上进行下载。

除封面署名的作者外，参加本书编写的人员还有陈笑、曹小震、高娟妮、李亮辉、洪妍、孔祥亮、陈跃华、杜思明、熊晓磊、曹汉鸣、陶晓云、王通、方峻、李小凤、曹晓松、蒋晓冬、邱培强等人。由于作者水平所限，本书难免有不足之处，欢迎广大读者批评指正。我们的邮箱是 huchenhao@263.net，电话是 010-62796045。

作　者
2015 年 10 月

目　　录

第1章 AutoCAD 2016入门基础

AutoCAD 是由美国 Autodesk 公司开发的通用计算机辅助绘图与设计软件包，可以帮助用户绘制二维图形和三维图形。AutoCAD 是一款功能强大的工程绘图软件，使用该软件可以精确、快速地绘制各种图形，因此被广泛应用于机械、建筑、电子、服装和广告设计等行业。本章作为全书的开端，将重点介绍 AutoCAD 2016 软件的基本功能、用户界面以及图形文件管理的相关方法，为下面进一步学习该软件打下坚实的基础。

1.1 AutoCAD 的基本功能

AutoCAD 具有功能强大、易于掌握、使用方便、体系结构开放等特点，能够绘制平面图形与三维图形、标注图形尺寸、渲染图形以及打印输出图纸，深受广大工程技术人员的欢迎。AutoCAD 自 1982 年问世以来，已经进行了多次升级，功能日趋完善，已成为工程设计领域应用最为广泛的计算机辅助绘图与设计软件之一。

1.1.1 绘制图形

AutoCAD 的 "功能区" 选项板的 "默认" 选项卡中包含着丰富的绘图命令，使用它们可以绘制直线、构造线、多段线、圆、矩形、多边形、椭圆等基本图形，也可以将绘制的图形转换为面域，对其进行填充。如果再借助于 "默认" 选项卡中的 "修改" 面板中的各种命令，还可以绘制出各种各样的二维图形。图 1-1 所示为使用 AutoCAD 绘制的二维图形。

图 1-1　二维图形

对于一些二维图形，通过拉伸、设置标高和厚度等操作就可以轻松地转换为三维图形。AutoCAD 提供了三维绘图命令，用户可以很方便地绘制圆柱体、球体、长方体等基本实体以及三维网格、旋转网格等网格模型。同样再结合编辑命令，还可以绘制出各种各样的复杂三维图形。图 1-2 所示为使用 AutoCAD 绘制的三维图形。

图 1-2　三维图形

在工程设计中，也常常使用轴测图来描述物体的特征。轴测图是一种以二维绘图技术来模拟三维对象沿特定视点产生的三维平行投影效果，但在绘制方法上不同于二维图形的绘制。因此，轴测图看似三维图形，但实际上是二维图形。切换到 AutoCAD 的轴测模式下，就可以方便地绘制出轴测图。此时，直线将绘制成与坐标轴成 30°、90°、150° 等角度，圆将绘制成椭圆形。图 1-3 所示为使用 AutoCAD 绘制的轴测图。

图 1-3　绘制轴测图

1.1.2　标注图形尺寸

尺寸标注是向图形中添加测量注释的过程，是整个绘图过程中不可缺少的一步。AutoCAD 提供了标注功能。使用该功能，可以在图形的各个方向上创建各种类型的标注，也可以方便、快速地以一定格式创建符合行业或项目标准的标注。

标注显示了对象的测量值，对象之间的距离、角度，或者特征与指定原点的距离。在 AutoCAD 中，提供了线性、半径和角度 3 种基本的标注类型，可以进行水平、垂直、对齐、旋转、坐标、基线或连续等标注。此外，还可以进行引线标注、公差标注，以及自定义粗糙度标注。标注的对象可以是二维图形或三维图形。图 1-4 所示为使用 AutoCAD 标注的二维图形和三维图形。

图 1-4　使用 AutoCAD 标注尺寸

1.1.3　渲染三维图形

在 AutoCAD 中，可以运用雾化、光源和材质，将模型渲染为具有真实感的图像。如果是为了演示，可以渲染全部对象；如果时间有限，或显示设备和图形设备不能提供足够的灰度等级和颜色，就不必精细渲染；如果只需快速查看设计的整体效果，则可以简单消隐或设置视觉样式。图 1-5 所示为使用 AutoCAD 进行渲染的效果。

图 1-5　使用 AutoCAD 渲染图形

1.1.4　输出打印图形

AutoCAD 不仅允许将所绘图形以不同样式通过绘图仪或打印机输出，还能够将不同格式的图形导入 AutoCAD 或将 AutoCAD 图形以其他格式输出。因此，当图形绘制完成之后可以使用多种方法将其输出。

例如，可以将图形打印在图纸上，或创建文件供其他软件使用。使用"打印"命令，打开"打印"对话框，可以在该对话框中进行打印机、打印图纸、图形方向等打印选项的设置，如图 1-6 所示。使用"另存为"命令，打开"图形另存为"对话框，可以将 AutoCAD 2016 文件另存为其他版本的 AutoCAD 文件，如图 1-7 所示。

图 1-6 "打印"对话框　　　　　　图 1-7 "图形另存为"对话框

1.2 AutoCAD 2016 的界面和工作空间

在学习 AutoCAD 2016 之前，首先要了解该软件的操作界面，其提供了便捷的操作工具，可以帮助读者快速熟悉操作环境，从而提高工作效率。此外，AutoCAD 2016 还提供了 4 种工作空间模式，可供用户随意切换使用。

1.2.1 AutoCAD 界面的组成

在启动 AutoCAD 2016 后，软件将默认进入"草图与注释"工作空间。此时，AutoCAD 界面组成各部分的名称如图 1-8 所示。

图 1-8 "草图与注释"工作空间

"草图与注释"工作空间包含菜单栏、工具选项板、选项卡和状态栏等。其中比较重要部分的功能说明如下。

1. 标题栏

AutoCAD 软件界面顶部为标题栏，其中显示了 AutoCAD 2016 的名称及当期的文件位置、名称等信息，标题栏中包括快速访问工具栏和通信中心。

- 快速访问工具栏：在标题栏左侧位置的快速访问工具栏包含了新建、打开、保存和打印等常用工具。用户还可以单击快速访问工具栏右侧的 ⬇ 按钮，将其他工具放置在该工具栏中，效果如图 1-9 所示。

图 1-9　添加快速访问工具栏中的工具

- 通信中心：在标题栏的右侧为通信中心，它是通过 Internet 与最新软件更新、产品支持通告和其他服务的直接链接。通信中心可以帮助用户快速搜索各种信息来源、访问产品更新和通告以及在信息中心保存主题(通信中心提供一般产品信息、产品支持信息、订阅信息、扩展通知、文章和提示等信息)，如图 1-10 所示。

图 1-10　通信中心

2. 文档浏览器

单击 AutoCAD 软件界面左上角的 ▲ 按钮，将打开文档浏览器。在文档浏览器的左侧为常用的工具，右侧为最新打开的文档。用户可以在右侧指定文档名的显示方式，以便于更好地分辨文档，如图 1-11 所示。

图 1-11　访问最近使用的文档

当鼠标在文档名称上停留时，AutoCAD 将自动显示一个预览图形以及其文档信息，效果如图 1-12 所示。

图 1-12　显示预览图形

3. 工具选项板

AutoCAD 2016 的工具选项板通常处于隐藏状态，要显示所需的工具选项板，用户可以切换至【视图】选项卡，然后在该选项卡的【选项板】选项板中单击【工具选项板】按钮，如图 1-13 所示。打开【工具选项板】栏，选择相应工具按钮，如图 1-14 所示。

图 1-13　单击【工具选项板】按钮　　　　图 1-14　选择相应工具按钮

4. 光标

AutoCAD 工作界面中当前的焦点(当前的工作位置)即为"光标"。针对 AutoCAD 工作的不同状态，对应的光标会显示不同的形状。例如，当光标位于 AutoCAD 的绘图区域时将呈现为十字形状，在这种情况下可以通过单击来执行相应的绘图命令；当光标呈现为小方格时，表示 AutoCAD 正处于等待选择状态，此时可以单击鼠标，在绘图区域中进行单个对象的选择，或进行多个对象的框选。光标的形状如图 1-15 所示。

图 1-15　光标的状态

5. 命令窗口

命令窗口位于绘图界面的最下方，主要用于显示提示信息和接受用户输入的数据，如图 1-16 所示。在 AutoCAD 中，用户可以按下 Ctrl+9 键来控制命令窗口的显示与隐藏。

图 1-16　命令行

另外，AutoCAD 还提供一个文本窗口，用户按下 F2 键可以显示该窗口。文本窗口记录本次操作中的所有操作命令，包括单击按钮和所执行的菜单命令(在文档窗口中按下回车键也可以执行相应的操作)，如图 1-17 所示。

图 1-17　文本窗口

6. 状态栏

状态栏位于 AutoCAD 界面的最底端，其左侧用于显示当前光标的状态信息，包括 X、Y、Z 这 3 个方向上的坐标值。状态栏的右侧显示一些具有特殊功能的按钮，一般包括捕捉、栅格、动态输入、正交和极轴等，如图 1-18 所示。

图 1-18 状态栏

7. 选项卡

在 AutoCAD 2016 的界面上方的选项卡中，包含了该软件中几乎所有的操作工具，效果如图 1-19 所示。

图 1-19 选项卡

8. 坐标系

AutoCAD 提供两个坐标系：一个称为世界坐标系(WCS)的固定坐标系和一个称为用户坐标系(UCS)的可移动坐标系。UCS 对于输入坐标、定义图形平面和设置视图非常有用。改变 UCS 并不改变视点，只改变坐标系的方向和倾斜角度，如图 1-20 所示。

图 1-20 坐标系

1.2.2 AutoCAD 的工作空间

AutoCAD 2016 中有"草图与注释"、"三维基础"、"三维建模"和"自定义"等多种工作空间模式。要在各种工作空间模式中进行切换，只需单击快速访问工具栏中的空间名称，然后在弹出的下拉列表中选中相应的空间即可，如图 1-21 所示。

图 1-21　选择空间

1. 草图与注释空间

在默认状态中，打开"草图与注释"空间，其界面主要由"菜单浏览器"按钮、"功能区"选项板、快速访问工具栏、文本窗口与命令行、状态栏等元素组成，如图 1-22 所示。在该空间中，可以使用"绘图"、"修改"、"图层"、"注释"、"块"等面板方便地绘制二维图形。

图 1-22　"草图与注释"空间

2. 三维基础与三维建模空间

使用"三维基础"或"三维建模"空间，可以方便地在三维空间中绘制图形。在"功能区"选项板中集成了"建模"、"实体"、"曲面"、"网格"、"渲染"等面板，从而为绘制三维图形、观察图形、创建动画、设置光源、为三维对象附加材质等操作提供了非常便利的环境，如图 1-23 所示。

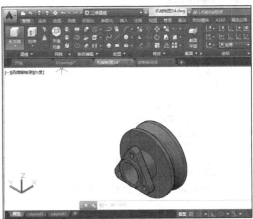

图 1-23　"三维基础"空间与"三维建模"空间

3. 自定义工作空间

在 AutoCAD 2016 中，用户除了可以使用软件默认设置的几种工作空间以外，还可以通过自定义的方式创建符合自己工作需求的工作空间。

【练习 1-1】 在 AutoCAD 2016 中创建一个自定义工作空间。

(1) 启动 AutoCAD 2016 后创建一个空白绘图文件，然后单击绘图界面左上角的▼按钮，在弹出的菜单中选中"工作空间"命令，如图 1-24 所示。

(2) 在绘图界面左上角单击"工作空间"快捷工具右侧的下拉列表按钮，在弹出的下拉列表中选中"自定义"选项，如图 1-25 所示。

图 1-24　选中"工作空间"命令　　　　图 1-25　选中"自定义"选项

(3) 在打开的"自定义用户界面"对话框中选中并右击"工作空间"选项，然后在弹出的菜单中选择"新建工作空间"命令，如图 1-26 所示。

(4) 显示新的工作空间选项，选择中文输入法，将新建的工作空间命名为"个人工作空间"，如图 1-27 所示。

图 1-26　选择"新建工作空间"命令　　　　图 1-27　命名工作空间

(5) 在"自定义用户界面"对话框中右击"个人工作空间"选项，在弹出的菜单中选中"自定义工作空间"命令,如图 1-28 所示。

(6) 进入自定义工作空间模式后,在"所有文件的自定义设置"窗格中选中需要在"个人工作空间"中显示的选项卡、工具栏和菜单等元素前的复选框,如图 1-29 所示。

图 1-28　选中"自定义工作空间"命令

图 1-29　设置工作空间功能区内容

(7) 再次右击"个人工作空间"选项,在弹出的菜单中选中"退出自定义工作空间模式"命令,如图 1-30 所示。

(8) 单击"确定"按钮退出对话框,在绘图界面左上角单击"工作空间"快捷工具右侧的下拉列表按钮,在弹出的下拉列表中可以选择自定义的"个人工作空间"选项,如图 1-31 所示。

图 1-30　退出自定义工作空间模式

图 1-31　使用自定义的工作空间

1.3　图形文件基本操作

在 AutoCAD 2016 中,图形文件管理一般包括创建新文件、打开和关闭已有的图形文件、保存图形文件等。

1.3.1　创建图形文件

在 AutoCAD 快速访问工具栏中单击"新建"按钮，或单击"菜单浏览器"按钮，在弹出的菜单中选择"新建"|"图形"命令,可以创建新图形文件,此时将打开"选择样板"对话框,如图 1-32 所示。

图 1-32　打开"选择样板"对话框

在"选择样板"对话框中，可以在样板列表框中选中某一个样板文件，这时在右侧的"预览"框中将显示出该样板的预览图像，单击"打开"按钮，可以将选中的样板文件作为样板来创建新图形。例如，以样板文件 Tutorial–iArch 创建新图形文件后，可以得到如图 1-33 所示的效果。样板文件中通常包含与绘图相关的一些通用设置，如图层、线型、文字样式等。使用样板创建新图形不仅提高了绘图的效率，而且还保证了图形的一致性。

图 1-33　新建样板图形文件

1.3.2　打开和关闭图形文件

在 AutoCAD 2016 中，创建完图形文件后，就可以进行打开和关闭文件的操作。

1. 打开图形文件

在快速访问工具栏中单击"打开"按钮 ，或单击"菜单浏览器"按钮 ，在弹出的菜单中选择"打开"|"图形"命令，可以打开已有的图形文件，此时将打开"选择文件"对话框，如图 1-34 所示。

图 1-34　打开"选择文件"对话框

在"选择文件"对话框的文件列表框中，选择需要打开的图形文件，在右侧的"预览"框中将显示出该图形的预览图像。默认情况下，打开的图形文件的格式都为.dwg 格式。图形文件可以用"打开"、"以只读方式打开"、"局部打开"和"以只读方式局部打开"4种方式打开。如果以"打开"和"局部打开"方式打开图形，可以对图形文件进行编辑；若以"以只读方式打开"和"以只读方式局部打开"方式打开图形，则无法编辑图形文件。单击"打开"按钮旁边的下拉按钮，在打开的下拉列表中可以选择这 4 种方式命令，如图 1-35所示。

图 1-35　选择打开方式

2. 关闭图形文件

单击"菜单浏览器"按钮 ，在弹出的菜单中选择"关闭"|"当前图形"命令，如图1-36 所示，或在绘图窗口中单击"关闭"按钮 ，可以关闭当前图形文件。

执行关闭命令后，如果当前图形没有保存，系统将弹出 AutoCAD 警告对话框，询问是否保存文件，如图 1-37 所示。此时，单击"是"按钮或直接按 Enter 键，可以保存当前图形文件并将其关闭；单击"否"按钮，可以关闭当前图形文件但不保存；单击"取消"按钮，可以取消关闭当前图形文件，即不保存也不关闭当前图形文件。

1.3.3　保存图形文件

在 AutoCAD 中，可以使用多种方式将所绘图形以文件形式存入磁盘。例如，在快速访问工具栏中单击"保存"按钮 ，或单击"菜单浏览器"按钮 ，在弹出的菜单中选择"保存"命令，以当前使用的文件名保存图形；也可以单击"菜单浏览器"按钮 ，在弹出的菜单中选择"另存为"|"图形"命令，将当前图形以新的名称保存，如图 1-38 所示。

在第一次保存创建的图形时，系统将打开"图形另存为"对话框，如图 1-39 所示。默认情况下，文件以"AutoCAD 2013 图形(*.dwg)"格式保存，也可以在"文件类型"下拉列表框中选择其他格式。

图 1-36　关闭图形

图 1-37　提示保存图形

图 1-38　保存图形

图 1-39　"图形另存为"对话框

【练习 1-2】在 AutoCAD 2016 中创建一个图形文件，将其保存后关闭。

(1) 启动 AutoCAD 2016 后，单击"菜单浏览器"按钮 ，选择"新建"命令，打开"选择样板"对话框，如图 1-40 所示。

图 1-40　打开"选择样板"对话框

(2) 在"选择样板"对话框中选中 Civil Metric 样板后，如图 1-41 所示。单击"打开"
按钮，即可创建如图 1-42 所示的样板图形文件。

图 1-41　"选择样板"对话框　　　　　　　　　图 1-42　创建图形文件

(3) 单击"菜单浏览器"按钮，在弹出的菜单中选中"另存为"命令，然后在显示的
选项区域中选择"图形"选项，如图 1-43 所示。

(4) 在打开的"图形另存为"对话框的"文件名"文本框中输入"Drawing.dwg"，如
图 1-44 所示。

图 1-43　保存图形文件　　　　　　　　　　图 1-44　"图形另存为"对话框

(5) 单击标签页上的 ⊠ 按钮关闭图形文件。单击"菜单浏览器"按钮 ▲，在弹出的菜
单中选中"打开"命令，在弹出的选项区域中选择"图形"选项，如图 1-45 所示。

(6) 打开"选择文件"对话框，选中 Drawing.dwg 文件后，单击"打开"按钮即可打
开该文档，如图 1-46 所示。

图 1-45　打开图形

图 1-46　"选择文件"对话框

1.4　思考练习

1. 简述在 AutoCAD 2016 中打开一个图形文件有哪几种方式。
2. 请简要说明 AutoCAD 工作界面的各个组成部分的主要功能。
3. 自定义快速访问工具栏，在其中添加"全部选择"和"删除"按钮。
4. 自定义适合自己的工作空间，并将其保存。

第2章 AutoCAD绘图基础知识

使用 AutoCAD 2016 进行各种绘图及编辑操作之前，为了规范绘图，提高绘图效率，用户需要掌握绘图环境的设置，以及坐标系的使用方法等。本章将主要介绍在 AutoCAD 中设置绘图环境，使用命令与系统变量，常用绘图的方法以及坐标系的使用方法等知识。

2.1　设置 AutoCAD 绘图环境

在使用 AutoCAD 2016 绘图前，用户需要对参数选项、绘图单位和绘图界限等进行必要的设置。

2.1.1　设置参数选项

单击"菜单浏览器"按钮▲，在弹出的菜单中单击"选项"按钮，打开"选项"对话框。在该对话框中包含"文件"、"显示"、"打开和保存"、"打印和发布"、"系统"、"用户系统配置"、"绘图"、"三维建模"、"选择集"、"配置"和"联机"选项卡，如图 2-1 所示。

图 2-1　打开"选项"对话框

"选项"对话框中主要选项卡的功能如下。

- "文件"选项卡：用于确定 AutoCAD 搜索支持文件、驱动程序文件、菜单文件和其他文件时的路径以及用户定义的一些设置，如图 2-2 所示。
- "显示"选项卡：用于设置窗口元素、布局元素、显示精度、显示性能和十字光标大小等显示属性，如图 2-3 所示。

图 2-2 "文件"选项卡　　　　　　　　　　　图 2-3 "显示"选项卡

- "打开和保存"选项卡：用于设置是否自动保存文件，以及自动保存文件时的时间间隔，是否维护日志，以及是否加载外部参照等，如图 2-4 所示。
- "打印和发布"选项卡：用于设置 AutoCAD 的输出设备。默认情况下，输出设备为 Windows 打印机。但在很多情况下，为了输出较大幅面的图形，也可使用专门的绘图仪，如图 2-5 所示。

图 2-4 "打开和保存"选项卡　　　　　　　　图 2-5 "打印和发布"选项卡

- "系统"选项卡：用于设置当前三维图形的显示特性，设置定点设备、是否显示 OLE 特性对话框、是否显示所有警告信息、是否检查网络连接、是否显示启动对话框和是否允许长符号名等，如图 2-6 所示。
- "用户系统配置"选项卡：用于设置是否使用快捷菜单和对象的排序方式，如图 2-7 所示。

图 2-6 "系统"选项卡　　　　　　　　　　图 2-7 "用户系统配置"选项卡

- "绘图"选项卡：用于设置自动捕捉、自动追踪、自动捕捉标记框颜色和大小、靶框大小，如图 2-8 所示。
- "三维建模"选项卡：用于对三维绘图模式下的三维十字光标、UCS 图标、动态输入、三维对象、三维导航等选项进行设置，如图 2-9 所示。

图 2-8　"绘图"选项卡

图 2-9　"三维建模"选项卡

- "选择集"选项卡：用于设置选择集模式、拾取框大小以及夹点大小等，如图 2-10 所示。
- "配置"选项卡：用于实现新建系统配置文件、重命名系统配置文件以及删除系统配置文件等操作，如图 2-11 所示。

图 2-10　"选择集"选项卡

图 2-11　"配置"选项卡

- "联机"选项卡：登录 Autodesk 360 后可以在该选项卡中同步或设置图形。

注意：

Autodesk 360 是一个可以提供一系列广泛特性、云服务和产品的云计算平台，可随时随地帮助用户完成优化设计及共享流程。

【练习 2-1】将 AutoCAD 2016 模型空间背景的颜色设置为黑色。

(1) 单击"菜单浏览器"按钮，在弹出的菜单中单击"选项"按钮，如图 2-12 所示。

(2) 打开"选项"对话框，选择"显示"选项卡，在"窗口元素"选项区域中单击"颜色"按钮，如图 2-13 所示。

图2-12　单击"选项"按钮

图2-13　单击"颜色"按钮

(3) 在接下来打开的"图形窗口颜色"对话框中，选择"上下文"选项区域中的"二维模型空间"选项，在"界面元素"列表框中选择"统一背景"选项。在"颜色"下拉列表框中选择"黑"选项，这时模型空间背景颜色将设置为黑色，如图2-14所示。单击"应用并关闭"按钮完成设置。

(4) 完成以上操作后，在【选项】对话框中单击【确定】按钮，AutoCAD 2016的绘图窗口背景颜色将被设置为如图2-15所示的黑色。

图2-14　设置模型空间背景颜色

图2-15　AutoCAD窗口效果

2.1.2　设置图形单位

在AutoCAD中，可以采用1:1的比例因子绘图，因此，所有的直线、圆和其他对象都可以用真实大小来绘制。例如，一个零件长200cm，可以按200cm的真实大小来绘制，在需要打印时，再将图形按图纸大小进行缩放。

在AutoCAD中单击━按钮，然后在弹出的菜单中选择"显示菜单栏"命令，在弹出的菜单中选择"格式"|"单位"命令，在打开的"图形单位"对话框中可以设置绘图时使用

的长度单位、角度单位，以及单位的显示格式和精度等参数，如图 2-16 所示。

图 2-16　打开"图形单位"对话框

在长度的测量单位类型中，"工程"和"建筑"类型(如图 2-17 所示)是以英尺和英寸显示，每一图形单位代表 1 英寸。其他类型，如"科学"和"分数"则没有这样的设定，每个图形单位都可以代表任何真实的单位。

如果块或图形创建时使用的单位与该选项指定的单位不同，则在插入这些块或图形时，将对其按比例缩放。插入比例是源块或图形使用的单位与目标图形使用的单位之比。如果插入块时不按指定单位缩放，则可以选择"无单位"选项，如同 2-18 所示。

图 2-17　设置长度测量单位　　　　　　　　图 2-18　选择"无单位"选项

注意：

在"长度"或"角度"选项区域中选择设置了长度或角度的类型与精度后，在"输出样例"选项区域中将显示它们对应的样例。

在"图形单位"对话框中，单击"方向"按钮，可以利用打开的"方向控制"对话框设置起始角度(0°角)的方向，如图 2-19 所示。默认情况下，角度的 0°方向是指向右(即正东方或 3 点钟)的方向，如图 2-20 所示。逆时针方向为角度增加的正方向。

图 2-19   "方向控制"对话框

图 2-20   默认的 0° 角方向

在"方向控制"对话框中，当选中"其他"单选按钮时，可以单击"拾取角度"按钮，切换到图形窗口中，通过拾取两个点来确定基准角度的 0° 方向。

在"图形单位"对话框中完成所有的图形单位设置后，单击"确定"按钮，可以将设置的单位应用到当前图形并关闭该对话框。此外，也可以使用 UNITS 命令来设置图形单位，这时将自动激活文本窗口。

【练习 2-2】设置图形单位，要求长度单位为小数点后两位，角度单位为十进制度数后一位小数，并以图 2-21 所示经过 A 点和 B 点的直线(从右下角到左上角)方向为角度的基准角度。

(1) 在菜单栏中选择"格式"|"单位"命令，打开"图形单位"对话框。

(2) 在"长度"选项区域的"类型"下拉列表框中选择"小数"；在"精度"下拉列表框中选择 0.00；在"角度"选项区域的"类型"下拉列表框中选择"十进制度数"；在"精度"下拉列表框中选择 0.0，然后单击"方向"按钮，如图 2-22 所示。

图 2-21   图形

图 2-22   "图形单位"对话框

(3) 打开"方向控制"对话框，并在"基准角度"选项区域中选中"其他"单选按钮。

单击"拾取角度"按钮，切换到绘图窗口，然后单击交点 A 和 B，在"方向控制"对话框的"角度"文本框中将显示角度值 150°，如图 2-23 所示。单击"确定"按钮，依次关闭【方向控制】对话框和【图形单位】对话框，完成设置。

图 2-23　使用"拾取角度"按钮

2.1.3　设置图形界限

图形界限就是绘图区域，也称为图限。在 AutoCAD 2016 中，可以在快速访问工具栏中选择"显示菜单栏"命令，在弹出的菜单中选择"格式"|"图形界限"命令(LIMITS)来设置图形界限，如图 2-24 所示。

图 2-24　设置图形界限

在世界坐标系下，图形界限由一对二维点确定，即左下角点和右上角点。在发出 LIMITS 命令时，命令提示行将显示如下提示信息：

指定左下角点或 [开(ON)/关(OFF)] <0.0000,0.0000>:

此时，通过选择"开(ON)"或"关(OFF)"选项可以决定能否在图形界限之外指定一点。如果选择"开(ON)"选项，那么将打开图形界限检查，就不能在图形界限之外结束一个对象，也不能使用"移动"或"复制"命令将图形移到图形界限之外，但可以指定两个点(中心和圆周上的点)来画圆，圆的一部分可能在界限之外；如果选择"关(OFF)"选项，AutoCAD 将禁止图形界限检查，可以在图限之外画对象或指定点。

【练习 2-3】在 AutoCAD 中将绘图界限设置为 600×400。

(1) 在快速访问工具栏中选择"显示菜单栏"命令，在弹出的菜单中选择"格式"|"图形界限"命令，发出 LIMITS 命令。

(2) 在命令行的"指定左下角点或 [开(ON)/关(OFF)] <0.0000,0.0000>:"提示下，按 Enter 键，保持默认设置。

(3) 在命令行的"指定右上角点 <420.0000,297.0000>:"提示下，输入绘图图限的右上角点(600,400)，如图 2-25 所示。

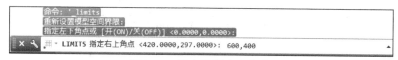

图 2-25　指定图限右上角点

(4) 输入完成后，按下 Enter 键，完成图形界限的设置。

注意：

打开图形界限检查时，无法在图形界限之外指定点。因为界限检查只是检查输入点，所以对象(例如圆)的某些部分可能会延伸出图形界限。

2.1.4　设置绘图环境

在 AutoCAD 中可以使用自定义工作空间来创建绘图环境，以便显示用户需要的工具栏、菜单和可固定的窗口。

1. 自定义用户界面

在菜单栏中选择"工具"|"自定义"|"界面"命令，打开"自定义用户界面"对话框，可以重新设置图形环境使其满足需求，可以重新设置图形环境使其满足需求。

"自定义用户界面"对话框包括两个选项卡，其中"自定义"选项卡控制如何创建或修改用户界面元素，"传输"选项卡控制移植或传输自定义设置。

【练习 2-4】在"功能区"选项板的"常用"选项卡中创建一个自定义面板。

(1) 在快速访问工具栏中选择"显示菜单栏"命令，在弹出的菜单中选择"工具"|"自定义"|"界面"命令，如图 2-26 所示。

(2) 打开"自定义用户界面"窗口，在"自定义"选项卡的"所有自定义文件"选项区域的列表框中右击"功能区"|"面板"节点，在弹出的快捷菜单中选择"新建面板"命令，如图 2-27 所示。

(3) 在对话框右侧的"特性"选项区域的"名称"文本框中输入自定义工具栏名称，如"我的面板"，如图 2-28 所示。

图 2-26　选择"界面"命令

图 2-27　选择"新建面板"命令

图 2-28　设置新建面板名称

(4) 在左侧"命令列表"选项区域中的"按类别"下拉列表框中选择"文件"选项，然后在下方对应的列表框中选中"另存为"命令，将其拖动到"我的面板"|"第 1 行"下，就为新建的工具栏添加了第一个工具按钮，如图 2-29 所示。

图 2-29　拖动"另存为"命令

(5) 重复步骤(4)的操作，使用同样的方法添加其他工具按钮，如图 2-30 所示。

(6) 在"所有文件中的自定义设置"列表中将"我的面板"拖动至"常用"选项卡中，如图 2-31 所示。

图 2-30　添加更多工具按钮　　　　　图 2-31　将"我的面板"拖动至"常用"选项卡

（7）完成以上操作后，单击"确定"按钮，即可在"功能区"选项板的"默认"选项卡中创建如图 2-32 所示的"我的面板"面板。

图 2-32　自定义面板

2. 锁定工具栏和选项板

在 AutoCAD 中可以锁定工具栏和选项板的位置，防止它们移动。锁定工具栏和选项板有以下两种方法。

- 单击状态栏的"锁定用户界面"图标，在弹出的菜单中选择需要锁定的对象，如图 2-33 所示。锁定对象后，状态栏上的"锁定"图标变为。
- 在快速访问工具栏中选择"显示菜单栏"命令，在弹出的菜单中选择"窗口"|"锁定位置"命令的子命令，如图 2-34 所示。

图 2-33　状态栏按钮　　　　　　　图 2-34　菜单栏命令

3. 保存工作空间

在设置完工作空间后，可以将其保存，以便在需要时使用该空间。在菜单中选择"工具"|"工作空间"|"将当前工作空间另存为"命令，打开"保存工作空间"对话框，在其

中设置空间名称后，单击"保存"按钮即可保存该工作空间，如图 2-35 所示。

图 2-35　保存工作空间

在保存了工作空间后，在快速访问工具栏选择"显示菜单栏"命令，在弹出的菜单中选择"工具"|"工作空间"|××(保存的空间名)命令，即可切换到保存的工作空间。

4. 设置命令窗口显示

AutoCAD 默认的命令窗口行数为 3，字体为 Courier New，用户可以根据设计的需求更改命令窗口的显示行数和字体。

调整命令窗口行数的方法是：将鼠标光标移动到绘图区与命令窗口的交界处，当鼠标光标呈现 ⇕ 状态时，按住鼠标左键上下移动即可，如图 2-36 所示。

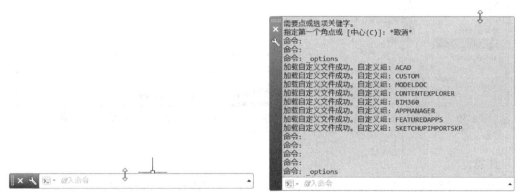

图 2-36　调整命令窗口行数

调整命令窗口字体在"选项"对话框的"显示"选项卡中进行。例如，将命令窗口中的"字体"设置为"楷体"，字形设置为"常规"，字号设置为 12 号，操作方法如下。

【练习 2-5】在 AutoCAD 2016 中设置命令窗口中的字体。

(1) 在 AutoCAD 中单击"文档浏览器"按钮 ，单击弹出的文档浏览器中的"选项"按钮，如图 2-37 所示。

(2) 在打开的"选项"对话框中选中"显示"选项卡，然后在该选项卡中单击"字体"按钮，如图 2-38 所示。

(3) 在打开的"命令行窗口字体"对话框中，设置"字体"列表框中的当前项为"隶书"，设置"字号"列表框中的当前项为 12，如图 2-39 所示。

(4) 单击"应用并关闭"按钮，返回"选项"对话框，然后在该对话框中单击"确定"按钮，完成命令窗口中字体的设置。如果 2-40 所示。

图2-37　单击"选项"按钮

图2-38　单击"字体"按钮

(5) 在命令窗口中执行任意命令，其中的文字效果如图2-40所示。

图2-39　"命令行窗口字体"对话框

图2-40　命令窗口中的文字效果

注意：

若用户需要恢复AutoCAD的默认设置，可以在"选项"对话框中选中"配置"选项卡，然后在该选项卡中单击"重置"按钮。

2.2　AutoCAD命令的基本操作

在AutoCAD中，菜单命令、工具按钮、命令和系统变量都是相互对应的。可以选择某一菜单命令，或单击某个工具按钮，或在命令行中输入命令和系统变量来执行相应命令。命令就是AutoCAD绘制与编辑图形的核心。

2.2.1　使用鼠标执行命令

在绘图窗口，光标通常显示为"十"字线形式。当光标移至菜单选项、工具或对话框内时，它会变成一个箭头。无论光标是"十"字线形式还是箭头形式，当单击或者按动鼠标键时，都会执行相应的命令或动作。在AutoCAD中，鼠标键是按照下述规则定义的。

- 拾取键：通常指鼠标左键，用于指定屏幕上的点，也可以用来选择 Windows 对象、AutoCAD 对象、工具栏按钮和菜单命令等。
- 回车键：指鼠标右键，相当于 Enter 键，用于结束当前使用的命令，此时系统将根据当前绘图状态而弹出不同的快捷菜单。
- 弹出菜单：当使用 Shift 键和鼠标右键的组合时，系统将弹出一个快捷菜单，用于设置捕捉点的方法。对于 3 键鼠标，弹出按钮通常是鼠标的中间按钮。

2.2.2　使用键盘输入命令

在 AutoCAD 2016 中，大部分的绘图、编辑功能都需要通过键盘输入来完成。通过键盘可以输入命令、系统变量，如图 2-41 所示。此外，键盘还是输入文本对象、数值参数、点的坐标或进行参数选择的唯一方法。

图 2-41　使用键盘输入

2.2.3　使用命令行

在 AutoCAD 2016 中，默认情况下"命令行"是一个可固定的窗口，可以在当前命令行提示下输入命令、对象参数等内容。对于大多数命令，"命令行"中可以显示执行完的两条命令提示(也叫命令历史)，而对于一些输出命令，如 TIME、LIST 命令，需要在放大的"命令行"或"AutoCAD 文本窗口"中显示，如图 2-42 所示。

在"命令行"窗口中右击，AutoCAD 将显示一个快捷菜单，如图 2-43 所示。通过它可以选择最近使用过的 6 个命令、复制选定的文字或全部命令历史、粘贴文字，以及打开"选项"对话框。

图 2-42　输入命令

图 2-43　命令行快捷菜单

注意：

在命令行中，可以使用 BackSpace 或 Delete 键删除命令行中的文字；也可以选中命令历史，并执行"粘贴到命令行"命令，将其粘贴到命令行中。

2.2.4　使用文本窗口

默认情况下，"AutoCAD 文本窗口"处于关闭状态。在快速访问工具栏中选择"显示菜单栏"命令，在弹出的菜单中选择"视图"|"显示"|"文本窗口"命令可以打开它，如图 2-44 所示，也可以按下 F2 键来显示或隐藏它。在"AutoCAD 文本窗口"中，使用"编辑"菜单中的命令(如图 2-45 所示)，可以选择最近使用过的命令、复制选定的文字等。

图 2-44　AutoCAD 文本窗口

图 2-45　"编辑"菜单

在文本窗口中，可以查看当前图形的全部命令历史，如果要浏览命令文字，可使用窗口滚动条或命令窗口浏览键，如 Home、PageUp、PageDown 等。如果要复制文本到命令行，可在该窗口中选择要复制的命令，然后选择"编辑"|"粘贴到命令行"命令；也可以右击选中的文字，在弹出的快捷菜单中选择"粘贴到命令行"命令将复制的内容粘贴到命令行中。

2.2.5　使用系统变量

在 AutoCAD 中，系统变量用于控制某些功能和设计环境、命令的工作方式，它可以打开或关闭捕捉、栅格或正交等绘图模式，设置默认的填充图案，或存储当前图形和 AutoCAD 配置的有关信息。

系统变量通常是 6~10 个字符长的缩写名称。许多系统变量有简单的开关设置。例如，GRIDMODE 系统变量用来显示或关闭栅格，当在命令行的"输入 GRIDMODE 的新值 <1>:"提示下输入 0 时，可以关闭栅格显示；输入 1 时，可以打开栅格显示。有些系统变量则用来存储数值或文字，如 DATE 系统变量用来存储当前日期。

可以在对话框中修改系统变量，也可以直接在命令行中修改系统变量。例如，要使用 ISOLINES 系统变量修改曲面的线框密度，可在命令行提示下输入该系统变量名称并按 Enter 键，然后输入新的系统变量值并按 Enter 键即可，详细操作如下。

命令: ISOLINES　(输入系统变量名称)

输入 ISOLINES 的新值 <4>: 32　(输入系统变量的新值)

2.2.6　重复、撤销和重做命令

在 AutoCAD 中，可以方便地重复执行同一条命令，或撤销前面执行的一条或多条命令。此外，撤销前面执行的命令后，还可以通过重做来恢复前面执行的命令。

1. 重复命令

可以使用多种方法来重复执行 AutoCAD 命令。例如，要重复执行上一个命令，可以按 Enter 键或空格键，或在绘图区域中右击，在弹出的快捷菜单中选择"重复"命令，如图 2-46 所示。

要重复执行最近使用的 6 个命令中的某一个命令，可以在命令窗口或文本窗口中右击，在弹出的快捷菜单中选择"近期使用的命令"的 6 个子命令之一。要多次重复执行同一个命令，可以在命令提示下输入 MULTIPLE 命令，然后在命令行的"输入要重复的命令名："提示下输入需要重复执行的命令，这样，AutoCAD 将重复执行该命令，直到按 Esc 键为止，如图 2-47 所示。

图 2-46　选择"重复"命令　　　　　　　图 2-47　输入重复命令

2. 终止命令

在命令执行过程中，可以随时按 Esc 键终止执行任何命令，因为 Esc 键是 Windows 程序用于取消操作的标准键。

3. 撤销前面所进行的操作

有多种方法可以放弃最近一个或多个操作，最简单的就是使用 UNDO 命令来放弃单个操作，也可以一次撤销前面进行的多步操作。这时可在命令提示行中输入 UNDO 命令，然后在命令行中输入要放弃的操作数目。例如，要放弃最近的 5 个操作，应输入 5，如图 2-48 所示，AutoCAD 将显示放弃的命令或系统变量设置。

图 2-48　输入 UNDO 命令

此时，可以使用“标记(M)”选项来标记一个操作，然后用“后退(B)”选项放弃在标记的操作之后执行的所有操作；也可以使用“开始(BE)”选项和“结束(E)”选项来放弃一组预先定义的操作。如果要重做使用 UNDO 命令放弃的最后一个操作，可以使用 REDO 命令。

注意：
在 AutoCAD 的命令行中，可以通过输入命令执行相应的菜单命令。此时，输入的命令可以是大写、小写或同时使用大小写。为了统一，本书全部使用大写。

2.3 AutoCAD 绘图的方法

为了满足不同用户的需要，使操作更加灵活方便，AutoCAD 2016 提供了多种方法来实现相同的功能。例如，可以使用菜单栏、工具栏、绘图命令、“菜单浏览器”按钮和选项板等方法来绘制基本图形对象。

2.3.1 使用菜单栏

绘制图形时，最常用的菜单是“绘图”和“修改”菜单。

- “绘图”菜单是绘制图形最基本、最常用的菜单。其中包含了 AutoCAD 2016 的大部分绘图命令，如图 2-49 所示。选择该菜单中的命令或子命令，即可绘制出相应的二维图形。
- “修改”菜单用于编辑图形，创建复杂的图形对象。如图 2-50 所示，其中包含了 AutoCAD 2016 的大部分编辑命令。通过选择该菜单中的命令或子命令，可以完成对图形的所有编辑操作。

图 2-49 “绘图”菜单

图 2-50 “修改”菜单

2.3.2 使用工具栏

工具栏中的每个按钮都与菜单栏中的菜单命令对应，单击按钮即可执行相应的绘图命令。如图 2-51 所示分别为"绘图"工具栏和"修改"工具栏。

图 2-51 工具栏

2.3.3 使用"菜单浏览器"按钮

单击"菜单浏览器"按钮，在弹出的菜单中选择相应的命令，同样可以执行相应的绘图命令，如图 2-52 所示。

图 2-52 使用"菜单浏览器"按钮

2.3.4 使用"功能区"选项板

"功能区"选项板集成了"默认"、"插入"、"注释"、"参数化"、"视图"、"管理"和"输出"等选项卡。在这些选项卡的面板中单击按钮即可执行相应的图形绘制或编辑操作，如图 2-53 所示。

图 2-53 "功能区"选项板

2.3.5 使用绘图命令

使用绘图命令也可以绘制图形，在命令提示行中输入绘图命令，按 Enter 键，并根据命令行的提示信息进行绘图操作。这种方法快捷，准确性高，但要求掌握绘图命令及其选择项的具体功能。AutoCAD 在实际绘图时，采用命令行工作机制，以命令的方式实现用户与系统的信息交互，而前面介绍的 5 种绘图方法是为了方便操作而设置的 5 种不同的调用绘图命令的方式。

2.4 使用 AutoCAD 的坐标系

在绘图过程中常常需要使用某个坐标系作为参照，拾取点的位置，以便精确定位某个对象。AutoCAD 提供的坐标系可以用来准确地设计并绘制图形。

2.4.1 世界坐标系与用户坐标系

在 AutoCAD 中，坐标系分为世界坐标系(WCS)和用户坐标系(UCS)。这两种坐标系下都可以通过坐标(x,y)来精确定位点。

默认情况下，在开始绘制新图形时，当前坐标系为世界坐标系即 WCS，它包括 X 轴和 Y 轴(如果在三维空间工作，还有一个 Z 轴)。WCS 坐标轴的交汇处显示"口"形标记，但坐标原点并不在坐标系的交汇点，而位于图形窗口的左下角，所有的位移都是相对于原点计算的，并且沿 X 轴正向及 Y 轴正向的位移规定为正方向，如图 2-54 所示。

在 AutoCAD 中，为了能够更好地辅助绘图，经常需要修改坐标系的原点和方向，这时世界坐标系将变为用户坐标系即 UCS。UCS 的原点以及 X 轴、Y 轴、Z 轴方向都可以移动及旋转，甚至可以依赖于图形中某个特定的对象。尽管用户坐标系中 3 个轴之间仍然互相垂直，但是在方向及位置上却都更灵活。另外，UCS 没有"口"形标记。

要设置 UCS，可在快速访问工具栏选择"显示菜单栏"命令，在弹出的菜单中选择"工具"菜单中的"命名 UCS"和"新建 UCS"命令及其子命令，或在"功能区"选项板中选择"视图"选项卡，在 UCS 面板中单击"原点"按钮(UCS)。例如，在快速访问工具栏选择"显示菜单栏"命令，在弹出的菜单中选择"工具" | "新建 UCS" | "原点"命令，单击圆心，这时世界坐标系变为用户坐标系并移动到圆心，圆心点也就成了新坐标系的原点，如图 2-55 所示。

2.4.2 坐标表示方法

在 AutoCAD 2016 中，点的坐标可以使用绝对直角坐标、绝对极坐标、相对直角坐标和相对极坐标 4 种方法表示，其特点如下。

- 绝对直角坐标：是从点(0,0)或(0,0,0)出发的位移，可以使用分数、小数或科学记数等形式表示点的 X、Y、Z 坐标值，坐标间用逗号隔开，如点(8.3,5.8)和(3.0, 5.2,8.8)等。

图 2-54　世界坐标系(WCS)的默认位置

图 2-55　用户坐标系(UCS)的位置

- 绝对极坐标：是从点(0,0)或(0,0,0)出发的位移，但给定的是距离和角度，其中距离
  和角度用"<"分开，且规定 X 轴正向为 0°，Y 轴正向为 90°，如点(4.27<60)、
  (34<30)等。
- 相对直角坐标和相对极坐标：相对坐标是指相对于某一点的 X 轴和 Y 轴位移，或
  距离和角度。它的表示方法是在绝对坐标表达方式前加上"@"号，如((@-13,8)和
  (@11<24)。其中，相对极坐标中的角度是新点和上一点连线与 X 轴的夹角。

2.4.3　控制坐标的显示

在绘图窗口中移动光标的十字指针时，状态栏上将动态地显示当前指针的坐标。在
AutoCAD 2016 中，坐标显示取决于所选择的模式和程序中运行的命令，共有 3 种模式。

- 模式 0，"关"：显示上一个拾取点的绝对坐标。此时，指针坐标将不能动态更新，
  只有在拾取一个新点时，显示才会更新。但是，从键盘输入一个新点坐标，不会改
  变该显示方式。
- 模式 1，"绝对"：显示光标的绝对坐标，该值是动态更新的。默认情况下，显示
  方式是打开的。
- 模式 2，"相对"：显示一个相对极坐标。当选择该方式时，如果当前处在拾取点
  状态，系统将显示光标所在位置相对于上一个点的距离和角度。当离开拾取点状态
  时，系统将恢复到模式 1。

在实际绘图过程中，可以根据需要随时按下 Ctrl +I 组合键或单击状态栏的坐标显示区
域，在这 3 种方式间切换，如图 2-56 所示。

35.4456, -16.1738, 0.0000	88.1689, 19.0239 , 0.0000	22.0000<300, 0.0000
模式 0，关	模式 1，绝对	模式 2，相对极坐标

图 2-56　坐标的 3 种显示方式

注意：

当选择"模式 0"时，坐标显示呈现灰色，表示坐标显示是关闭的，但是上一个拾取

点的坐标仍然是可读的。在一个空的命令提示符或一个不接收距离及角度输入的提示符下，只能在"模式 0"和"模式 1"之间切换。在一个接收距离及角度输入的提示符下，可以在所有模式间循环切换。

2.4.4　创建用户坐标系

在 AutoCAD 中，在快速访问工具栏中选择"显示菜单栏"命令，在弹出的菜单中选择"工具"|"新建 UCS"命令的子命令，如图 2-57 所示。或者选择"功能区"选项板的"视图"选项卡，在 UCS 面板中单击相应的按钮，都可以方便地创建 UCS，其意义分别如下。

图 2-57　选择子命令

- "世界"命令：从当前的用户坐标系恢复到世界坐标系。WCS 是所有用户坐标系的基准，不能被重新定义。
- "上一个"命令：从当前的坐标系恢复到上一个坐标系统。
- "面"命令：将 UCS 与实体对象的选定面对齐。要选择一个面，可单击该面的边界内或面的边界，被选中的面将亮显，UCS 的 X 轴将与找到的第一个面上的最近的边对齐。
- "对象"命令：根据选取的对象快速简单地建立 UCS，使对象位于新的 XY 平面，其中 X 轴和 Y 轴的方向取决于选择的对象类型。该选项不能用于三维实体、三维多段线、三维网格、视口、多线、面域、样条曲线、椭圆、射线、参照线、引线和多行文字等对象。对于非三维面的对象，新 UCS 的 XY 平面与绘制该对象时生效的 XY 平面平行，但 X 轴和 Y 轴可以作不同的旋转。
- "视图"命令：以垂直于观察方向(平行于屏幕)的平面为 XY 平面，建立新的坐标系，UCS 原点保持不变。常用于注释当前视图，使文字以平面方式显示。
- "原点"命令：通过移动当前 UCS 的原点，保持其 X 轴、Y 轴和 Z 轴方向不变，从而定义新的 UCS。可以在任何高度建立坐标系，如果没有给原点指定 Z 轴坐标值，将使用当前标高。
- "Z 轴矢量"命令：用特定的 Z 轴正半轴定义 UCS。需要选择两点，第一点作为新的坐标系原点，第二点决定 Z 轴的正向，XY 平面垂直于新的 Z 轴。

- "三点"命令：通过在三维空间的任意位置指定 3 点，确定新 UCS 原点及其 X 轴和 Y 轴的正方向，Z 轴由右手定则确定。其中，第 1 点定义了坐标系原点，第 2 点定义了 X 轴的正方向，第 3 点定义了 Y 轴的正方向。
- X/Y/Z 命令：旋转当前的 UCS 轴来建立新的 UCS。在命令行提示信息中输入正或负的角度以旋转 UCS，用右手定则来确定绕该轴旋转的正方向。

2.4.5　选择和命名用户坐标系

在快速访问工具栏中选择"显示菜单栏"命令，在弹出的菜单中选择"工具"|"命名 UCS"命令，如图 2-58 所示。

图 2-58　命名 UCS

在 UCS 对话框中选择"命名 UCS"选项卡，如图 2-59 所示。在"当前 UCS"列表中选择"世界"、"上一个"、"未命名"等选项，然后单击"置为当前"按钮，可将其置为当前坐标系，这时在该 UCS 前面将显示"▶"标记。也可以单击"详细信息"按钮，在"UCS 详细信息"对话框中查看坐标系的详细信息，如图 2-60 所示。

图 2-59　UCS 对话框

图 2-60　"UCS 详细信息"对话框

此外，在"当前 UCS"列表中的坐标系选项上右击，将弹出一个快捷菜单，可以重命名坐标系、删除坐标系或将坐标系置为当前坐标系。

2.4.6　使用正交用户坐标系

在 UCS 对话框中选择"正交 UCS"选项卡，可以从"当前 UCS"列表中选择需要使用的正交 UCS 坐标系，如图 2-61 所示。单击"详细信息"按钮，在"UCS 详细信息"对话框中查看正交 UCS 坐标系的详细信息，如图 2-62 所示。

图 2-61　"正交 UCS"选项卡

图 2-62　"UCS 详细信息"对话框

2.4.7　设置 UCS 选项

在 AutoCAD 2016 中，在快速访问工具栏中选择"显示菜单栏"命令，在弹出的菜单中选择"视图"|"显示"|"UCS 图标"子菜单中的命令，控制坐标系图标的可见性和显示方式。

- "开"命令：选择该命令可以在当前视口中打开 UCS 图符显示；取消该命令则可在当前视口中关闭 UCS 图符显示，如图 2-63 所示。

关闭 UCS 图标显示　　　　　　　　　　开启 UCS 图标显示

图 2-63　关闭与开启 UCS 图标显示

- "原点"命令：选择该命令可以在当前坐标系的原点处显示 UCS 图符；取消该命令则可以在视口的左下角显示 UCS 图符，而不考虑当前坐标系的原点。如图 2-64 所示。

使用"原点"命令　　　　　　　　　　　　　　未使用"原点"命令

图 2-64　在当前坐标系的原点处显示 UCS 图标

- "特性"命令：选择该命令可打开"UCS 图标"对话框，可以设置 UCS 图标的样式、大小、颜色及布局选项卡中的图标颜色，如图 2-65 所示。

此外，在 AutoCAD 中，还可以使用 UCS 对话框中的"设置"选项卡(如图 2-66 所示)对 UCS 图标或 UCS 进行设置。

图 2-65　"UCS 图标"对话框

图 2-66　"设置"选项卡

2.5　思考练习

1. 如何设置绘图的参数选项？
2. 如何设置图形单位？试设置一个图形单位，要求长度单位为小数点后两位小数，角度单位为十进制度数后三位小数。
3. 在 AutoCAD 2016 中，世界坐标系和用户坐标系各有什么特点？如何创建用户坐标系？
4. 在 AutoCAD 2016 中，点的坐标有哪几种表示方法？
5. 系统变量 SAVENAME 是只读变量，用于查询在保存当前图形之后的图形文件名和目录路径。试用此系统变量了解当前图形的文件名及保存路径，然后将当前图形换名保存到其他位置，再用系统变量 SAVENAME 查看结果。

6. 系统变量UCSICON用于设置坐标系图标的显示模式,它有ON(显示图标)和OFF(不显示图标)等不同的值。试将该变量设成不同的值, 并观察结果。

7. 以样板文件 acadiso.dwt 创建一幅新图形,并对其进行如下设置。

● 绘图界限:将绘图界限设成横装 A3 图幅(尺寸: 420×297),并使所设绘图界限有效。

● 绘图单位:将长度单位设为小数,精度为小数点后 1 位;将角度单位设为十进制度数,精度为小数点后 1 位,其余保存默认设置。

● 保存图形: 将图形以文件名 A3 保存。

第3章 使用图层、视图和辅助功能

为了更方便地绘图，在 AutoCAD 中常常需要借助辅助工具来提高绘图效率。使用图层可以组织不同类型的图形信息，降低视觉的复杂程度；使用栅格、捕捉和自动追踪等功能可以更简单、快速而又精确地指定单点的位置。

3.1 使用图层

图层是将图形中的对象进行按类分组管理的工具。通过分层管理利用图层的特性来区分不同的对象，这样便于图形的修改和使用。在 AutoCAD 中，图层的特性包括线型、线宽和颜色等内容，在绘图的过程中，这些内容主要通过图层来控制。通常在绘制图样之前，应根据国家制图标准用不同线型的宽度来表达零件的结构形状。

3.1.1 新建图层

开始绘制新图形时，AutoCAD 自动创建一个名为 0 的特殊图层。默认情况下，图层 0 将被指定使用 7 号颜色(白色或黑色，由背景色决定)、Continuous 线型、"默认"线宽等样式。在绘图过程中，如果要使用更多的图层来组织图形，就需要先创建新图层。

在快速访问工具栏中选择"显示菜单栏"命令，在弹出的菜单中选择"格式"|"图层"命令，打开"图层特性管理器"选项板，如图 3-1 所示。单击"新建图层"按钮，在图层列表中将出现一个名称为"图层 1"的新图层。默认情况下，新建图层与当前图层的状态、颜色、线性及线宽等设置相同。单击"冻结的新图层视口"按钮，也可以创建一个新图层，只是该图层在所有的视口中都被冻结。

图 3-1　打开"图层特性管理器"选项板

当用户在"图层特性管理器"选项板中创建了图层后，图层的名称将显示在图层列表框中。如果要更改图层名称，可以右击该图层名，然后在弹出的菜单中选择"重命名图层"命令，如图 3-2 所示，此时可以输入图层名称，如图 3-3 中所示的那样输入"图 1"。

图 3-2　选择"重命名图层"命令　　　　　　　图 3-3　输入图层名

注意：

在为创建的图层命名时，在图层的名称中不能包含通配符(*和？)和空格，也不能与其他图层重名。

3.1.2　设置图层

在 AutoCAD 2016 中，用户可以通过设置图层的各类属性(如颜色、线型和线宽等)，以满足在绘制图形时的制图需求。

1. 设置图层颜色

颜色在图形中具有非常重要的作用，可用来表示不同的组件、功能和区域。图层的颜色实际上是图层中图形对象的颜色。每个图层都拥有自己的颜色，对不同的图层可以设置相同的颜色，也可以设置不同的颜色，当绘制复杂图形时就能够很容易区分图形的各部分。

创建图层后，要改变图层的颜色，可在"图层特性管理器"选项板中单击图层的"颜色"列对应的图标，打开"选择颜色"对话框，如图 3-4 所示。

图 3-4　打开"选择颜色"对话框

在"选择颜色"对话框中，可以使用"索引颜色"、"真彩色"和"配色系统"3 个选项卡为图层设置颜色。

- "索引颜色"选项卡：可以使用 AutoCAD 的标准颜色(ACI 颜色)。在 ACI 颜色表中，每一种颜色用一个 ACI 编号(1~255 之间的整数)标识。"索引颜色"选项卡实际上是一张包含 256 种颜色的颜色表。
- "真彩色"选项卡：使用 24 位颜色定义显示 16M 色。指定真彩色时，可以使用 RGB 或 HSL 颜色模式。如果使用 RGB 颜色模式，则可以指定颜色的红、绿、蓝组合；如果使用 HSL 颜色模式，则可以指定颜色的色调、饱和度和亮度要素，如图 3-5 所示。在这两种颜色模式下，可以得到同一种所需的颜色，但是组合颜色的方式不同。

图 3-5　RGB 和 HSL 颜色模式

- "配色系统"选项卡：使用标准 PANTONE 配色系统设置图层的颜色，如图 3-6 所示。

图 3-6　"配色系统"选项卡

2. 设置图层线型

线型指的是图形基本元素中线条的组成和显示方式，如虚线和实线等。在 AutoCAD 中既有简单线型，也有由一些特殊符号组成的复杂线型，可以满足不同国家或行业标准的使用要求。

- 设置线型：在绘制图形时要使用线型来区分图形元素，这就需要对线型进行设置。默认情况下，图层的线型为 Continuous。要改变线型，可在图层列表中单击"线型"列的 Continuous，打开"选择线型"对话框，在"已加载的线型"列表框中选择一种线型即可将其应用到图层中，如图 3-7 所示。

- 加载线型：默认情况下，在"选择线型"对话框的"已加载的线型"列表框中只有 Continuous 一种线型。如果要使用其他线型，必须将其添加到"已加载的线型"列表框中。可单击"加载"按钮打开"加载或重载线型"对话框，如图 3-8 所示，从当前线型库中选择需要加载的线型，单击"确定"按钮。

图 3-7　"选择线型"对话框

图 3-8　"加载或重载线型"对话框

- 设置线型比例：在快速访问工具栏中选择"显示菜单栏"命令，在弹出的菜单中选择"格式"|"线型"命令，打开"线型管理器"对话框，可设置图形中的线型比例，从而改变非连续线型的外观，如图 3-9 所示。

图 3-9　打开"线型管理器"对话框

"线型管理器"对话框显示了当前使用的线型和可选择的其他线型。当在线型列表中选择了某一线型并单击了"显示细节"按钮后，可以在"详细信息"选项区域中设置线型的"全局比例因子"和"当前对象缩放比例"。其中，"全局比例因子"用于设置图形中所有线型的比例，"当前对象缩放比例"用于设置当前选中线型的比例。

注意：

AutoCAD 中的线型包含在线型库定义文件 acad.lin 和 acadiso.lin 中。其中，在英制测量系统下，使用线型库定义文件 acad.lin；在公制测量系统下，使用线型库定义文件 acadiso.lin。用户可根据需要，单击"加载或重载线型"对话框中的"文件"按钮，打开"选择线型文件"对话框，选择合适的线型库定义文件。

3. 设置图层线宽

线宽设置就是改变线条的宽度。在 AutoCAD 中，使用不同宽度的线条表现对象的大小或类型，可以提高图形的表达能力和可读性。

要设置图层的线宽，可以在"图层特性管理器"选项板的"线宽"列中单击该图层对应的线宽"——默认"，打开"线宽"对话框，有 20 多种线宽可供选择，如图 3-10 所示。也可以在快速访问工具栏中选择"显示菜单栏"命令，在弹出的菜单中选择"格式"|"线宽"命令，打开"线宽设置"对话框，通过调整线宽比例，使图形中的线宽显示得更宽或更窄，如图 3-11 所示。

　　图 3-10　"线宽"对话框

　　图 3-11　"线宽设置"对话框

在"线宽设置"对话框的"线宽"列表框中选择所需线条的宽度后，还可以设置其单位和显示比例等参数，各选项的功能如下。

- "列出单位"选项区域：设置线宽的单位，可以是"毫米"或"英寸"。
- "显示线宽"复选框：设置是否按照实际线宽来显示图形，也可以单击状态栏上的"线宽"按钮来显示或关闭线宽。

- "默认"下拉列表框：设置默认线宽值，即关闭显示线宽后 AutoCAD 所显示的线宽。
- "调整显示比例"选项区域：通过调节显示比例滑块，可以设置线宽的显示比例大小。

【练习 3-1】创建图层"内部线层"，要求该图层颜色为"绿"，线型为 ACAD_IS004 W100，线宽为 0.25mm。

(1) 在快速访问工具栏中选择"显示菜单栏"命令，在弹出的菜单中选择"格式"|"图层"命令，打开"图层特性管理器"选项板。

(2) 单击选项板上方的"新建图层"按钮，创建一个新图层，并在"名称"列对应的文本框中输入"内部线层"，如图 3-12 所示。

(3) 在"图层特性管理器"选项板中单击"颜色"列的图标，打开"选择颜色"对话框，在标准颜色区中单击红色，这时"颜色"文本框中将显示颜色的名称"红"，单击"确定"按钮，如图 3-13 所示。

图 3-12　"图层特性管理器"选项板

图 3-13　"选择颜色"对话框

(4) 在"图层特性管理器"选项板中单击"线型"列上的 Continuous，打开"选择线型"对话框，如图 3-14 所示。

(5) 在"选择线型"对话框中单击"加载"按钮，打开"加载或重载线型"对话框，在"可用线型"列表框中选择线型 ACAD_IS004W100，如图 3-15 所示，然后单击"确定"按钮。

图 3-14　"选择线型"对话框

图 3-15　"加载或重载线型"对话框

(6) 在"选择线型"对话框的"已加载的线型"列表框中选择 ACAD_IS004W100，然后单击"确定"按钮，如图 3-16 所示。

(7) 在"图层特性管理器"选项板中单击"线宽"列的线宽，打开"线宽"对话框，在"线宽"列表框中选择 0.25mm，然后单击"确定"按钮即可，如图 3-17 所示。

图 3-16 　选择线型

图 3-17 　设置线宽

3.1.3 管理图层

在 AutoCAD 中建立完图层后，需要对其进行管理，包括图层特性的设置、图层的切换、图层状态的保存与恢复等。

1. 设置图层特性

使用图层绘制图形时，新对象的各种特性将默认为随层，由当前图层的默认设置决定。也可以单独设置对象的特性，新设置的特性将覆盖原来随层的特性。在"图层特性管理器"选项板中，每个图层都包含状态、名称、打开/关闭、冻结/解冻、锁定/解锁、线型、颜色、线宽和打印样式等特性，如图 3-18 所示。在 AutoCAD 2016 中，图层的各列属性可以显示或隐藏，只需右击图层列表的标题栏，在弹出的快捷菜单中选择或取消选择命令即可。

图 3-18 　图层特性

在 AutoCAD 2016 中，各种图层特性的功能如下。

- 状态：显示图层和过滤器的状态。其中，当前图层标识为 ☑ 。
- 名称：即图层的名字，是图层的唯一标识。默认情况下，图层的名称按图层 0、图层 1、图层 2 ……的编号依次递增，可以根据需要为图层定义能够表达用途的名称。
- 开关状态：单击"开"列对应的小灯泡图标 💡 ，可以打开或关闭图层。在开状态下，灯泡的颜色为黄色，图层上的图形可以显示，也可以在输出设备上打印；在关状态下，灯泡的颜色为灰色，图层上的图形不能显示，也不能打印输出。在关闭当前图层时，系统将显示一个消息对话框，警告正在关闭当前层。
- 冻结：单击图层"冻结"列对应的太阳 ☀ 或雪花 ❄ 图标，可以解冻或冻结图层。图层被冻结时显示雪花 ❄ 图标，此时图层上的图形对象不能被显示、打印输出和编辑。图层被解冻时显示太阳 ☀ 图标，此时图层上的图形对象能够被显示、打印输出和编辑。
- 锁定：单击"锁定"列对应的关闭 🔒 或打开 🔓 小锁图标，可以锁定或解锁图层。图层在锁定状态下并不影响图形对象的显示，且不能对该图层上已有图形对象进行编辑，但可以绘制新图形对象。此外，在锁定的图层上可以使用查询命令和对象捕捉功能。
- 颜色：单击"颜色"列对应的图标，可以使用打开的"选择颜色"对话框来选择图层颜色。
- 线型：单击"线型"列显示的线型名称，可以使用打开的"选择线型"对话框来选择所需要的线型。
- 线宽：单击"线宽"列显示的线宽值，可以使用打开的"线宽"对话框来选择所需要的线宽。
- 打印样式：通过"打印样式"列确定各图层的打印样式，如果使用的是彩色绘图仪，则不能改变这些打印样式。
- 打印：单击"打印"列对应的打印机图标，可以设置图层是否能够被打印，在保持图形显示可见性不变的前提下控制图形的打印特性。打印功能只对没有冻结和关闭的图层起作用。
- 说明：单击"说明"列两次，可以为图层或组过滤器添加必要的说明信息。

注意:

不能冻结当前层，也不能将冻结层设为当前层，否则将会显示警告信息对话框。冻结的图层与关闭图层的可见性是相同的，但冻结的对象不参加处理过程中的运算，关闭的图层则要参加运算。所以，在复杂的图形中冻结不需要的图层可以加快系统重新生成图形时的速度。

2. 置为当前层

在"图层特性管理器"选项板的图层列表中，选择某一图层后，单击"置为当前"按钮 🖋 ，如图 3-19 所示，或在"功能区"选项板中选择"默认"选项卡，在"图层"面板的"图层控制"下拉列表框中选择某一图层，都可将该层设置为当前层。

在"功能区"中，用户可以参考以下两种方法设置对象和对象所在的图层为当前层。

- 在"功能区"选项板中选择"默认"选项卡，在"图层"面板中单击"更改为当前图层"按钮，选择要更改到当前图层的对象，并按 Enter 键，可以将对象更改为当前图层，如图 3-20 所示。

- 在"功能区"选项板中选择"默认"选项卡，在"图层"面板中单击 按钮，选择将要使其图层成为当前图层的对象，并按 Enter 键，可以将对象所在图层置为当前图层。

图 3-19 单击"置为当前"按钮   图 3-20 单击"更改为当前图层"按钮

3. 保存图层状态

图层设置包括图层状态和图层特性。图层状态包括图层是否打开、冻结、锁定、打印和在新视口中自动冻结。图层特性包括颜色、线型、线宽和打印样式。可以选择要保存的图层状态和图层特性。

如果要保存图层状态，可在"图层特性管理器"选项板的图层列表中右击要保存的图层，在弹出的快捷菜单中选择"保存图层状态"命令，打开"要保存的新图层状态"对话框，如图 3-21 所示。在"新图层状态名"文本框中输入图层状态的名称，在"说明"文本框中输入相关的图层说明文字，然后单击"确定"按钮即可。

图 3-21 保存图层状态

4. 恢复图层状态

如果改变了图层的显示等状态，还可以恢复以前保存的图层设置。在"图层特性管理器"选项板的图层列表中右击要恢复的图层，在弹出的快捷菜单中选择"恢复图层状态"命令，打开"图层状态管理器"对话框，选择需要恢复的图层状态后，单击"恢复"按钮即可，如图 3-22 所示。

图 3-22　恢复图层状态

5. 使用图层工具管理图层

在 AutoCAD 2016 中使用图层管理工具可以更加方便地管理图层。在快速访问工具栏中选择"显示菜单栏"命令，在弹出的菜单中选择"格式"|"图层工具"命令中的子命令(如图 3-23 所示)，或在"功能区"选项板中选择"默认"选项卡，在"图层"面板中单击相应的按钮(如图 3-24 所示)，都可以通过图层工具来管理图层。

图 3-23　"图层工具"子命令　　　　　图 3-24　"图层"面板

"图层"面板中的各按钮与"图层工具"子命令的功能相对应，其中各主要按钮的功能如下所示。

- "隔离"按钮 ≶：单击该按钮，可以将选定对象的图层隔离。
- "取消隔离"按钮 ≶：单击该按钮，恢复由"隔离"命令隔离的图层。

- "关闭"按钮 ：单击该按钮，将选定对象的图层关闭。
- "冻结"按钮 ：单击该按钮，将选定对象的图层冻结。
- "匹配图层"按钮 ：单击该按钮，将选定对象的图层更改为选定目标对象的图层。
- "上一个"按钮 ：单击该按钮，恢复上一个图层设置。
- "锁定"按钮 ：单击该按钮，锁定选定对象的图层。
- "解锁"按钮 ：单击该按钮，将选定对象的图层解锁。
- "打开所有图层"按钮 ：单击该按钮，打开图形中的所有图层。
- "解冻所有图层"按钮 ：单击该按钮，解冻图形中的所有图层。
- "更改为当前图层"按钮 ：单击该按钮，将选定对象的图层更改为当前图层。
- "将对象复制到新图层"按钮 ：单击该按钮，将图元复制到不同的图层。
- "图层漫游"按钮 ：单击该按钮，隔离每个图层。
- "视口冻结"按钮 ：单击该按钮，将对象的图层隔离到当前视口。
- "合并"按钮 ：单击该按钮，合并两个图层，并从图形中删除第一个图层。
- "删除"按钮 ：单击该按钮，从图形中永久删除图层。

【练习 3-2】不显示图 3-25 中的 dim 图层，并要求确定阳台填充图案所在的图层。

(1) 打开如图 3-25 所示的图形文件，在"功能区"选项板中选择"默认"选项卡，在"图层"面板中单击"关闭"按钮 。

(2) 在命令行的"选择要关闭的图层上的对象或[设置(S)/放弃(U)]:"提示下，选择任意一个标注对象，如图 3-26 所示。

图 3-25 打开图形

图 3-26 选取标注对象

(3) 在命令行的"图层'dim'为当前图层，是否关闭它？[是(Y)/否(N)]<否(N)>:"提示下，输入 y，如图 3-27 所示，并按 Enter 键，关闭标注层，此时绘图窗口中将不显示"dim"图层，如图 3-28 所示。

图 3-27 不显示 dim 图层

（4）在"功能区"选项板中选择"默认"选项卡，在"图层"面板中单击"图层漫游"按钮 ，打开"图层漫游"对话框，如图 3-28 所示。

（5）单击"选择对象"按钮 ，在绘图窗口选择线条，如图 3-29 所示。

图 3-28　"图层漫游"对话框

图 3-29　选择线条

（6）按 Enter 键返回至"图层漫游"对话框，此时，只在主线条所在的图层上亮显，用户即可确定它所在的图层，如图 3-30 所示。

图 3-30　显示选择图层

3.2　控制图形显示

在 AutoCAD 2016 中，可以使用多种方法来观察绘图窗口中绘制的图形，以便灵活观察图形的整体效果或局部细节。

3.2.1　缩放和平移视图

按一定的比例、观察位置和角度显示图形的区域称为视图。在 AutoCAD 中，可以通过缩放与平移视图来方便地观察图形。

1. 缩放视图

通过缩放视图，可以放大或缩小图形的屏幕显示尺寸，而图形的真实尺寸保持不变。在快速访问工具栏中选择"显示菜单栏"命令，在弹出的菜单中选择"视图" | "缩放"命令(ZOOM)即可缩放视图。

在使用 ZOOM 命令对图形进行缩放操作时，命令窗口中各选项的含义如下。

- 全部(A)：在当前视窗中显示全部图形。当绘制的图形均包含在用户定义的图形界限以内时，则在当前视窗中完全显示出图形，如果绘制的图形超出了图形界限以外，则以图形的边界所包括的范围进行显示。
- 中心(C)：以指定的点为中心进行缩放，然后相对于中心点指定比例缩放视图。
- 动态(D)：对图形进行动态缩放。将鼠标光标移动到所需的位置，单击鼠标左键，然后拖动鼠标缩放当前区域，按下 Enter 键即可将当前区域的图形以最大化显示。
- 范围(E)：将当前窗口中的所有图形尽可能大地显示在屏幕中。
- 上一个(P)：返回前一个视图。当使用 ZOOM 命令的其他选项对视图进行缩放后，需要使用前一个视图时，可以选择该选项。
- 比例(S)：根据输入的比例值缩放图形。这里有 3 种比例的方法，一种是直接输入数值表示相对于图形界限进行缩放；第二种是在输入的比例值后加上 x，表示相对于当前视图进行缩放；第三种是在比例值后加上 xp，表示相对于图纸空间单位进行缩放。
- 窗口(W)：选择该选项后，可以使用鼠标指定一个矩形区域，在该范围内的图形对象将最大化地显示在绘图区中。
- 对象(O)：选择该选项后，再选择要显示的图形对象，选择的图形对象将尽可能大地显示在屏幕上。
- 实时：为默认选择的选项，执行 ZOOM 命令后即使用该选项。该选项允许用户在绘图区中移动鼠标指定一个放大区域，按下 Enter 键将放大指定的区域。

【练习 3-3】放大显示图 3-31 所示图形的部分区域。

(1) 打开如图 3-31 所示的图形后，在快速访问工具栏中选择"显示菜单栏"命令，在弹出的菜单中选择"视图" | "缩放" | "动态"命令，此时，在绘图窗口中将显示图形范围，

如图 3-32 所示。

图 3-31　打开图形

图 3-32　显示视图框

(2) 当视图框包含一个 "×" 符号时，在屏幕上拖动视图框以平移到不同的区域。

(3) 要缩放到不同的大小，可单击鼠标左键，这时视图框中的 "×" 将变成一个右箭头。左右移动指针调整视图框尺寸，上下移动光标可调整视图框位置。如果视图框较大，则显示出的图像较小；如果视图框较小，则显示出的图像较大，最后调整如图 3-33 所示。

(4) 放大区域调整完毕后，再次单击鼠标左键。

(5) 当视图框指定的区域正是用户想查看的区域，按下 Enter 键确认，则视图框所包围的图像就成为当前视图，如图 3-34 所示。

图 3-33　调整视图框大小和位置

图 3-34　放大后的效果

2. 平移视图

使用 AutoCAD 2016 在绘制图形的过程中，由于某些图形比较大，在放大进行绘制与编辑时，其余图形对象将不能显示，如果在要显示绘图区边上或绘图区外的图形对象，但是不想改变图形对象的显示比例时，则可以使用平移视图功能，将图形对象进行移动。

在 AutoCAD 中执行平移视图命令的方法主要有以下几种。

- 选择 "视图" | "平移" 命令，在弹出的子菜单中选择 "实时"、"点"、"左"、"右"、"上" 或 "下" 命令。
- 在状态栏中单击 "平移" 按钮 。

● 在命令窗口中执行 PAN 或 P 命令。

选择"视图"|"平移"命令时,在弹出的下一级菜单中可以看出,视图平移主要分为
"实时平移"和"定点平移"两种,其各自的功能说明如下。

● 实时平移:鼠标光标形状变为手形后,按住鼠标左键拖动可以使图形的显示位置随
鼠标向同一方向移动。

● 定点平移:通过在 AutoCAD 绘图区中指定平移起始基点和目标点的方式进行平移。

3.2.2 使用命名视图

在一张工程图纸上可以创建多个视图。当要查看、修改图纸上的某一部分视图时,将
该视图恢复出来即可。

1. 命名视图

在快速访问工具栏中选择"显示菜单栏"命令,在弹出的菜单中选择"视图"|"命名
视图"命令,打开"视图管理器"对话框,如图 3-35 所示。在该对话框中单击"新建"按
钮,在打开的"新建视图/快照特性"对话框中用户可以创建并设置命名视图,如图 3-36
所示。

图 3-35 "视图管理器"对话框 　　图 3-36 "新建视图/快照特性"对话框

2. 恢复命名视图

在 AutoCAD 中,可以一次命名多个视图,当需要重新使用一个已命名视图时,只需
将该视图恢复到当前视口即可。如果绘图窗口中包含多个视口,也可以将视图恢复到活动
视口中,或将不同的视图恢复到不同的视口中,以同时显示模型的多个视图。

恢复视图时可以恢复视口的中点、查看方向、缩放比例因子和透视(镜头长度)等设
置。如果在命名视图时将当前的 UCS 随视图一起保存起来,当恢复视图时也可以恢复 UCS。

3.2.3　使用平铺视口

在 AutoCAD 中，为了便于编辑图形，常常需要将图形的局部进行放大，以显示其细节。当需要观察图形的整体效果时，仅使用单一的绘图视口已无法满足需要。此时，可以使用 AutoCAD 的平铺视口功能，将绘图窗口划分为若干视口。

1. 平铺视口的特点

平铺视口是指把绘图窗口分成多个矩形区域，从而创建多个不同的绘图区域，其中每一个区域都可用来查看图形的不同部分。在 AutoCAD 中，可以同时打开多达 32000 个视口，屏幕上还可保留菜单栏和命令提示窗口。

在 AutoCAD 中，在快速访问工具栏中选择"显示菜单栏"命令，在弹出的菜单中选择"视图"|"视口"子菜单中的命令，如图 3-37 所示。或在"功能区"选项板中选择"视图"选项卡，在"模型视口"面板中单击相应的按钮，可以在模型空间创建和管理平铺视口，如图 3-38 所示。

图 3-37　"视口"子菜单命令　　　　　图 3-38　"模型视口"面板

2. 创建平铺视口

在快速访问工具栏中选择"显示菜单栏"命令，在弹出的菜单中选择"视图"|"视口"|"新建视口"命令，打开"视口"对话框，如图 3-39 所示。使用"新建视口"选项卡可以显示标准视口配置列表及创建并设置新的平铺视口。

在"视口"对话框中，选择"命名视口"选项卡，可以显示图形中已命名的视口配置。当选择一个视口配置后，配置的布局情况将显示在预览窗口中，如图 3-40 所示。

图 3-39　"视口"对话框　　　　　　　图 3-40　"命名视口"选项卡

3. 分割与合并视口

在 AutoCAD 2016 中，在快速访问工具栏中选择"显示菜单栏"命令，在弹出的菜单中选择"视图"|"视口"子菜单中的命令，可以在不改变视口显示的情况下，分割或合并当前视口。例如，选择"视图"|"视口"|"一个视口"命令，可以将当前视口扩大到充满整个绘图窗口；选择"视图"|"视口"|"两个视口"、"三个视口"或"四个视口"命令，可以将当前视口分割为 2 个、3 个或 4 个视口。例如，将绘图窗口分割为 4 个视口，效果如图 3-41 所示。

选择"视图"|"视口"|"合并"命令后，系统将要求用户在界面中选定一个视口作为主视口。单击当前视口相邻的某个视口，即可将该视口与主视口合并。例如，在图 3-41 所示的图形中，选中左下角的视口后，选择"视图"|"视口"|"合并"命令，并单击界面右下角的视口，可以将两个视口合并为一个视口，其结果如图 3-42 所示。

图 3-41 分割 4 个视口

图 3-42 合并视口

3.2.4 使用鸟瞰视图

"鸟瞰视图"属于定位工具，它提供了一种可视化平移和缩放视图的方法。可以在另外一个独立的窗口中显示整个图形视图以便快速移动到目的区域。在绘图时，如果鸟瞰视图保持打开状态，则可以直接缩放和平移，无须选择菜单选项或输入命令。

1. 使用鸟瞰视图观察图形

在 AutoCAD 2016 中要使用鸟瞰视图，可先输入命令"REDEFINE"后按 Enter 键，然后输入命令"DSVIEWER"并按 Enter 键，接下来再次输入命令"DSVIEWER"，如图 3-43 所示。输入完成后，按 Enter 键即可打开鸟瞰视图，如图 3-44 所示。

图 3-43 输入命令

此时，可以使用其中的矩形框来设置图形观察范围。例如，要放大图形，可缩小矩形框；要缩小图形，可放大矩形框。

图 3-44　使用鸟瞰视图观察图形

2. 改变鸟瞰视图中图像大小

在鸟瞰视图中，可使用"视图"菜单中的命令或单击工具栏中的相应工具按钮，显示整个图形或递增调整图像大小来改变鸟瞰视图中图像的大小，但这些改变并不会影响到绘图区域中的视图，其功能如下。

- "放大"命令：拉近视图，将鸟瞰视图放大一倍，从而更清楚地观察对象的局部细节。
- "缩小"命令：拉远视图，将鸟瞰视图缩小一半，以观察到更大的视图区域。
- "全局"命令：在鸟瞰视图窗口中观察到整个图形。

此外，当鸟瞰视图窗口中显示整幅图形时，"缩放"命令无效；在当前视图快要填满鸟瞰视图窗口时，"放大"命令无效；当显示图形范围时，这两个命令可能同时无效。

3. 改变鸟瞰视图的更新状态

默认情况下，AutoCAD 自动更新鸟瞰视图窗口以反映在图形中所做的修改。当绘制复杂的图形时，关闭动态更新功能可以提高程序性能。在"鸟瞰视图"窗口中，使用"选项"菜单中的命令，可以改变鸟瞰视图的更新状态，包括以下选项。

- "自动视口"命令：自动地显示模型空间的当前有效视口，该命令不被选中时，鸟瞰视图就不会随有效视口的变化而变化。
- "动态更新"命令：控制鸟瞰视图的内容是否随绘图区中图形的改变而改变，该命令被选中时，绘图区中的图形可以随鸟瞰视图动态更新。
- "实时缩放"命令：控制在鸟瞰视图中缩放时绘图区中的图形显示是否适时变化，该命令被选中时，绘图区中的图形显示可以随鸟瞰视图适时变化。

3.2.5　使用 ShowMotion

在 AutoCAD 2016 中，可以通过创建视图的快照来观察图形。在快速访问工具栏中选择"显示菜单栏"命令，在弹出的菜单中选择"视图" | ShowMotion 命令，或在状态中单

击 ShowMotion 按钮，都可以打开 ShowMotion 面板，如图 3-45 所示。

图 3-45 ShowMotion 面板

单击"新建快照"按钮🔯，打开"新建视图/快照特性"对话框，使用该对话框中的"快照特性"选项卡可以新建快照，如图 3-46 所示。各选项的功能如下所示。

- "视图名称"文本框：用于输入视图的名称。
- "视图类别"下拉列表框：可以输入新的视图类别，也可以从中选择已有的视图类别。系统将根据视图所属的类别来组织各个活动视图。
- "视图类型"下拉列表框：可以从中选择视图类型，主要包括影片式、静止和已记录的漫游这 3 种类型。视图类型将决定视图的活动情况。
- "转场"选项区域：用于设置视图的转场类型和转场持续时间。
- "运动"选项区域：用于设置视图移动类型、移动持续时间、距离和位置等。
- "预览"按钮：单击该按钮，可以预览视图中图形的活动情况。
- "循环"复选框：选择该复选框，可以循环观察视图中图形的运动情况。

成功创建快照后，在 ShowMotion 面板上方将以缩略图的形式显示各个视图中图形的活动情况，如图 3-47 所示。单击绘图区中的某个缩略图，将显示图形的活动情况，用于观察图形。

图 3-46 "新建视图/快照特性"对话框

图 3-47 创建快照

3.3　使用栅格和捕捉功能

"栅格"是一些标定位置的小点，起坐标纸的作用，可以提供直观的距离和位置参照；"捕捉"用于设置鼠标光标移动的间距。在 AutoCAD 中，使用"捕捉"和"栅格"功能，可以提高绘图效率。

3.3.1　打开或关闭捕捉和栅格功能

在 AutoCAD 2016 中，用户可以参考下面介绍的方法，在正在绘制的图形中打开和关闭栅格和捕捉功能。

打开或关闭"捕捉"和"栅格"功能有以下几种方法。

- 在 AutoCAD 程序窗口的状态栏中，单击"捕捉"和"栅格"按钮。
- 按 F7 键打开或关闭栅格，按 F9 键打开或关闭捕捉。
- 在快速访问工具栏中选择"显示菜单栏"命令，在弹出的菜单中选择"工具"|"绘图设置"命令，打开"草图设置"对话框，如图 3-48 所示。在"捕捉和栅格"选项卡中选中或取消"启用捕捉"和"启用栅格"复选框。

图 3-48　打开"草图设置"对话框

3.3.2　设置捕捉和栅格参数

利用"草图设置"对话框中的"捕捉和栅格"选项卡，可以设置捕捉和栅格的相关参数，各选项的功能如下。

- "启用捕捉"复选框：打开或关闭捕捉方式。选中该复选框，可以启用捕捉。
- "捕捉间距"选项区域：设置捕捉间距、捕捉角度以及捕捉基点坐标。
- "启用栅格"复选框：打开或关闭栅格的显示。选中该复选框，可以启用栅格。
- "栅格间距"选项区域：设置栅格间距。如果栅格的 X 轴和 Y 轴间距值为 0，则栅格采用捕捉 X 轴和 Y 轴间距的值。

- "捕捉类型"选项区域：可以设置捕捉类型和样式，包括"栅格捕捉"和 Polarsnap 两种。
- "栅格行为"选项区域：该选项区域用于设置"视觉样式"下栅格线的显示样式(三维线框除外)。

3.3.3　使用 GRID 和 SNAP 命令

在 AutoCAD 中，不仅可以通过"草图设置"对话框设置栅格和捕捉参数，还可以通过 GRID 与 SNAP 命令来设置。

1. 使用 GRID 命令

执行 GRID 命令时，其命令行显示如图 3-49 所示的提示信息。

图 3-49　执行 GRID 命令

默认情况下，需要设置栅格间距值。该间距不能设置太小，否则将导致图形模糊及屏幕重画太慢，甚至无法显示栅格。该命令提示中其他选项的功能如下。

- "开(ON)"/"关(OFF)"选项：打开或关闭当前栅格。
- "捕捉(S)"选项：将栅格间距设置为由 SNAP 命令指定的捕捉间距。
- "主(M)"选项：设置每个主栅格线的栅格分块数。
- "自适应(D)"选项：设置是否允许以小于栅格间距的间距拆分栅格。
- "界限(L)"选项：设置是否显示超出界限的栅格。
- "跟随(F)"选项：设置是否跟随动态 UCS 的 XY 平面而改变栅格平面。
- "纵横向间距(A)"选项：设置栅格的 X 轴和 Y 轴间距值。

2. 使用 SNAP 命令

执行 SNAP 命令时，其命令行显示如下提示信息，如图 3-50 所示。

指定捕捉间距或 [开(ON)/关(OFF)/纵横向间距(A)/样式(S)/类型(T)] <10.0000>:

默认情况下，需要指定捕捉间距，并使用"开(ON)"选项，以当前栅格的分辨率、旋转角和样式激活捕捉模式；使用"关(OFF)"选项，关闭捕捉模式，但保留当前设置。此外，该命令提示中其他选项的功能如下。

- "纵横向间距(A)"选项：在 X 和 Y 方向上指定不同的间距。如果当前捕捉模式为等轴测，则不能使用该选项。
- "样式(S)"选项：设置"捕捉"栅格的样式为"标准"或"等轴测"。"标准"样式显示与当前 UCS 的 XY 平面平行的矩形栅格，X 间距与 Y 间距可能不同；"等轴测"样式显示等轴测栅格，栅格点初始化为 30°和 150°角。等轴测捕捉可以旋转，但不能有不同的纵横向间距值。等轴测包括上等轴测平面(30°和 150°角)、左等轴测平面(90°和 150°角)和右等轴测平面(30°和 90°角)，如图 3-51 所示。

图 3-50　命令行提示　　　　　　　　图 3-51　等轴测模式

- "类型(T)"选项：指定捕捉类型为极轴或栅格。

3.3.4　使用正交功能

使用 ORTHO 命令，可以打开正交模式，用于控制是否以正交方式绘图。在正交模式下，可以方便地绘制出与当前 X 轴或 Y 轴平行的线段。打开或关闭正交方式有以下两种方法。

- 在 AutoCAD 程序窗口的状态栏中单击"正交"按钮。
- 按 F8 键打开或关闭。

打开正交功能后，输入的第 1 点是任意的，但当移动光标准备指定第 2 点时，引出的橡皮筋线已不再是这两点之间的连线，而是起点到光标十字线的垂直线中较长的那段线，此时单击，橡皮筋线就变成所绘直线。

3.4　应用对象捕捉和追踪功能

在绘图过程中，经常要指定一些已有对象上的点，如端点、圆心和两个对象的交点等。如果只凭观察来拾取，不可能非常准确地找到这些点。为此，AutoCAD 2016 提供了对象捕捉功能，可以迅速、准确地捕捉到某些特殊点，从而精确地绘制图形。此外，在 AutoCAD 中，自动追踪可按指定角度绘制对象，或者绘制与其他对象有特定关系的对象。自动追踪功能分极轴追踪和对象捕捉追踪两种。

3.4.1　设置对象捕捉模式

在 AutoCAD 中，用户可以通过"对象捕捉"工具栏和"草图设置"对话框等方式来设置对象捕捉模式。

1．使用"对象捕捉"工具栏

在绘图过程中，当要求指定点时可以在快速访问工具栏中选择"显示菜单栏"命令，在弹出的菜单中选择"工具"|"工具栏"|AutoCAD|"对象捕捉"命令，显示"对象捕捉"工具栏，如图 3-52 所示。单击"对象捕捉"工具栏中相应的特征点按钮，再把光标移到要捕捉对象上的特征点附近，即可捕捉到相应的对象特征点。

图 3-52 "对象捕捉"工具栏

2. 使用自动捕捉功能

在绘图过程中，使用对象捕捉的频率非常高。为此，AutoCAD 提供了一种自动对象捕捉模式。自动捕捉就是当把光标放在一个对象上时，系统自动捕捉到对象上所有符合条件的几何特征点，并显示相应的标记。如果把光标放在捕捉点上多停留一会，系统还会显示捕捉的提示。这样，在选择点之前，就可以预览和确认捕捉点。

要打开对象捕捉模式，可以选择"工具"|"绘图设置"命令，打开"草图设置"对话框，在"对象捕捉"选项卡中，选中"启用对象捕捉"复选框，然后在"对象捕捉模式"选项区域中选中相应的复选框，单击"确定"按钮启用自动捕捉功能，当用户在 AutoCAD 中需要捕捉设定的对象时，鼠标将自动指向具体的目标，并显示特征点的名称，如图 3-53 所示。

图 3-53 在"草图设置"对话框中设置对象捕捉模式

3. 对象捕捉快捷菜单

当要求指定点时，可以按下 Shift 键或者 Ctrl 键，右击打开对象捕捉快捷菜单，如图 3-54 所示。选择需要的子命令，再把光标移到要捕捉对象的特征点附近，即可捕捉到相应的对象特征点。

注意：

在对象捕捉快捷菜单中，"点过滤器"子命令中的各命令用于捕捉满足指定坐标条件的点。除此之外的其他各项都与"对象捕捉"工具栏中的各种捕捉模式相对应。

图 3-54　使用对象捕捉快捷菜单

3.4.2　运行和覆盖捕捉模式

在 AutoCAD 中，对象捕捉模式又可分为运行捕捉模式和覆盖捕捉模式。

- 在"草图设置"对话框的"对象捕捉"选项卡中，设置的对象捕捉模式始终处于运行状态，直到关闭为止，称为运行捕捉模式。
- 如果在点的命令行提示下输入关键字(如 MID、CEN、QUA 等)，单击"对象捕捉"工具栏中的工具或在对象捕捉快捷菜单中选择相应命令，只临时打开捕捉模式，称为覆盖捕捉模式，仅对本次捕捉点有效，在命令行中显示一个"于"标记。

要打开或关闭运行捕捉模式，可单击状态栏上的"对象捕捉"按钮。设置覆盖捕捉模式后，系统将暂时覆盖运行捕捉模式。

3.4.3　极轴追踪与对象捕捉追踪

极轴追踪是按事先给定的角度增量来追踪特征点。而对象捕捉追踪则按与对象的某种特定关系来追踪，这种特定的关系确定了一个未知角度。也就是说，如果事先知道要追踪的方向(角度)，则使用极轴追踪；如果事先不知道具体的追踪方向(角度)，但知道与其他对象的某种关系(如相交)，则用对象捕捉追踪。极轴追踪和对象捕捉追踪可同时使用。

极轴追踪功能可以在系统要求指定一个点时，按预先设置的角度增量显示一条无限延伸的辅助线(这是一条虚线)，这时就可以沿辅助线追踪得到光标点。可在"草图设置"对话框的"极轴追踪"选项卡中对极轴追踪和对象捕捉追踪进行设置，如图 3-55 所示。

"极轴追踪"选项卡中各选项的功能和含义如下。

- "启用极轴追踪"复选框：打开或关闭极轴追踪。也可以使用自动捕捉系统变量或按 F10 键来打开或关闭极轴追踪。
- "极轴角设置"选项区域：设置极轴角度。在"增量角"下拉列表框中可以选择系统预设的角度，如果该下拉列表框中的角度不能满足需要，可选中"附加角"复选框，然后单击"新建"按钮，在"附加角"列表中增加新角度。

- "对象捕捉追踪设置"选项区域：设置对象捕捉追踪。选中"仅正交追踪"单选按钮，可在启用对象捕捉追踪时，只显示获取的对象捕捉点的正交(水平/垂直)对象捕捉追踪路径；选中"用所有极轴角设置追踪"单选按钮，可以将极轴追踪设置应用到对象捕捉追踪。
- "极轴角测量"选项区域：设置极轴追踪对齐角度的测量基准。其中，选中"绝对"单选按钮，可以基于当前用户坐标系(UCS)确定极轴追踪角度；选中"相对上一段"单选按钮，可以基于最后绘制的线段确定极轴追踪角度。

图 3-55　设置"极轴追踪"选项卡

3.4.4　使用临时追踪点和捕捉自功能

在"对象捕捉"工具栏中，还有两个非常有用的对象捕捉工具，即"临时追踪点"和"捕捉自"工具。

- "临时追踪点"工具 ⊶：可在一次操作中创建多条追踪线，并根据这些追踪线确定所要定位的点。
- "捕捉自"工具 ⌐ˢ：在使用相对坐标指定下一个应用点时，"捕捉自"工具可以提示输入基点，并将该点作为临时参照点，这与通过输入前缀@使用最后一个点作为参照点类似。它不是对象捕捉模式，但经常与对象捕捉一起使用。

3.4.5　设置自动追踪功能选项

使用自动追踪功能可以快速、精确地定位点，在很大程度上提高了绘图效率。在AutoCAD 2016 中，要设置自动追踪功能选项，在打开"草图设置"对话框后，单击该对话框右下角的"选项"按钮可打开"选项"对话框，在"绘图"选项卡的"AutoTrack 设置"选项区域中进行设置，如图 3-56 所示。其中各选项及其功能如下。

- "显示极轴追踪矢量"复选框：设置是否显示极轴追踪的矢量数据。
- "显示全屏追踪矢量"复选框：设置是否显示全屏追踪的矢量数据。
- "显示自动追踪工具栏提示"复选框：设置在追踪特征点时是否显示工具栏上的相应按钮的提示文字。

图 3-56　打开"选项"对话框设置自动追踪功能选项

3.5　应用动态输入功能

在 AutoCAD 2016 中，使用动态输入功能可以在指针位置处显示标注输入和命令提示等信息，从而极大地方便了绘图。

3.5.1　启用指针输入

在"草图设置"对话框的"动态输入"选项卡中，选中"启用指针输入"复选框可以启用指针输入功能，如图 3-57 所示。用户可以在"动态输入"选项卡中的"指针输入"选项区域中单击"设置"按钮，然后使用打开的"指针输入设置"对话框设置指针的格式和可见性，如图 3-58 所示。

图 3-57　"动态输入"选项卡

图 3-58　"指针输入设置"对话框

3.5.2　启用标注输入

在"草图设置"对话框的"动态输入"选项卡中，选中"可能时启用标注输入"复选框可以启用标注输入功能。在"标注输入"选项区域中单击"设置"按钮，使用打开的"标注输入的设置"对话框可以设置标注的可见性，如图 3-59 所示。

图 3-59　"标注输入的设置"对话框

3.5.3　显示动态提示

在"草图设置"对话框的"动态输入"选项卡中，选中"动态提示"选项区域中的"在十字光标附近显示命令提示和命令输入"复选框，可以在光标附近显示命令提示，如图 3-60所示。

图 3-60　动态显示命令提示

3.6　应用快捷特性功能

在 AutoCAD 2016 具有快捷特性功能，当用户选择对象时，即可显示快捷特性面板，如图 3-61 所示，从而方便修改对象的属性。

在"草图设置"对话框的"快捷特性"选项卡中，选中"选择时显示快捷特性选项板"复选框可以启用快捷特性功能，如图 3-62 所示。"快捷特性"选项卡中各选项的含义如下所示。

- "选项板显示"选项组：可设置显示所有对象的快捷特性面板或显示已定义快捷特性对象的快捷特性面板。
- "选项板位置"选项区域：可以设置快捷特性面板的位置。选择"由光标位置决定"单选按钮，快捷特性面板将根据"象限点"和"距离"的值显示在某个位置；选择"固定"单选按钮，快捷特性面板将显示在上一次关闭时的位置处。

● "选项板行为"选项区域：可以设置快捷特性面板显示的高度以及是否自动收拢。

图 3-61　快捷特性面板

图 3-62　　"快捷特性"选项卡

3.7　思考练习

1. 在 AutoCAD 2016 中，如何设置图层的特性？

2. 在 AutoCAD 2016 中，如何使用图层工具管理图层？

3. 如何缩放一幅图形，使之能够最大限度地充满当前视口？

4. 如何使用平铺视口？

5. 在 AutoCAD 2016 中，对象捕捉模式包括哪两种？各有什么特点？

6. 极轴追踪与对象捕捉追踪有什么区别？

7. 如何启用动态输入功能？

8. AutoCAD 2016 有哪些快捷特性功能？

第4章　绘制二维图形

绘图是 AutoCAD 的主要功能，也是最基本的功能，而二维平面图形的形状都很简单，创建起来也很容易，它们是整个 AutoCAD 的绘图基础。只有熟练掌握二维基本图形的绘制方法，才能够方便、快捷地绘制出机械零件的三视图、装配图或电子线路图等各种复杂多变的图形。本章将主要介绍使用 AutoCAD 绘制二维图形的相关知识。

4.1　绘制点

点是组成图形的最基本元素，通常用于作为对象捕捉的参考点，例如标记对象的节点、参考点和圆心点等。掌握绘制点方法的关键在于灵活运用点样式，并根据需求制定各种类型的点。

4.1.1　设置点样式

在 AutoCAD 中绘制点时，系统默认为一个小墨点，不便于用户观察。因此在绘制点之前，通常需要设置点样式，必要时自定义设置点的大小。

由于点的默认样式在图形中并不容易辨认，因此为了更好地用点标记等距或等数等分位置，用户可以根据系统提供的一系列点样式选取所需的点样式。在 AutoCAD "草图与注释"工作空间界面中，单击"默认"选项板"实用工具"组中的"点样式"按钮，可以在打开的"点样式"对话框中指定点的样式，如图 4-1 所示。

图 4-1　设置点样式

设置点样式还可以有以下两种调用方法:

- 选择"格式"|"点样式"命令;
- 在命令窗口执行 DDPTYPE 命令。

【练习 4-1】在 AutoCAD 2016 中更改点的样式。

(1) 在 AutoCAD 2016 中打开一个含有多点的图形,如图 4-2 所示。

(2) 在命令窗口中输入 DDPTYPE 命令,并按下 Enter 键,如图 4-3 所示。

图 4-2   打开餐桌底面图

图 4-3   输入点样式命令

(3) 在打开的"点样式"对话框中选中"⊞"选项,然后在"点大小"文本框中输入参数"5.0000",并选中"相对于屏幕设置大小"单选按钮,如图 4-4 所示。

(4) 在"点样式"对话框中单击【确定】按钮,点样式的更改效果如图 4-5 所示。

图 4-4   "点样式"对话框

图 4-5   更改点样式

在"点样式"对话框中,各主要选项的含义如下。

- "点大小"文本框:用于设置点在绘图区域显示的比例大小。
- "相对于屏幕设置大小"复选框:选择该单选按钮后,可以相对于屏幕尺寸的百分比设置点的大小,比例值可大于、等于或小于 1。
- "按绝对单位设置大小"复选框:选择该单选按钮后,可以按实际单位设置点的大小。

4.1.2 绘制单点和多点

单点和多点是点常用的两种类型。所谓单点，是在绘图区一次仅绘制一个点，主要用来指定单个特殊点的位置，例如指定中点、圆点和相切点等；而多点则是在绘图区可以连续绘制的多个点，且该方式主要是用第一点为参考点，然后依据该参考点绘制多个点。

1. 在任意位置绘制单点和多点

当需要绘制单点时，可以在命令行中输入 POINT 指令，并按下"回车"键，然后在绘图区中单击，即可绘制出单个点，如图 4-6 所示。

图 4-6 绘制单点

当需要绘制多点时，可以直接在"绘图"组中单击"多点"按钮，然后在绘图区连续单击，即可绘制出多个点，如图 4-7 所示。

图 4-7 绘制多点

2. 在指定位置绘制单点和多点

由于点主要起到定位标记参照的作用，因此在绘制点时并非是任意确定点的位置，需要使用坐标确定点的位置。

- 鼠标输入法：这是绘图中最常用的输入法，即移动鼠标直接在绘图区的指定位置处单击，即可获得指定点效果。在 AutoCAD 中，坐标的显示是动态直角坐标。当移动鼠标，十字光标和坐标值将连续更新，随时指示当前光标位置的坐标值。

- 键盘输入法：该输入法是通过键盘在命令行中输入参数值来确定位置的坐标，并且位置坐标一般有两种方式，即绝对坐标和相对坐标。
- 用给定距离的方式输入：该输入法是鼠标输入法和键盘输入法的结合。当提示输入一个点时，将鼠标移动至输入点附近(不要单击)用来确定方向，使用键盘直接输入一个相对前一点的距离参数值，按"回车"键即可确定点的位置，如图 4-8 所示。

 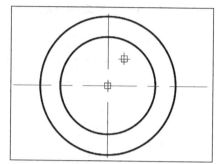

图 4-8 用给定距离的方式输入点

4.1.3 绘制等分点

等分点是在直线、圆弧、园或椭圆以及样条曲线等几何图元上创建的等分位置点或插入的等间距图块。在 AutoCAD 中，用户可以使用等分点功能对指定对象执行等分间距操作，即从选定对象的一个端点划分出相等的长度，并使用点或块标记将各个长度间隔。

1. 定数等分点

利用 AutoCAD 的"定数等分"工具可以将所选对象等分为指定数目的相当长度，并在对象上按指定数目等间距创建点或插入块。该操作并不将对象实际等分为单独的对象，它仅仅是标明定数等分的位置，以便将这些等分点作为几何参考点。

在"绘图"组中单击"定数等分"按钮，然后在绘图区中选取被等分的对象，并输入等分数目，即可将该对象按照指定数目等分，如图 4-9 所示。

图 4-9 定数等分圆效果

选取等分对象后，如果在命令行中输入字母 B，则可以将选取的块对象等间距插入到当前图形中，并且插入的块可以与原对象对齐或不对齐分布，如图 4-10 所示。

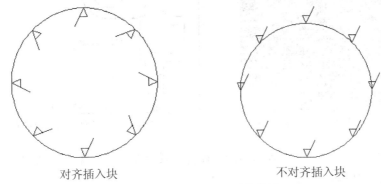

　　对齐插入块　　　　　　　　　　　　　　　不对齐插入块

图 4-10　定数等分插入图块效果

【练习 4-2】将零件图形的一条边定距等分为 10 部分。

(1) 打开零件图形，在快速访问工具栏选择"显示菜单栏"命令，然后在显示的菜单栏中选择"格式"|"点样式"命令，如图 4-11 所示。

(2) 打开"点样式"对话框，选择第 1 行第 5 列的点样式，然后单击"确定"按钮，如图 4-12 所示。

图 4-11　选择"点样式"命令

图 4-12　"点样式"对话框

(3) 在"功能区"选项板中选择"默认"选项卡，在"绘图"组中单击"定数等分"按钮 ，发出 DIVIDE 命令，如图 4-13 所示。

(4) 在命令行的"选择要定数等分的对象:"提示下，拾取图形其中一条边线作为要等分的对象，如图 4-14 所示。

图 4-13　单击"定数等分"按钮

图 4-14　选择要定数等分的对象

(5) 在命令行的"输入线段数目或 [块(B)]:"提示下，输入等分段数 10，然后按 Enter 键。等分结果如图 4-15 所示。

图 4-15　等分对象

2. 定距等分点

定距等分点是指在指定的图元上按照设置的间距放置点对象或插入块。一般情况下，放置点或插入块的顺序是从起点开始的，并且起点随着选取对象的类型变化而变化。由于被选定对象不一定完全符合所有指定距离，因此等分对象的最后一段通常要比指定的间隔短。

在"绘图"组中单击"定距等分"按钮，然后在绘图区中选取被等分的对象，系统将显示"指定线段长度"的提示信息和文本框。此时在文本框中输入等分间距的参数值，如输入 30，即可将该对象按照指定的距离等分，效果如图 4-16 所示。

选取直线并输入等分线段长度

定距等分效果

图 4-16　定距等分直线效果

4.2　绘制线

在 AutoCAD 中，直线、射线和构造线都是最基本的线性对象。这些线性对象和指定点位置一样，都可以通过指定起始点和终止点来绘制，或在命令行中输入坐标值以确定起始点和终止点位置，从而获得相应的轮廓线。

4.2.1　绘制直线

AutoCAD 的直线是指两点确定的一条直线段，而不是无限长的直线。构造直线段的两点可以使图元的圆心、端点(顶点)、中点和切点等类型。根据生成直线的方式，主要分为以下几种类型。

1. 一般直线

一般直线是最常用的直线类型。在平面几何内，一般直线是通过指定的起点和长度确定的直线类型。

在"绘图"组中单击"直线"按钮，然后在绘图区指定直线的起点，并在命令行中设置直线的长度，按"回车"键即可，如图 4-17 所示。

图 4-17　由直线起点和长度绘制一条直线

2. 两点直线

两点直线是由绘图区中选取的两点确定的直线类型，其中所选两点决定了直线的长度和位置。所选点可以使图元的圆心、象限点、端点(顶点)、中点、切点和最近点等类型。

单击"直线"按钮，在绘图区依次指定两点作为直线要通过的两个点，即可确定一条直线段，效果如图 4-18 所示。

图 4-18　由两点绘制一条直线

3. 成角度直线

成角度直线是一种 X 轴方向成一定角度的直线类型。如果设置的角度为正值，则直线绕起点逆时针方向倾斜；反之直线绕顺时针方向倾斜。

选择"直线"工具后，指定一点为起点，然后在命令行中输入"@长度<角度"，并按下"回车"键结束该操作，即可绘制成角度直线。图 4-19 所示是绘制一条成 45°倾斜角的直线。

图 4-19　绘制成角度直线

4.2.2　绘制射线和构造线

射线和构造线都属于直线的范畴，上面介绍的直线从狭义上成为直线段，而射线和构造线这两种线则是指一端固定一端延伸或两端延伸的直线，可以放置在平面或三维空间的任何位置，主要用于绘制辅助线。

1. 射线

射线是一端固定另一端无限延伸的直线，即只有起点没有终点或终点无穷远的直线。主要用于绘制图形中投影所得线段的辅助引线，或绘制某些长度参数不确定的角度线等。

在"绘图"组中单击"射线"按钮■，并在绘图区中分别指定起点和通过点，即可绘制一条射线，如图 4-20 所示。

图 4-20　绘制射线

2. 构造线

与射线相比，构造线是一条没有起点和终点的直线，即两端无限延伸的直线。该类直线可以作为绘制等分角、等分圆等图形的辅助线，如图素的定位线等。

在"绘图"选项板中单击"构造线"按钮 ，命令行将显示"指定点或[水平(H)/垂直(V)/角度(A)/二等分(B)/偏移(Q)]:"的提示信息，其中各选项的含义如下。

- 水平：默认辅助线为水平直线，单击一次绘制一条水平辅助线，直到用户右击或按下"回车"键时结束。
- 垂直：默认辅助线为垂直直线，单击一次创建一条垂直辅助线，直到用户右击或按下"回车"键时结束。
- 角度：创建一条用户指定角度的倾斜辅助线，单击一次创建一条倾斜辅助线，直到用户右击或按下"回车"键时结束。如图 4-21 所示。
- 二等分：创建一条通过用户指定角的定点，并平分该角的辅助线。首先指定一个角的定点，再分别指定该角两条边上的点即可。
- 偏移：创建平行于另一个对象的辅助线，类似于偏移编辑命令。选择的另一个对象可以使一条辅助线、直线或复合线对象。

图 4-21　绘制角度构造线

【练习 4-3】使用"射线"和"构造线"命令，绘制图形中的辅助线。

(1) 在 AutoCAD 2016 中打开如图 4-22 所示的零件图。

(2) 在快速访问工具栏中选择"显示菜单栏"命令，在弹出的菜单中选择"格式"|"图层"命令，打开"图层特性管理器"选项板，如图 4-23 所示。

图 4-22　打开图形

图 4-23　打开"图层特性管理器"选项板

(3) 创建"辅助线层"，设置颜色为"红色"，线型为 ACAD_IS004W100，并将"辅助线层"置为当前层，如图 4-24 所示。

(4) 在"绘图"选项板中单击"构造线"按钮，在"指定点或[水平(H)/垂直(V)/角度(A)/二等分(B)/偏移(O)]:"提示下输入参数 H，并按下 Enter 键，如图 4-25 所示。

图 4-24　添加图层

图 4-25　选择绘制水平构造线

(5) 绘制一条经过点圆心的水平构造线，然后按下 Enter 键，结束构造线的绘制命令，如图 4-26 所示。

(6) 再次按下 Enter 键，重新发出 XLINE 命令，绘制一条垂直构造线，如图 4-27 所示。

图 4-26　绘制水平构造线

图 4-27　绘制垂直构造线

(7) 在显示的菜单栏中选择"工具"|"绘图设置"命令，打开"草图设置"对话框，选择"极轴追踪"选项卡，并选中"启用极轴追踪"复选框，单击"确定"按钮，如图 4-28 所示。

(8) 在显示的菜单栏中选择"绘图"|"射线"命令，或在命令行中输入 RAY。在"指定起点:"提示下移动光标至构造线左侧上单击，将其设置为射线的起点，如图 4-29 所示。

(9) 移动光标，当射线轨迹通过一个交点时，单击，即可设置为射线的终点，绘制如图 4-30 所示的射线。

(10) 使用同样的方法，绘制如图 4-31 所示的射线，按 Enter 键或 Esc 键，结束绘图命令。

图 4-28　"草图设置"对话框

图 4-29　选择射线起点

图 4-30　选择射线终点

图 4-31　绘制射线

4.2.3　绘制多段线

多段线是作为单个对象创建的相互连接的线段组合图形。该组合线段作为一个整体，可以由直线段、圆弧段或两者的组合线段组成，并且可以是任意开放或封闭的图形。此外为了区别多段线的显示，除了设置不同形状的图元及其长度外，还可以设置多段线中不同的线宽显示。根据多段线的组合显示样式，多线段主要包括以下 3 种类型。

1．直线段多段线

直线段多段线全部由直线段组合而成，是简单的一种类型，一般用于创建封闭的线性面域。在"绘图"选项板中单击"多段线"按钮，然后依次在绘图区选取多段线的起点和其他通过的点即可。如果欲使多段线封闭，则可以在命令行中输入字母 C，并按回车键确定，效果如图 4-32 所示。

图 4-32　绘制直线段多段线

注意：

需要注意的是起点和多段线通过的点在一条直线上时，不能成为封闭多段线。

2. 直线和圆弧段组合多段线

直线和圆弧段组合多段线是由直线段和圆弧段两种图元组成的开放或封闭的组合图形，是最常用的一种类型，主要用于表达绘制圆角过渡的棱边，或具有圆弧曲面的 U 型槽等实体投影轮廓界限。

绘制该类多段线时，通常需要在命令行内不断切换圆弧和直线段的输入命令，效果如图 4-33 所示。

输入 A 切换至圆弧绘制状态　　　　　　　　　　输入 L 切换至直线绘制状态

图 4-33　绘制直线和圆弧段组合多段线

3. 带宽度的多段线

带宽度的多段线是一种带宽度显示的多段线样式，与直线的线宽属性不同，此类多段线的线宽显示不受状态栏中"显示/隐藏线宽"工具的控制，而是根据绘图需要而设置的实际宽度。在选择"多段线"工具后，在命令行中主要有以下两种设置线宽显示的方式。

- 半宽：该方式是通过设置多段线的半宽值而创建的带宽度显示的多段线，其中显示的宽度为设置值的 2 倍，并且在同一图元上可以显示相同或不同的线宽。选择"多段线"工具后，在命令行中输入字母 H，然后可以通过设置起点和端点的半宽值创建带宽度的多段线，如图 4-34 所示。

指定起点半宽　　　　　　　　　　　　　　带半宽的多段线

图 4-34　利用"半宽"方式绘制多段线

- 宽度：该方式是通过设置多段线的实际宽度值而创建的带宽度显示的多段线，显示的宽度与设置的宽度值相等。与"半宽"方式相同，在同一图元的起点和端点位置可以显示相同或不同的线宽，其对应的命令为输入字母 W，如图 4-35 所示。

指定起点宽度　　　　　　　　　　　　　带宽度的多段线

图 4-35　利用"宽度"方式绘制多段线

4. 编辑多段线

对于由多段线组成的封闭或开放图形，为了自由控制图形的形状，用户可以利用"编辑多段线"工具编辑多段线。

在"修改"选项板中单击"编辑多段线"按钮，然后选取需要编辑的多段线，将打开相应的快捷菜单。接下来，在打开的快捷菜单中选中相应的命令编辑多段线即可，如图4-36 所示。

图 4-36　编辑多段线

图 4-36 所示快捷菜单中主要编辑命令的功能如下。

- 闭合：输入字母 C，可以封闭多编辑的开放多段线，自动以最后一段的绘图模式(直线或圆弧)连接多段线的起点和终点。
- 合并：输入字母 J，可以将直线段、圆弧或者多段线连接到指定的非闭合多段线上。若编辑的是多个多段线，需要设置合并多段线的允许距离；若编辑的是单个多段线，将连续选取首尾连接的直线、圆弧和多段线等对象，并将它们连成一条多段线。需要注意的是，合并多段线时，各相邻对象必须彼此首尾相连。
- 宽度：输入字母 W，可以重新设置所编辑多段线的宽度。
- 编辑顶点：输入字母 E，可以进行移动顶点、插入顶点以及拉直任意两顶点之间的多段线等操作。选择该命令，将打开新的快捷菜单。例如选择"编辑顶点"命令后指定起点，然后选择"拉直"选项，并选择"下一个"选项指定第二点，接下来选择"执行"选项即可，如图 4-37 所示。

指定编辑顶点　　　　　　　　　　　　　　　　　拉直效果

图 4-37　利用"宽度"方式绘制多段线

- 拟合：输入字母 F，可以采用圆弧曲线拟合多段线拐角，也就是创建连接每一对顶点的平滑圆弧曲线，将原来的直线转换为拟合曲线，效果如图 4-38 所示。

图 4-38　拟合多段线

- 样条曲线：输入字母 S，可以用样条曲线拟合多段线，且拟合时以多段线的各顶点作为样条曲线的控制点。
- 非曲线化：输入字母 D，可以删除在执行"拟合"或"样条曲线"命令时插入的额外顶点，并拉直多段线中的所有线段，同时保留多段线顶点的所有切线信息。
- 线型生成：输入字母 L，可以设置非连续线型多段线在各顶点处的绘线方式。输入命令 ON，多段线以全长绘制线型；输入命令 OFF，多段线的各个线段独立绘制线型，当长度不足以表达线型时，以连续线代替。

4.2.4　绘制多线

多线是由多条平行线组成的一种复合型图形，主要用于绘制建筑图中的墙壁或电子图中的线路等平行线段。其中，平行线之间的间距和数目可以调整，并且平行线数量最多不可超过 16 条。

1. 设置多线样式

在绘制多线之前，通常先设置多线样式。通过设置多线样式，可以改变平行线的颜色、线型、数量、距离和多线封口的样式等显示属性。在命令行输入 MLSTYLE 指令，将打开如图 4-39 所示的"多线样式"对话框。该对话框中主要选项的功能如下。

- "样式"选项组：该选项组主要用于显示当前设置的所有多线样式，选择一种样式，并单击"置为当前"按钮，可将该样式设置为当前的使用样式。
- "说明"文本框：该文本框用于显示所选取样式的解释或其他相关说明与注释。
- "预览"列表框：该列表框用于显示选取样式的略缩预览效果。
- "新建"按钮：单击该按钮将打开"创建新的多线样式"对话框，输入一个新样式名，并单击"继续"按钮，即可在打开的"新建多线样式"对话框中设置新建的多线样式，如图 4-40 所示。"新建多线样式"对话框中主要选项的功能如下。

图 4-39　　"多线样式"对话框

图 4-40　　"新建多线样式"对话框

- ◇ "封口"选项组：该选项组主要用于控制多线起点和端点处的样式。"直线"选项区域表示多线的起点或端点处以一条直线连接；"外弧"/"内弧"选项区域表示起点或端点处以外圆弧或内圆弧连接，并可以通过"角度"文本框设置圆弧包角。
- ◇ "填充"选项组：该选项组用于设置多线之间的填充颜色，可以通过"填充颜色列表框"选取或配置颜色。
- ◇ "图元"选项组：该选项组用于显示并设置多线的平行线数量、距离、颜色和线型等属性；单击"添加"按钮，可以向其中添加新的平行线；单击"删除"按钮，可以删除选取的平行线；"偏移"文本框用于设置平行线相对于中心线的偏移距离；"颜色"和"线型"选项区域用于设置多线显示的颜色或线型。
- "修改"按钮：单击该按钮，可以在打开的"修改多线样式"对话框中设置并修改所选取的多线样式。

2. 绘制多线

设置多线样式后，绘制的多线将按照当前样式显示效果。绘制多线和绘制直线的方法基本相似，不同的是在指定多线的路径后，沿路径显示多条平行线。

在命令行中输入 MLINE 指令，并按下回车键，然后根据提示选取多线的起点和终点，将绘制默认为 STANDARD 样式的多线，如图 4-41 所示。

图 4-41　绘制多线

在绘制多线时，为了改变多线显示的效果，可以设置多线对正、多线比例，以及使用默认的多线样式或指定一个创建的样式。

- 对正(J)：设置基准对正的位置，对正方式包括上对正、无对正和下对正等 3 种，如图 4-42 所示。
  - ◇ 上(T)：在绘制多线时，多线上最顶端的线随着光标移动，即是以多线的外侧线为基准绘制多线。
  - ◇ 无(Z)：在绘制多线时，多线上中心线随着光标移动，即是以多线的中心线为基准绘制多线。
  - ◇ 下(B)：在绘制多线时，多线上最低端的线随着光标移动，即是以多线的内侧线为基准绘制多线。

上对正　　　　　　　　　无对正　　　　　　　　　下对正

图 4-42　多线的 3 种对正方式

- 比例(S)：控制多线绘制的比例，相同的样式使用不同的比例绘制，即通过设置比例改变多线之间的距离大小，如图 4-43 所示。

图 4-43　设置多线比例

- 样式(ST)：输入采用的多线样式名，默认为 STANDARD。选择该选项后，可以按照命令行提示输入已定义的样式名。如果查看当前图形中有哪些多线样式，可以在命令行中输入"？"，系统将显示图中存在的多线样式。

注意：

设置多线对正时，输入字母 T 表示多线位于中心线上；输入字母 B 表示多线位于中心线之下。设置多线比例时，多线比例不影响线型比例。如果要修改多行比例，可能需要对线型比例做相应的修改，以防点划线的尺寸不正确。

3. 编辑多线

如果图形中有两条多线，则可以控制他们相交的方式。多线可以相交成十字形或 T 字形，并且十字形或 T 字形可以被闭合、打开或合并。使用"多线编辑"工具可以对多线对象执行闭合、结合、修剪和合并等操作，从而使绘制的多线符合预想的设计效果。

在命令行中输入 MLEDIT 指令，然后按下"回车"键，将打开如图 4-44 所示的"多线编辑工具"对话框。

图 4-44 打开"多线编辑工具"对话框

在"多线编辑工具"对话框中，使用 3 种十字型工具 、 、 可以消除各种相交线，如图 4-45 所示。当选择十字型中的某种工具后，还需要选取两条多线，AutoCAD 总是切断所选的第一条多线，并根据所选工具切断第二条多线。在使用"十字合并"工具时可以生成配对元素的直角，如果没有配对元素，则多线将不被切断。

原始线条　　　　十字闭合　　　　十字打开　　　　十字合并

图 4-45 多线的十字型编辑效果

使用 T 字型工具 、 、 和角点结合工具 也可以消除相交线，如图 4-46 所示。此外，角点结合工具还可以消除多线一侧的延伸线，从而形成直角。使用该工具时，需要选取两条多线，只需在要保留的多线某部分上拾取点，AutoCAD 就会将多线剪裁或延伸到它们的相交点。

原始线条　　　　T 型闭合　　　　T 型打开　　　　T 型合并　　　　角点结合

图 4-46　多线的 T 型编辑效果

使用添加顶点工具可以为多线增加若干顶点，使用删除顶点工具可以从包含 3 个或更多顶点的多线上删除顶点，若当前选取的多线只有两个顶点，那么该工具将无效。

使用剪切工具、可以切断多线。其中，"单个剪切"工具用于切断多线中一条，只需拾取要切断的多线某一元素上的两点，则这两点中的连线即被删除(实际上是不显示)；"全部剪切"工具用于切断整条多线。

此外，使用"全部接合"工具可以重新显示所选两点间的任何切断部分。

【练习 4-4】使用多线绘制如图 4-47 所示的图形。

(1) 在菜单栏中选择【绘图】|【多线】命令，在【指定起点或 [对正(J)/比例(S)/样式(ST)]:】提示下输入 J，在【输入对正类型[上(T)/无(Z)/下(B)]:】提示下输入 Z，在【指定起点或 [对正(J)/比例(S)/样式(ST)]】提示下输入 S，在【输入多线比例 <0.00>:】提示下输入 6，将多线的比例设置为 4。

(2) 在【指定起点或 [对正(J)/比例(S)/样式(ST)]:】提示下分别输入坐标(0,0)、(@150,0)、(@0,150)和(@-150,0)，并按 C 键封闭图形，绘制出正方形的多线轮廓，效果如图 4-48 所示。

图 4-47　图形效果

图 4-48　绘制多线轮廓

(3) 在菜单栏中选择【格式】|【多线样式】命令，打开【多线样式】对话框。

(4) 单击【新建】按钮，打开【创建新的多线样式】对话框，在【新样式名】文本框中输入 P，如图 4-49 所示。

(5) 单击【继续】按钮，打开【新建多线样式: P】对话框，单击【添加】按钮，在【偏移】文本框中输入 0.25，在【颜色】下拉列表框中选择【选择颜色】命令，打开【选择颜色】对话框，如图 4-50 所示。

图 4-49　设置样式名　　　　　　　　　　　　图 4-50　新建多线样式

(6) 选择【索引颜色】选项卡，在最后一排灰度色块中选择第 6 个色块，如图 4-51 所示，然后单击【确定】按钮，返回【新建多线样式:P】对话框。

(7) 在【新建多线样式:P】对话框中，单击【添加】按钮，在【偏移】文本框中输入-0.25，在【填充颜色】下拉列表框中选择【红】命令，并且选择【显示连接】复选框，单击【确定】按钮，完成样式的设置如图 4-52 所示。

图 4-51　【选择颜色】对话框　　　　　　　　图 4-52　设置参数

(8) 在菜单栏中选择【绘图】|【多线】命令，在【指定起点或 [对正(J)/比例(S)/样式(ST)]:】提示下输入 J，在【输入对正类型[上(T)/无(Z)/下(B)]:】提示下输入 Z，在【指定起点或 [对正(J)/比例(S)/样式(ST)]】提示下输入 S，在【输入多线比例 <0.00>:】提示下输入 6，将多线的比例设置为 6。

(9) 在【指定起点或 [对正(J)/比例(S)/样式(ST)]:】提示下输入 ST，在【输入多线样式名或 [?]:】提示下输入 P，如图 4-53 所示。

(10) 在【指定起点或 [对正(J)/比例(S)/样式(ST)]:】提示下分别输入坐标(20,20)、(@45,0)、(@0,110)和(@-45,0)，并按 C 键封闭图形，绘制一个矩形多线框，如图 4-54 所示。

(11) 使用同样的方法绘制另一个矩形多线框，分别经过坐标(85,20)、(@45,0)、(@0,110)和(@-45,0)，图形最终效果如图 4-47 所示。

指定起点或 [对正(J)/比例(S)/样式(ST)]：ST

  MLINE 输入多线样式名或 [?]：P

图 4-53　输入样式名　　　　　　　　　图 4-54　绘制带有样式的多线

4.3　绘制多边形

矩形和正多边形同属于多边形，图形中所有线段并不是孤立的，而合成一个面域。这样在进行三维绘图时，无须执行面域操作，即可使用"拉伸"或"旋转"工具将该轮廓线转换为实体。

4.3.1　绘制矩形

在 AutoCAD 中，用户可以通过定义两个对角点或长度和宽度的方式来绘制矩形，同时可以设置其线宽、圆角和倒角等参数。在"绘图"选项板中单击"矩形"按钮 ，命令行将显示"指定第一个角点或[倒角(C)/标高(E)/圆角(F)/厚度(T)/宽度(W)]："的提示信息，其中各选项的含义如下。

- 指定第一个角点：在平面上指定一点后，指定矩形的另一个角点来绘制矩形，该方法是绘图过程中最常用的绘制方法。
- 倒角：绘制倒角矩形。在当前命令提示窗口中输入字母 C，按照系统提示输入第一个和第二个倒角距离，明确第一个角点和另一个角点，即可完成矩形绘制。其中，第一个倒角距离指的是沿 X 轴方向(长度方向)的距离，第二个倒角距离指的是沿 Y 轴方向(宽度方向)的距离。
- 标高：该命令一般用于三维绘图中，在当前命令提示窗口中输入字母 E，并输入矩形的标高，然后明确第一个角点和另一个角点即可。
- 圆角：绘制圆角矩形，在当前命令提示窗口中输入字母 F，然后输入圆角半径参数值，并明确第一个角点和另一个角点即可。
- 厚度：绘制具有厚度特征的矩形，在当前命令提示窗口中输入字母 T，然后输入厚度参数值，并明确第一个角点和另一个角点即可。
- 宽度：绘制具有宽度特征的矩形，在当前命令提示窗口中输入字母 W，然后输入宽度参数值，并明确第一个角点和另一个角点即可。

选择不同的选项可以获得不同的矩形效果，但都必须指定第一个角点和另一个角点，以哪种方式确定矩形的大小。如图 4-55 所示为执行多种操作获得的矩形效果。

图 4-55　矩形的各种样式

4.3.2　绘制正多边形

利用"正多边形"工具可以快速绘制 3~1024 边的正多边形，其中包括等边三角形、正方形、五边形和六边形等。在"绘制"选项板中单击"多边形"按钮，即可按照以下 3 种方法绘制正多边形。

1. 内接圆法

利用内接圆法绘制多边形时，是由多边形的中心到多边形的顶点间的距离相等的边组成，也就是整个多边形位于一个虚构的圆中。

单击"多边形"按钮，然后设置多边形的边数，并指定多边形中心。接着选择"内接于圆"选项(输入 I)，并设置内接圆的半径值，即可完成多边形的绘制，如图 4-56 所示。

图 4-56　用内接圆法绘制正八边形

2. 外切圆法

利用外切圆法绘制正多边形时，所输入的半径值是多边形的中心点至多边形任意边的垂直距离。

单击"多边形"按钮，然后输入多边形的变数，并指定多边形的中心点，接下来选择"外切于圆"选项(输入 C)，设置外切圆的半径值即可，如图 4-57 所示。

图 4-57　用外接圆法绘制正八边形

3. 边长法

设定正多边形的边长和一条边的两个端点，同样可以绘制出正多边形。该方法与上述介绍的方法类似，在设置完多边形的边数后输入字母 e，可以直接在绘图区置顶两点或指定一点后输入边长值即可绘制出所需的多边形。如图 4-58 所示为分别选取三角形一条边上的两个端点绘制以该边为边长的正六边形。

图 4-58　用边长法绘制正八边形

【练习 4-5】绘制五角星图形。

(1) 在"功能区"选项板中选择"默认"选项卡，在"绘图"面板中单击"多边形"按钮，执行 POLYGON 命令。

(2) 在命令行的"输入边的数目<4>:"提示下，输入正多边形的边数 5 。

(3) 在命令行的"指定正多边形的中心点或 [边(E)]:"提示下，指定正多边形的中心点为(210,160)。

(4) 在命令行的"输入选项 [内接于圆(I)/外切于圆(C)] <I>:"提示下，按 Enter 键，选择默认选项 I，使用内接于圆方式绘制正五边形。

(5) 在命令行提示下，指定圆的半径为 300，然后按 Enter 键，结果如图 4-59 所示。

图 4-59　绘制五边形

(6) 在"功能区"选项板中选择"常用"选项卡，在"绘图"面板中单击"直线"按钮，连接正五边形的顶点，结果如图 4-60 所示。

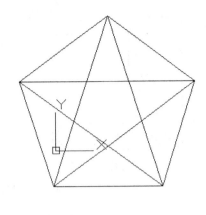

图 4-60　绘制直线

(7) 选择正五边形，然后按 Delete 键，将其删除，如图 4-61 所示。

(8) 在"功能区"选项板中选择"常用"选项卡，在"修改"面板中单击"修剪"按钮，选择直线 A 和 B 作为修剪边，然后单击直线 C，对其进行修剪。

(9) 使用同样的方法修剪其他边，结果如图 4-62 所示。

图 4-61　删除五边形　　　　　　　　　　　　图 4-62　修剪图形

4.3.3　绘制区域覆盖

区域覆盖是在现有的对象上生成一个空白区域，用于覆盖指定区域或要在指定区域内添加注释。该区域与区域覆盖边框进行绑定，用户可以打开区域进行编辑，也可以关闭区域进行打印操作。

在"绘图"选项板中单击"区域覆盖"按钮，命令行将提示"指定第一点或[边框(F)/多段线(P)]<多段线>:"的提示信息。其中各选项的含义及设置方法分别介绍如下。

- 边框：绘制一个封闭的多边形区域，并使用当前的背景色遮盖被覆盖的对象。默认情况下可以通过指定一系列控制点来定义区域覆盖的边界，并可以根据命令行的提示信息对区域覆盖进行编辑，确定是否显示区域覆盖对象的边界。若选择"开(ON)"选项则可以显示边界；若选择"关(OFF)"选项，则可以隐藏绘图窗口中所要覆盖区域的边界。两种方式的对比效果如图 4-63 所示。

显示覆盖区域边界　　　　　　　　　　　隐藏覆盖区域边界

图 4-63　　边框的显示与隐藏效果

- 多段线：该方式是适用原有的封闭多段线作为区域覆盖对象的边界。当选择一个封闭的多段线时，命令行将提示是否要删除原对象，输入 Y 系统将删除用于绘制区域覆盖的多段线，输入 N 则保留该多段线。

4.4　绘制圆、圆弧、椭圆和椭圆弧

在实际绘图中，图形中不仅包含直线、多段线、矩形和多边形等线性对象，还包含圆、圆弧、椭圆以及椭圆弧等曲线对象，这些曲线对象同样是 AutoCAD 图形的主要组成部分。

4.4.1　绘制圆

圆是指平面上到定点的距离等于定长的所有点的集合。它是一个单独的曲线封闭图形，有恒定的曲率和半径。在二维草图中，圆主要用于表达孔、台体和柱体等模型的投影轮廓；在三维建模中，由圆创建的面域可以直接构建球体、圆柱体和圆台等实体模型。

在 AutoCAD "绘图" 选项板中单击 "圆" 按钮下方的黑色三角，在其下拉列表中主要提供有以下 5 种绘制圆的方法。

1. 圆心、半径(或直径)

"圆心、半径(或直径)" 方法指的是通过指定圆心，设置半径值(或直径值)而确定一个圆。单击 "圆心、半径" 按钮，在绘图区域指定圆心位置，并设置半径值即可确定一个圆，效果如图 4-64 所示。如果在命令行中输入字母 D，并按下 "回车" 键确认，则可以通过设置直径值来确定一个圆。

图 4-64　利用 "圆心、半径" 工具绘制圆

2. 两点

"两点"方式可以通过指定圆上的两个点确定一个圆，其中两点之间的距离确定了圆的直径，假设两点直径之间的中点确定圆的圆心。

单击"两点"按钮 ○，然后在绘图区依次选取圆上的两个点 A 和 B，即可确定一个圆，如图 4-65 所示。

图 4-65　利用"两点"工具绘制圆

3. 三点

"三点"方式是通过指定圆周上的 3 个点而确定一个圆。其原理是在平面几何 3 点的首位连线可组成一个三角形，而一个三角形有且只有一个外接圆。

单击"三点"按钮 ○，然后依次选取圆上的 3 个点即可，如图 4-66 所示。需要注意的是这 3 个点不能在同一条直线上。

图 4-66　利用"三点"工具绘制圆

4. 相切，相切，半径

"相切，相切，半径"方式可以通过指定圆的两个公切点和设置圆的半径值确定一个圆。单击"相切，相切，半径" ○ 按钮，然后在相应的图元上指定公切点，并设置圆的半径值即可，效果如图 4-67 所示。

5. 相切，相切，相切

"相切，相切，相切"方式是通过指定圆的 3 个公切点来确定一个圆。该类型的圆是三点圆的一种特殊类型，即 3 段两两相交的直线或圆弧段的公切圆，主要用于确定正多边形的内切圆。

单击"相切，相切，相切"按钮 ○，然后依次选取相应图元上的 3 个切点即可，效果如图 4-68 所示。

图 4-67　利用"相切、相切、半径"工具　　　　图 4-68　利用"相切、相切、相切"工具

4.4.2　绘制圆弧

在 AutoCAD 中，圆弧既可以用于建立圆弧曲线和扇形，也可以用于放样图形的放样界面。由于圆弧可以看作是圆的一部分，因此它会涉及起点和终点的问题。绘制圆弧的方法与绘制圆的方法类似，既要指定半径和起点，又要指出圆弧所跨的弧度大小。绘制圆弧，根据绘图顺序和已知图形要素条件的不同，主要可以分为以下 4 种类型。

1. 三点

"三点"方式是通过指定圆弧上的三点确定的一段圆弧。其中，第一点和第三点分别是圆弧上的起点和端点，并且第三点直接决定圆弧的形状和大小，第二点可以确定圆弧的位置。单击"三点"按钮，然后在绘图区依次选取圆弧上的 3 点，即可绘制通过这 3 个点的圆弧，效果如图 4-69 所示。

图 4-69　利用"三点"工具绘制圆弧

2. 起点和圆心

"起点和圆心"方式是通过指定圆弧的起点和圆心，再选取圆弧的端点，或设置圆弧的包含角或弦长而确定圆弧。主要包括 3 个绘制工具，最常用的为"起点，圆心，端点"工具。

单击"起点，圆心，端点"按钮，然后依次指定 3 个点作为圆弧的起点、圆心和端点绘制圆弧，效果如图 4-70 所示。

图 4-70　利用"起点、圆心、端点"工具绘制圆弧

如果单击"起点，圆点，角度"按钮，绘制圆弧时需要指定圆心角。当输入正角度值时，所绘圆弧从起始点绕圆心沿逆时针方向绘制；单击"起点，圆心，长度"按钮，绘制圆弧时所给定的弦长不得超过起点到圆心距离的两倍。另外在设置弦长为负值时，则该值的绝对值将作为对应整圆的空缺部分圆弧的弦长。

3. 起点和端点

"起点和端点"方式是通过指定圆弧上的起点和端点，然后再设置圆弧的包含角、起点切向或圆弧半径，从而确定一段圆弧。主要包括 3 个绘制工具，效果如图 4-71 所示。其中单击"起点，端点，方向"按钮，绘制圆弧时可以拖动鼠标，动态地确定圆弧在起点和端点之间形成一条橡皮筋线，该橡皮筋线即为圆弧在起始点处的切线。

图 4-71　利用"起点、端点、方向"工具绘制圆弧

4. 圆心和起点

"圆心和起点"方式是通过依次指定圆弧的圆心和起点，然后再选取圆弧上的端点，或者设置圆弧包含角或弦长确定一段圆弧。

"圆心和起点"方式同样包括 3 个绘图工具，与"起点和圆心"方式的区别在于绘图的顺序不同。如图 4-72 所示，单击"圆心，起点，端点"按钮，然后依次指定 3 个分别作为圆弧的圆心、起点和端点，绘制圆弧。

图 4-72　利用"圆心、起点、端点"工具绘制圆弧

5. 连续圆弧

"连续圆弧"方式是以最后依次绘制线段或圆弧过程中确定的最后一点作为新圆弧的起点,并以最后所绘制线段方向或圆弧终止点处的切线方向为新圆弧在起始处的切线方向,然后再指定另一个端点,从而确定的一段圆弧。

单击"连续"按钮，系统将自动选取最后一段圆弧。此时仅需指定连续圆弧上的另一个端点即可,效果如图 4-73 所示。

图 4-73　绘制连续圆弧

4.4.3　绘制椭圆和椭圆弧

椭圆和椭圆弧曲线都是机械绘图时最常用的曲线对象。该类曲线 X、Y 轴方向对应的圆弧直径有差异,如果直径完全相则形成规则的圆轮廓线,因此可以说圆是椭圆的特殊形式。

1. 绘制椭圆

椭圆是指平面上到定点距离与到定点直线间距离之比为常数的所有点的集合。零件上圆孔特征在某一角度上的投影轮廓线、圆管零件上相贯线的近似画法等均以椭圆显示。

在"绘图"选项板中单击"椭圆"按钮右侧的黑色三角,系统将显示以下两种绘制椭圆的方式。

(1) 指定圆心绘制椭圆

指定圆心绘制椭圆即通过指定椭圆圆心、主轴的半轴长度和副轴的半轴长度绘制椭圆。单击"圆心"按钮,然后指定椭圆的圆心,并依次指定两个轴的半轴长度,即可完成椭圆的绘制,效果如图 4-74 所示。

指定椭圆中心　　　　　　　　　　　　指定短半轴和长半轴

图 4-74　指定圆心绘制椭圆

(2) 指定端点绘制椭圆

该方法是在 AutoCAD 中绘制椭圆的默认方法，只需在绘图区中直接指定出椭圆的 3 个端点即可绘制出一个完成的椭圆。

单击"轴，端点"按钮，然后选取椭圆的两个端点，并指定另一半轴的长度，即可绘制出完整的椭圆，效果如图 4-75 所示。

指定椭圆两个长轴端点　　　　　　　　　指定另一半轴长度

图 4-75　指定端点绘制椭圆

2. 绘制椭圆弧

椭圆弧，顾名思义就是椭圆的部分弧线，只需指定圆弧的起始角和终止角即可。此外，在指定椭圆弧终止角时，可以在命令行中输入数值，或直接在图形中指定位置点定义终止角。

单击"椭圆弧"按钮，命令行将显示"指定椭圆的轴端点或[圆弧(A)/中心点(C)]："的提示信息。此时便可以按以上两种绘制方法首先绘制椭圆，之后再按照命令行提示的信息分别输入起始和终止角度，即可获得椭圆弧效果，如图 4-76 所示。

图 4-76　绘制椭圆弧

4.5　绘制其他线条图形

在 AutoCAD 中有一些比较特殊的线条图形对象，例如多条圆弧组合而成的样条曲线和修订云线等，它们都有其独特的创建与编辑方法。

4.5.1　绘制样条曲线

样条曲线是经过或接近一系列给定点的光滑曲线，可以控制曲线与点的拟合程度。在机械绘图中，该类曲线通常用于表示区分断面的部分，还可以在建筑图中表示地形、地貌等。它的形状是一条光滑的曲面，并且具有单一性，即整个样条曲线是一个单一的对象。

1. 绘制样条曲线

样条曲线与直线一样都是通过指定获得的，不同的是样条曲线是弯曲的线条，并且线条可以是开放的，也可以是起点和端点重合的封闭样条曲线。

单击"样条曲线拟合"按钮，然后依次指定起点、中间点和终点，即可完成样条曲线的绘制，效果如图 4-77 所示。

依次指定起点、中间点和终点　　　　　　　　　　　样条曲线效果

图 4-77　绘制样条曲线

2. 编辑样条曲线

在样条曲线绘制完成后，往往不能满足实际的使用要求，此时可以利用样条曲线的编

辑工具对其进行编辑，以达到符合要求的样条曲线。

在"修改"选项板中单击"编辑样条曲线"按钮，系统将提示选取样条曲线。此时选取相应的样条曲线将显示命令行提示，如图 4-78 所示。

图 4-78　编辑样条曲线

图 4-78 所示的提示中主要命令的功能及设置方法如下。

- 闭合：选择该命令后，系统自动将最后一点定义为与第一点相同，并且在连接处相切，以此使样条曲线闭合。
- 拟合数据：输入字母 F 可以编辑样条曲线所通过的某些控制点。选择该命令后，将打开拟合数据命令提示，并且样条曲线上各控制点的位置均会以夹点形式显示。
- 编辑顶点：该命令可以将所修改样条曲线的控制点进行细化，以达到更精确地对样条曲线进行编辑的目的。
- 转换为多段线：输入字母 P，并指定相应的精度值，即可将样条曲线转换为多段线。
- 反转：输入字母 R，可使样条曲线的方向相反。

4.5.2　绘制云线

利用"修订云线"工具可以绘制类似于云彩的图形对象。在检查或用红线圈阅图形时，可以使用云线来亮显标记，以提高工作效率。

在"绘图"选项板中单击"修订云线"按钮，命令行将提示"指定起点或[弧长(A)/对象(O)/样式(S)]<对象>："的提示信息。各选项的含义及设置方法分别如下。

- 指定起点：从头开始绘制修订云线，即默认云线的参数设置。在绘图区指定一点为起始点，拖动鼠标将显示云线，当移至起点时自动与该点闭合，并退出云线操作，效果如图 4-79 所示。

图 4-79　绘制修订云线

- 弧长：指定云线的最小弧长和最大弧长，默认情况下弧长的最小值为 0.5 个单位，最大值不能超过最小值的 3 倍。

● 对象：可以选择一个封闭图形，如矩形、多边形等，并将其转换为云线路径。此时，如果选择 N，则圆弧方向向外；如果选择 Y 则圆弧方向向内。选择 Y 的效果如图 4-80 所示。

图 4-80　转换对象

● 样式：指定修订云线的方式，包括"普通"和"手绘"两种样式，如图 4-81 所示。

手绘　　　　　　　　　　　　　　　　普通

图 4-81　设置修订云线样式

4.6　思考练习

1. 在 AutoCAD 2016 中，如何定距等分对象？
2. 直线、射线和构造线各有什么特点？
3. 如何绘制正多边形？
4. 绘制如图 4-82 所示的图形，尺寸可参考标注也可自己确定。

图 4-82　习题 4

第5章 编辑和调整二维图形对象

在 AutoCAD 中，单纯地使用绘图命令或绘图工具只能绘制一些基本的图形对象。为了绘制复杂图形，很多情况下都必须借助图形编辑命令。此时，可以利用 AutoCAD 2016 提供的图形编辑工具对现有图形进行复制、移动、镜像、阵列、修剪等操作，修改已有图形或通过已有图形构造新的复杂图形。

5.1 选择二维图形对象

在 AutoCAD 中执行编辑操作，通常情况下需要首先选择编辑的对象，然后再进行相应的编辑操作。这样所选择的对象便将构成一个集合，成为选择集。用户可以用一般的方法进行选择，也可以使用夹点工具对图形进行简单的编辑。在构造选择集的过程中，被选中的对象一般以虚线显示。

5.1.1 构造选择集

通过设置选择集的各个选项，用户根据自己的使用习惯对 AutoCAD 拾取框、夹点显示以及选择视觉效果等方面的选项进行详细的设置，从而提高选择对象时的准确性和速度，达到提高绘图效率和精确度的目的。

在命令行中输入 OPTIONS 指令，按下回车键打开"选项"对话框，然后在该对话框中选中"选择集"选项卡，如图 5-1 所示。

图 5-1 打开"选项"对话框

"选择集"选项卡中各选项组的含义如下。

1. 拾取框和夹点大小

拾取框就是十字光标中部用以确定拾取对象的方形图框。夹点是图形对象被选中后处于对象端部、中点或控制点等处的矩形或圆锥形实心标识。通过拖动夹点，即可对图形对象的长度、位置或弧度等进行手动调整。其各自的大小都可以通过该选项卡中的相应选项进行详细的调整。

(1) 调整拾取框大小

进行图形的点选时，只有处于拾取框内的图形对象才可以被选取。因此，在绘制较为简单的图形时，可以将拾取框调大，以便于图形对象的选取；反之，绘制复杂图形对象时，适当地调小拾取框的大小，可以避免图形对象的误选取。

在“拾取框大小”选项组中拖动滑块，即可以改变拾取框的大小，并且在拖动滑块的过程中，其左侧的调整框预览图标将动态显示调整框的实时大小，效果如图 5-2 所示。

拾取框原大小　　　　　　　　　　调整后的拾取框大小

图 5-2　调整拾取框大小效果

(2) 调整夹点大小

夹点不仅可以标识图形对象的选取情况，还可以通过拖动夹点的位置对选取的对象进行相应的编辑。但需要注意的是：夹点在图形中的显示大小是恒定不变的，也就是说当选择的图形对象被放大或缩小时，只有对象本身的显示比例被调整，而夹点的大小不变。

利用夹点编辑图形时，适当地将夹点调大可以提高选取夹点的方便性。此时如果图形对象较小，夹点出现重叠的现象，采用将图形放大的方法即可避免该现象的发生。夹点的调整方法与拾取框大小的调整方法相同，如图 5-3 所示。

原夹点大小　　　　　　　　　　　调整后的夹点大小

图 5-3　调整夹点大小效果

2. 选择集预览

选择集预览就是当光标的拾取框移动到图形对象上时，图形对象以加粗或虚线的形式显示为预览效果。通过启用该选项组中的两个复选框，可以调整图形预览与工具之间的关联方式，或利用"视觉效果设置"按钮，对预览样式进行详细的调整。

(1) 命令处于活动状态时

启用"命令处于活动状态时"复选框后，只有当某个命令处于激活状态，并且命令提示行中显示"选取对象"提示时，将拾取框移动到图形对象上，该对象才会显示选择预览。

(2) 未激活任何命令时

"未激活任何命令时"复选框的作用与上述复选框相反，启用该复选框后，只有没有任何命令处于激活状态时，才可以显示选择预览。

(3) 视觉效果设置

选择集的视觉效果包括被选择对象的线型、线宽以及选取区域的颜色、透明度等。用户可以根据个人的使用习惯进行相应的调整。单击"视觉效果设置"按钮，将打开"视觉效果设置"对话框，如图 5-4 所示。

图 5-4　打开"视觉效果设置"对话框

"视觉效果设置"对话框中最主要的"选择区域效果"选项组的作用是：在进行多个对象的选取时，采用区域选择的方法可以大幅度地提高对象选取的效率。用户可以通过设置该选项组中的各选项，调整选择区域的颜色、透明度以及区域显示的开、闭情况。

3. 选择集模式

"选择集"选项的"选择集模式"选项组中包括 6 种用于定义选择集和命令之间的先后执行顺序、选择集的添加方式以及在定义与组或填充对象有关选择集时的各类详细设置。

(1) 先选择后执行

启用该复选框，可以定义选择集与命令之间的先后次序。启用该复选框后，即表示需要先选择图形对象再执行操作，被执行的操作对之前选择的对象产生相应的影响。

如利用"偏移"工具编辑对象时，可以先选择要偏移的对象，再利用"偏移"工具对图形进行偏移操作。这样可以在调用修改工具并选择对象后省去了按回车键的操作，简化了操作步骤。但是并非所有命令都支持"先选择后执行"模式。例如"打断"、"圆角"和"倒角"等命令，这些命令需要先激活工具再定义选择集。

(2) 用 Shift 键添加到选择集

该复选框用以定义向选择集中添加图形对象时的添加方式。默认情况下，该复选框处于禁用状态。此时要向选择集中添加新对象时，直接选取新对象即可。当启用该复选框后，将激活一个附加选择方式，即在添加新对象时，需要按住 Shift 键才能将多个图形对象添加到选择集中。

如果需要取消选择集中的某个对象，无论在两种模式中的任何一种模式下，按住 Shift 键选取该对象即可。

(3) 对象编组

启用该复选框后，选择组中的任意一个对象时，即可选择组中的所有对象。将 PICKSTYLE 系统变量设置为 1 时可以设置该选项。

(4) 关联图案填充

该复选框主要用在选择填充图形的情况。当启用该复选框时，如果选择关联填充的对象，则填充边界的对象也被选中。将 PICKSTYLE 系统变量设置为 2 时可以设置该选项。

(5) 隐含选择窗口中的对象

当启用该复选框后，可以在绘图区用鼠标拖动或用定义对角点的方式定义选择区域，进行对象的选择。当禁用该复选框后，则无法使用定义选择区域的方式定义选择对象。

(6) 允许按住并拖动对象

该复选框用以定义选择窗口的定义方式。当启用该复选框后，单击指定窗口的一点后按住左键并拖动，在第二点位置松开即可确定选择窗口的大小和位置。当禁用该复选框后，需要在选择窗口的起点和终点分别单击，才能定义出选择窗口的大小和位置。

5.1.2　选取对象方式

在 AutoCAD 中，针对图形对象的复杂程度或选取对象数量的不同，有多种选择对象的方法，下面将介绍几种常用的对象选择方法。

1. 点选对象

点选是最简单、也是最常用的一种图形对象选择方式。当需要选择某个对象时，直接将十字光标移动到绘图区中要选择的图形对象上，然后单击，即可选择该图形对象，如图 5-5 所示，选中的直线上会出现一些小正方形，这些正方形被称为夹点。如果连续单击其他对象则可同时选择多个对象，如图 5-6 所示。

图 5-5　点取单个图形对象　　　　　　　　图 5-6　点取多个图形对象

2. 窗口选取对象

利用窗口方式选择图形对象，是指当命令窗口显示"选择对象："提示信息时，输入 Window 或 W 命令并按下 Enter 键，然后在绘图区中分别拾取两点来确定一个矩形框，如图 5-7 所示。在矩形框内的图形对象将被选择，如图 5-8 所示。

图 5-7　窗口方式选择图形　　　　　　　　　图 5-8　选择图形的效果

3. 窗交选择对象

使用窗交方式选择图形对象，与窗口方式选择图形对象比较相似，其操作方法是：在命令窗口中显示"选择对象："提示信息时，输入 CROSSING 或 C 命令并按下 Enter 键，然后在绘图区中分别拾取两点来确定一个矩形框，如图 5-9 所示。这时，与矩形框相交和被矩形框完全包围的图形都会被选择，被选择的图形对象将以虚线表示，如图 5-10 所示。

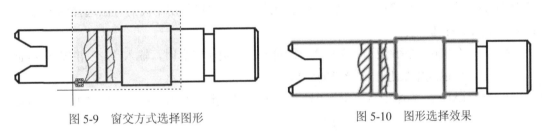

图 5-9　窗交方式选择图形　　　　　　　　　图 5-10　图形选择效果

4. 圈围选择对象

圈围是一种多边形窗口选择方法，与矩形框选对象的方法类似，其操作方法是：在命令窗口出现"选择对象："后输入 WP，选择"圈围"选项，然后在绘图区拾取点，通过不同的点可以构造任意形状的多边形，如图 5-11 所示。按 Enter 键后，完全包含在多边形区域内的对象被选中，如图 5-12 所示虚线部分为选中的图形对象。

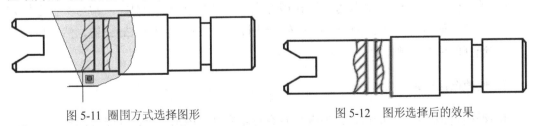

图 5-11　圈围方式选择图形　　　　　　　　　图 5-12　图形选择后的效果

5. 圈交选择对象

圈交是一种多边形窗口选择方法，与圈围方式选择对象比较相似，其方法是：在命令窗口显示"选择对象："后输入 CP，选择圈交选项，然后在绘图区通过拾取点的方式指定选择区域，但是用圈交方式选择图形对象是绘制一个任意闭合多边形，如图 5-13 所示。按下 Enter 键。将选择被多边形完全包围以及与多边形相交的所有图形对象，如图 5-14 所示。

图 5-13　窗交方式选择图形　　　　　　　图 5-14　图形选择效果

6. 使用命令选取

在执行编辑命令的过程中，在命令行出现"选择对象:"后输入"？"，然后按下 Enter 键，将出现"需要点或窗口(W)/上一个(L)/窗交(C)/框(BOX)/全部(ALL)/栏选(F)/圈围(WP)/圈交(CP)/编组(G)/添加(A)/删除(R)/多个(M)/前一个(P)/放弃(U)/自动(AU)/单个(SI)/子对象(SU)/对象(O)"，在命令窗口提示后选择相应的选项，可以使用不同的方法选择图形对象。该提示中其他各选项含义如下。

- 上一个(L)：当命令窗口显示"选择对象："提示信息时，输入"L"并按下 Enter 键，可以选中最近一次绘制的对象。
- 全部(ALL)：当命令窗口出现"选择对象："提示信息时，输入"ALL"并按下 Enter 键即可选中绘图区中的所有对象。
- 多个(M)：当命令行中出现"选择对象："提示信息时，输入"M"并按下 Enter 键，然后依次用变成"口"形的鼠标光标在要选择的对象上单击，再按下 Enter 键即可选中被单击的多个对象。
- 自动(AU)：在未执行任何命令(即当命令窗口中显示为"命令:")，或当命令提示行中出现"选择对象："提示信息时，在不输入任何选择方式的默认状态下即使用"自动"选择方式。
- 单个(SI)：单一对象选择方式，在该方式下，只能选择一个对象，常与其他选择方式联合使用，当命令窗口提示选择对象时，输入 SI，并按下 Enter 键，然后单击要选择的单个对象即可。

7. 快速选择对象

快速选择图形对象功能可以快速选择具有特定属性的图形对象，并能在选择集中添加或删除图形对象，从而创建一个符合用户指定对象类型和对象特性的选择集。快速选择命令主要有以下几种调用方法：

- 选择"工具"|"快速选择"命令。
- 在"默认"选项卡的"实用工具"面板中单击"快速选择"按钮。
- 在命令窗口中执行 QSELECT 命令。

在执行以上任意一种操作后,将打开"快速选择"对话框,设置该对话框中选择对象的属性后,单击"确定"按钮即可选择相同属性的对象。下面将通过一个简单的实例介绍快速选择对象的方法。

【练习 5-1】 选择图形中所有的标注图形。

(1) 在 AutoCAD 中打开图形文件后,选择"默认"选项卡,在"使用工具"面板中单击"快速选择"按钮,打开"快速选择"对话框。

(2) 在"快速选择"对话框的"对象类型"下拉列表框中选择"转角标注"选项,如图 5-15 所示,然后单击"确定"按钮,返回绘图区系统将自动选择图形中的所有标注,如图 5-16 所示。

图 5-15 设置对象类型

图 5-16 选择所有"标注"对象

5.2 复制二维图形对象

在 AutoCAD 中,零件图上的轴类或盘类零件往往具有对称结构,并且这些零件上的孔特征又常常是均匀分布的,此时便可以利用相关的复制工具,以现有的图形对象为源对象,绘制出与源对象相同或相似的图形,从而简化绘制具有重复性或近似性特点图形的绘图步骤,以达到提高绘图效率和绘图精度的目的。

5.2.1 复制图形

复制工具主要用于具有两个或两个以上重复图形,并且各重复图形的相对位置不存在一定规律性图形的绘制。该工具是 AutoCAD 绘图中的常用工具,复制操作可以省去重复绘制相同图形的步骤,大大提高了绘图效率。

复制命令主要有以下几种调用方法：

● 选择"修改"|"复制"命令。
● 在"默认"选项卡的"修改"面板中单击"复制"按钮。
● 在命令窗口中执行 COPY 或 CO 命令。

在执行复制命令后，将提示选择要复制的图形对象，在分别指定复制的基点和第二点，即可对图形对象进行复制操作，效果如图 5-17 所示。

图 5-17　复制中心圆

5.2.2　镜像图形

镜像工具常用于结构规则，且具有对称特点的图形绘制，如轴、轴承座和槽轮等零件图形。绘制这类对称图形时，只需绘制对象的一半或几分之一，然后将图形对象的其他部分对称复制即可。

在绘制该类图形时，可以先绘制出处于对称中线一侧的图形轮廓线。然后单击"镜像"按钮，选取绘制的图形轮廓线为源对象后右击，接下来指定对称中心线上的两点以确定镜像中心线，按下 Enter 键即可完成镜像操作，效果如图 5-18 所示。

图 5-18　镜像视图

默认情况下，对图形直线镜像操作后，系统仍然保留源对象。如果对图形进行镜像操作后需要将源对象删除，只需在选取源对象并指定镜像中心线后，在命令行中输入字母 Y，然后按下回车键，即可完成删除源对象的镜像操作。

5.2.3　偏移图形

利用"偏移图形"工具可以创建出与源对象成一定距离并且形状相同或类似的新对象。对于直线而言，可以绘制出与其平行的多个相同副本对象；对于圆、椭圆、矩形以及由多段线围成的图形而言，则可以绘制出一定偏移距离的同心圆或近似的图形。

1. 定距偏移

该偏移方式是系统默认的偏移类型。它是根据输入的偏移距离数值为偏移参照，指定的方向为偏移方向，偏移复制出源对象的副本对象。

单击"偏移"按钮，根据命令行提示输入偏移距离，并按回车键，然后选取图中的源对象，在对象的偏移侧单击，即可完成定距偏移操作，如图 5-19 所示。

图 5-19　定距偏移效果

2. 通过点偏移

该偏移方式能够以图形中现有的端点、各节点、切点等定对象为源对象的偏移参照，对图形执行偏移操作。

单击"偏移"按钮，在命令行中输入字母 T，并按下回车键，然后选取图中的偏移源对象后指定通过点，即可完成该偏移操作，如图 5-20 所示。

图 5-20　通过点偏移效果

3. 删除源对象偏移

系统默认的偏移操作是在保留源对象的基础上偏移出新图形对象。但如果仅以源图形对象为偏移参照，偏移出新图形对象后需要将源对象删除，即可利用删除源对象偏移的方法。

单击"偏移"按钮，在命令行中输入字母 E，并根据命令行提示输入字母 Y 后按回车键。然后按上述偏移操作进行图形偏移时即可将源对象删除，效果如图 5-21 所示。

图 5-21　删除源对象偏移

4. 变图层偏移

默认情况下对对象进行偏移操作时，偏移出新对象的图层与源对象的图层相同。通过变图层偏移操作，可以将偏移出的新对象图层转换为当前层，从而可以避免修改图层的重复性操作，大幅度地提高绘图速度。

先将所需图层置为当前层，单击"偏移"按钮，在命令行中输入字母 L，根据命令提示输入字母 C 并按回车键，然后按上述偏移操作进行图形偏移时，偏移出的新对象图层即与当前图层相同。

5.2.4　阵列图形

使用"阵列图形"工具可以按照矩形、路径或环形的方式，以定义的距离或角度复制出源对象的多个对象副本。在绘制孔板、法兰等具有均布特征的图形时，利用该工具可以大量减少重复性图形的绘制操作，并提高绘图准确性。

1. 矩形阵列

矩形阵列是以控制行数、列数以及行和列之间的距离或添加倾斜角度的方式，使选取的阵列对象成矩形的方式进行阵列复制，从而创建出源对象的多个副本对象。

在"修改"选项板中单击"矩形阵列"按钮，并在图中选取源对象后按回车键，然后根据命令行的提示，输入字母 COU，并依次设置矩形阵列的行数和列数。接着输入字母 S，并依次设置行间距和列间距。最后按回车键即可创建矩形阵列特征，效果如图 5-22 所示。

图 5-22　矩形阵列效果

2. 路径阵列

在路径阵列中，阵列的对象将均匀地沿路径或部分路径排列。在该方式中，路径可以是直线、多段线、三维多段线、样条曲线、圆弧、圆或椭圆等。

在"修改"选项板中单击"路径阵列"按钮 ![icon]，并依次选取绘图区中的源对象和路径曲线，然后根据命令行的提示设置沿路径的项数，并输入字母 D，则源对象将沿路径均匀地定数等分排列，效果如图 5-23 所示。

图 5-23　路径阵列效果

3. 环形阵列

环形阵列能够以任一点为阵列中心点，将阵列源对象按圆周或扇形的方向，以指定的阵列填充角度、项目数目或项目之间的夹角阵列值进行源图形的阵列复制。该阵列方法经常用于绘制具有圆周均布特征的图形。

在"修改"选项板中单击"环形阵列"按钮 ![icon]，并依次选取绘图区中的源对象和阵列中心点，然后连续按两次空格键，将打开"环形阵列"快捷菜单，如图 5-24 所示。

图 5-24　环形阵列效果

在"环形阵列"快捷菜单中，用户可以通过设置环形阵列的项目、项目间角度和填充角度来完成环形阵列的操作，具体如下。

(1) 项目总数和填充角度

在已知图形中阵列项目的个数以及所有项目所分布弧形区域的总角度时，可以通过设置这两个参数来进行环形阵列的操作。

选取源对象和阵列中心点后，在快捷菜单中分别指定阵列项目的数目以及总的阵列填充角度，即可完成环形阵列的操作，如图 5-25 所示。

图 5-25 指定项目总数和填充角度环形阵列

(2) 项目总数和项目间的角度

该方式可以精确快捷地绘制出已知各项目间具体夹角和数目的图形对象。选取源对象和阵列中心点后，在快捷菜单中分别指定阵列项目的数目以及项目间的角度，即可完成阵列的复制操作，效果如图 5-26 所示。

图 5-26 指定项目总数和项目间角度环形阵列

(3) 填充角度和项目间的角度

该方式是以指定总填充角度和相邻项目间夹角的方式定义出阵列项目的具体数量，进行源对象的环形阵列操作(其操作方法同前面介绍的环形阵列操作方法相同)。

5.3 调整图形对象的位置

移动、旋转和缩放工具都是在不改变被编辑图形具体形状的基础上对图形的放置位置、角度以及大小进行重新调整，以满足最终的设计要求。该类工具常用于在装配图或将图块插入图形的过程中，对单个零部件图形或块的位置和角度进行调整。

5.3.1 移动和旋转图形

移动和旋转操作都是对象的重定位操作，两者的不同之处在于：前者是对图形对象的位置进行调整，方向和大小不变；后者是对图形对象的方向进行调整，位置和大小不变。

1. 移动操作

该操作可以在指定的方向上按指定的距离移动对象，在指定移动基点、目标点时，不仅可以在图中拾取现有点作为移动参照，还可以利用输入坐标值的方法定义出参照点的具体位置。

单击"移动"按钮![图标]，选取要移动的对象并指定基点，然后根据命令行提示指定第二个点或输入相对坐标来确定目标点，即可完成移动操作，如图 5-27 所示。

图 5-27　移动对象

2. 旋转操作

旋转是指将对象绕指定点旋转任意角度，从而以旋转点到旋转对象之间的距离和指定的旋转角度为参照，调整图形的放置方向和位置。

(1) 一般旋转

一般旋转方法在旋转图形对象时，原对象将按指定的旋转中心和旋转角度旋转至新位置，并且将不保留对象的原始副本。

单击"旋转"按钮![图标]，选取旋转对象并指定旋转基点，然后根据命令行提示输入旋转角度，按下回车键，即可完成旋转对象操作，如图 5-28 所示。

指定基点　　　　　　　　　　　　移动效果

图 5-28　旋转对象

(2) 复制旋转

使用"复制旋转"方法进行对象的旋转时，不仅可以将对象的放置方向调整一定的角度，还可以在旋转出新对象的同时，保留原对象图形，可以说该方法集旋转和复制操作于一体。

按照上述相同的旋转操作方法指定旋转基点后，在命令行中输入字母 C，然后指定旋转角度，按下回车键，即可完成复制旋转操作，如图 5-29 所示。

图 5-29 复制旋转

【练习 5-2】绘制如图 5-30 所示的图形。

(1) 在选项板中选择"默认"选项卡，在"绘图"面板中单击"圆心、半径"按钮，绘制一个半径为 30 的圆。

(2) 在菜单栏中选择"工具"|"新建 UCS"|"原点"命令，将坐标系的原点移至圆心位置，如图 5-31 所示。

图 5-30 图形效果

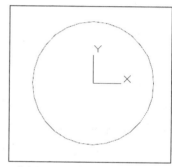

图 5-31 绘制半径为 30 的圆

(3) 选择"默认"选项卡，在"修改"面板中单击"起点，圆心，端点"按钮，以点 (0,0) 为起点、点 (15,0) 为圆心、点 (30,0) 为端点绘制圆弧，如图 5-32 所示。

(4) 选择"默认"选项卡，在"修改"面板中单击"旋转"按钮，在命令行的"选择对象:"提示下选择绘制的圆弧。

(5) 在命令行的"指定基点:"提示下，输入点的坐标 (0,0) 作为移动的基点。

(6) 在命令行的"指定旋转角度，或[复制(C)参照(R)]<O>:"提示下，输入 C，并指定旋转的角度为 180°，然后按 Enter 键，结果如图 5-33 所示。

图 5-32 绘制圆弧

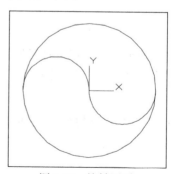

图 5-33 旋转圆弧

(7) 选择"默认"选项卡，在"绘图"面板中单击"圆心、半径"按钮◯，以坐标(0,0)为圆心，绘制一个半径为 32 的圆，如图 5-34 所示。

(8) 选择"默认"选项卡，在"修改"面板中单击"旋转"按钮◯，在命令行的"选择对象:"提示下选择半径为 15 的两条圆弧。

(9) 在命令行的"指定基点:"提示下，输入点的坐标(0,0)作为移动的基点。

(10) 在命令行的"指定旋转角度，或[复制(C)参照(R)]<O>:"提示下，输入 C，并指定旋转的角度为 90°，然后按 Enter 键，结果如图 5-35 所示。

图 5-34　绘制圆

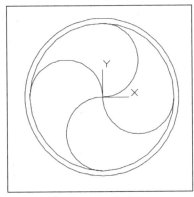

图 5-35　旋转圆弧

(11) 选择"默认"选项卡，在"修改"面板中单击"旋转"按钮◯，在命令行的"选择对象:"提示下选择图 5-35 中 4 条半径为 15 的圆弧。

(12) 在命令行的"指定基点:"提示下，输入点的坐标(0,0)作为移动的基点。

(13) 在命令行的"指定旋转角度，或[复制(C)参照(R)]<O>:"提示下，输入 C，并指定旋转的角度为 45°，然后按 Enter 键，结果如图 5-36 所示。

(14) 选择"默认"选项卡，在"绘图"面板中单击"圆心、半径"按钮◯，以坐标(0,0)为圆心，分别绘制半径为 8 和 10 的圆，如图 5-37 所示。

(15) 在菜单栏中选择"工具"|"新建 UCS"|"世界"命令，恢复世界坐标系。

(16) 修剪图形，然后使用尺寸标注功能标注图形的尺寸，效果如图 5-30 所示。

图 5-36　旋转圆弧

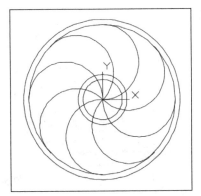

图 5-37　绘制半径为 10 的圆

5.3.2　缩放图形

利用该工具可以将图形对象以指定的缩放基点为缩放参照，放大或缩小一定比例，创建出与源对象成一定比例且形状相同的新图形对象。在 AutoCAD 中，比例缩放可以分为以下 3 种缩放类型。

1. 参数缩放

该缩放类型可以通过指定缩放比例因子的方式，对图形对象进行放大或缩小。当输入的比例因子大于 1 时将放大对象，小于 1 时将缩小对象。

单击"缩放"按钮，选择缩放对象并指定缩放基点，然后在命令行中输入比例因子，按回车键即可，如图 5-38 所示。

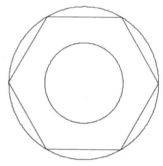

图 5-38　缩放图形

2. 参照缩放

该缩放方式是以指定参照长度和新长度的方式，由系统自动计算出两长度之间的比例数值，从而定义出图像的缩放因子，对图形进行缩放操作。当参照长度大于新长度时，图形将被缩小；反之将对图形执行放大操作。

按照上述方法指定缩放基点后，在命令行中输入字母 R，并按下回车键，然后根据命令行提示一次定义出参照长度和新长度，按回车键即可完成参照缩放操作，如图 5-39 所示。

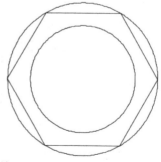

图 5-39　参照缩放

3. 复制缩放

该缩放类型可以在保留原图形对象不变的情况下，创建出满足缩放要求的新图形对象。利用该方法进行图形的缩放基点后，需要在命令行中输入字母 C，然后利用设置缩放参数或参照的方式定义图形的缩放因子，即可完成复制缩放操作，如图 5-40 所示。

图 5-40　参照缩放

5.4　调整图形对象的形状

拉伸和拉长工具以及夹点应用的操作原理比较相似，都是在不改变现有图形位置的情况下对单个或多个图形进行拉伸或缩减，从而改变被编辑对象的整体形状。

5.4.1　拉伸图形

执行拉伸操作能够将图形中的一部分拉伸、移动或变形，而其余部分则保持不变，是一种十分灵活的调整图形大小的工具。选取拉伸对象时，可以使用"交叉窗口"的方式选取对象，其中全部处于窗口中的图形不做变形而只做移动，与选择窗口边界相交的对象将按移动的方向进行拉伸变形。

拉伸命令主要有以下几种调用方法：

- 选择"修改"|"拉伸"命令；
- 在"常用"选项卡的"修改"面板中单击"拉伸"按钮 ；
- 在命令窗口中执行 STRETCH 或 S 命令。

1. 指定基点拉伸对象

该拉伸方式是系统默认的拉伸方式，按照命令行提示指定一点为拉伸点，命令行将显示"指定第二个点或<使用第一个点作为位移>:"的提示信息。此时在绘图区指定第二点，系统将按照这两点间的距离执行拉伸操作，效果如图 5-41 所示。

图 5-41　指定基点拉伸对象

2. 指定位移拉伸对象

该拉伸方式是指将对象按照指定的位移量进行拉伸，而其余部分并不改变。选取拉伸对象后，输入字母 D，然后输入位移量并按下回车键，系统将按照指定的位移量进行拉伸操作，效果如图 5-42 所示。

图 5-42　指定位移量拉伸对象

5.4.2　拉长图形

在 AutoCAD 中，拉伸和拉长工具都可以改变对象的大小，所不同的是拉伸操作可以一次框选多个对象，不仅改变对象的大小，同时改变对象的形状；而拉长操作只改变对象的长度，并且不受边界的局限。可以用以拉长的对象包括直线、弧线和样条曲线等。

拉长命令主要有以下几种调用方法：

- 选择"修改"|"拉长"命令；
- 在"常用"选项卡的"修改"窗口中单击"拉长"按钮 ；
- 在命令窗口中执行 LENGTHEN 命令。

在 AutoCAD 中执行"拉长"命令后，命令窗口将提示"选取对象或[增量(DE)/百分比(P)/总计(T)/动态(DY)]："的提示信息。此时，指定一种拉长方式，并选取要拉长的对象，即可以该方式进行相应的拉长操作。各类拉长方式的设置方法如下。

1. 增量

以指定的增量修改对象的长度，并且该增量从距离选择点最近的端点处开始测量。在命令行中输入字母 DE，命令行将显示"输入长度增量或[角度(A)]<0.0000>："的提示信息。此时，输入长度值，并选取对象，系统将以指定的增量修改对象的长度，效果如图 5-43 所示。

图 5-43　增量拉长对象

2. 百分数

以相对于原长度的百分比来修改直线或圆弧的长度，在命令行中输入字母 P，命令行将提示"输入长度百分数<100.0000>:"的提示信息。此时如果输入参数值小于 100 则缩短对象，大于 100 则拉长对象，效果如图 5-44 所示。

图 5-44　以百分数形式拉长对象

3. 全部

通过指定从固定端点处测量的总长度的绝对值来设置选定对象的长度。在命令行中输入字母 T，然后输入对象的总长度，并选取要修改的对象。此时，选取的对象将按照设置的总长度相应地缩短或拉长，效果如图 5-45 所示。

图 5-45　按输入的总长拉长对象

4. 动态

允许动态地改变直线或圆弧的长度，该方式通过拖动选定对象的端点之一来改变其长度，并且其他端点保持不变。在命令行中输入字母 DY，并选取对象，然后拖动光标，对象将随之拉长或缩短，如图 5-46 所示。

图 5-46　动态拉长对象

5.4.3　应用夹点调整图形形状

当选取一图形对象时，对象周围将出现蓝色的方框即为夹点。在编辑零件图时，有时不需要启用某个命令，却获得和该命令一样的编辑效果，此时可以通过夹点的编辑功能，快速调整图形的形状。如拖动夹点调整辅助线的长度，拖动孔对象的夹点进行快速复制，从而获得事半功倍的效果。

1. 使用夹点拉伸对象

在拉伸编辑模式下，当选取的夹点是线条端点时，可以拉伸或缩短对象。如果选取的夹点是线条的中点、圆或圆弧的圆心，或者块、文字、尺寸数字等对象时，则只能移动对象。

如图 5-47 所示，选取一条中心线将显示其夹点，然后选取底部夹点，并打开正交功能，向下拖动即可改变竖直中心线的长度。

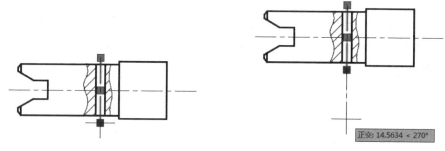

图 5-47　拖动夹点拉伸中心线长度

2. 使用夹点移动和复制对象

夹点移动模式可以编辑单元对象或一组对象，利用该模式可以改变对象的放置位置，而不改变其大小和方向。如果在移动时按住 Ctrl 键，则可以复制对象。

如图 5-48 所示，选取一个圆轮廓将显示其夹点，然后选取圆心处夹点，并输入 MO 进入移动模式。接着按住 Ctrl 键选取圆心处夹点，向右拖动至合适位置单击，即可复制一个圆。

图 5-48 利用夹点编辑复制圆

3. 使用夹点旋转对象

用户可以使对象绕基点旋转，并能够编辑对象的旋转方向。在夹点编辑模式下指定基点后，输入字母 RO 即进入旋转模式，旋转的角度可以通过输入角度值精确定位，也可以通过指定点位置来实现。

如图 5-49 所示，框选一个图像，并指定一个基点，然后输入字母 RO 进入旋转模式，并输入旋转角度为 45°，即可旋转所选图形。

图 5-49 利用夹点旋转视图

4. 使用夹点缩放对象

在夹点编辑模式下指定基点后，输入字母 SC 进入缩放模式，可以通过定义比例因子或缩放参照的方式缩放对象。当比例因子大于 1 时放大对象；当比例因子大于 0 而小于 1 时缩小对象，效果如图 5-50 所示。

图 5-50 利用夹点缩放视图

5. 使用夹点镜像对象

该夹点编辑方式是以指定两夹点的方式定义出镜像中心线，从而进行图形的镜像操作。利用夹点镜像图形时，镜像后既可以删除原对象，也可以保留原对象。

进入夹点编辑模式后指定一个基点，并输入字母 MI，进入镜像模式，此时系统将会以刚选择的基点作为镜像第一点，然后输入字母 C，并指定第二镜像点，接下来，按回车键即可在保留原对象的情况下镜像复制新对象，效果如图 5-51 所示。

图 5-51　利用夹点镜像图形

【练习 5-3】使用夹点编辑功能绘制如图 5-52 所示的连杆平面图。

(1) 在"功能区"选项板中选择"默认"选项卡，在"绘图"面板中单击"直线"按钮，绘制一条水平直线和一条垂直直线作为辅助线。

(2) 在菜单栏中选择"工具"|"新建 UCS"|"原点"命令，将坐标系原点移到辅助线的交点处，如图 5-53 所示。

图 5-52　绘制连杆平面图

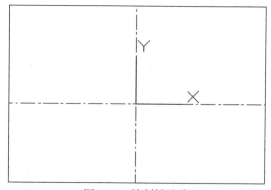

图 5-53　绘制辅助线

(3) 选择所绘制的垂直直线，并单击两条直线的交点，将其作为基点，在命令行的"指定拉伸点或[基点(B)/复制(C)/放弃(U)/退出(X)/]:"提示下中输入 C，移动并复制垂直直线，然后在命令行中输入(120,0)，即可得到另一条垂直的直线，如图 5-54 所示。

图 5-54　使用夹点的拉伸功能绘制垂直直线

(4) 在"功能区"选项板中选择"默认"选项卡，在"绘图"面板中单击"多边形"按钮，以左侧垂直直线与水平直线的交点为中心点，绘制一个半径为 15 的圆的内接正六边形，如图 5-55 所示。

(5) 在"功能区"选项板中选择"默认"选项卡，在"绘图"面板中单击"圆心、直径"按钮，以右侧垂直直线与水平直线的交点为圆心，绘制一个直径为 65 的圆，如图 5-56 所示。

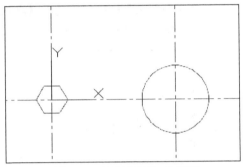

图 5-55　绘制正六边形　　　　　　　　图 5-56　绘制直径为 65 的圆

(6) 选择右侧所绘的圆，并单击该圆的最上端夹点，将其作为基点(该点将显示为红色)，接着在命令行输入 C，在拉伸的同时复制图形，然后再在命令行输入(50，0)，即可得到一个直径为 100 的拉伸圆，如图 5-57 所示。

图 5-57　使用夹点的拉伸功能绘制圆

(7) 在"功能区"选项板中选择"默认"选项卡，在"绘图"面板中单击"圆心、直径"按钮，以六边形的中心点为圆心，绘制一个直径为 45 的圆，如图 5-58 所示。

(8) 选择所绘制的水平直线，并单击直线上的夹点，将其作为基点，在命令行中输入 C，移动并复制水平直线，然后在命令行中输入(@0,9)，即可得到一条水平的直线，如图 5-59 所示。

图 5-58　绘制直径为 45 的圆

图 5-59　绘制水平直线

(9) 选择右侧的垂直直线，并单击直线上的夹点，将其作为基点，在命令行中输入 C，移动并复制垂直直线，然后在命令行中输入(@-38,0)，即可得到另一条垂直直线，如图 5-60 所示。

(10) 在【功能区】选项板中选择【默认】选项卡，在【修改】面板中单击【修剪】按钮，修剪直线，如图 5-61 所示。

图 5-60　绘制一条垂直直线

图 5-61　修剪后的效果

(11) 选择修剪后的直线，在命令行中输入 MI，镜像所选的对象，在水平直线上任意选择两点作为镜像线的基点，在"要删除源对象吗？"命令提示下，输入 N，然后按下 Enter 键，即可得到镜像的直线，如图 5-62 所示。

图 5-62　镜像直线

(12) 在"功能区"选项板中选择"默认"选项卡，在"绘图"面板中单击"相切、相切、半径"按钮 ，以直径为 45 和 100 的圆为相切圆，绘制半径为 150 的圆，如图 5-63 所示。

(13) 在"功能区"选项板中选择"默认"选项卡，在"修改"面板中单击"修剪"按钮 ，修剪绘制的相切圆，效果如图 5-64 所示。

图 5-63　绘制相切圆　　　　　　　　　图 5-64　修剪图形

(14) 选择修剪后的圆弧，在命令行中输入 MI，镜像所选的对象，在水平直线上任意选择两点作为镜像线的基点，在"要删除源对象吗？"命令提示下，输入 N，然后按下 Enter 键，即可得到镜像的圆弧，如图 5-65 所示。

(15) 在"功能区"选项板中选择"默认"选项卡，在"修改"面板中单击"修剪"按钮 ，对图形进行修剪，效果如图 5-66 所示。

(16) 在菜单栏中选择"工具"|"新建 UCS"|"世界"命令，恢复世界坐标系。关闭绘图窗口，并保存所绘的图形。

 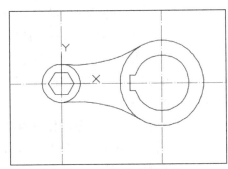

图 5-65　镜像圆弧　　　　　　　　　图 5-66　修剪后的图形

5.5　编辑图形对象

在完成对象的基本绘制后，往往需要对相关对象进行编辑和修改操作，使其实现预期的设计要求。在 AutoCAD 中，用户可以通过修剪、延伸、创建倒角和圆角等常规操作来完成绘制对象的编辑工作。

5.5.1 修剪和延伸图形

修剪和延伸工具的共同点都是以图形中现有的图形对象为参照，以两图形对象间的交点为切割点或延伸终点，对与其相交或成一定角度的对象进行去除或延伸操作。

1. 修剪图形

利用"修剪"工具可以以某些图元为编辑，删除边界内的指定图元。利用该工具编辑图形对象时，首先需要选择以定义修剪边界的对象，可作为修剪边的对象包括直线、圆弧、圆、椭圆和多段线等对象。默认情况下，选择修剪对象后，系统将以该对象为边界，将修剪对象上位于拾取点一侧的部分图形切除。

单击"修剪"按钮 ，选取边界曲线并右击，然后选取图形中要去除的部分，即可将多余的图形对象去除，效果如图 5-67 所示。

图 5-67　修剪线段

此外还可以选择"修改"|"删除"命令，或者在命令提示行中执行 ERASE 或 E 命令进行修剪。在使用"修剪"命令对图形对象进行修剪时，命令窗口中各主要选项的含义如下。

- 全部选择：使用该选项将选择所有可见图形，作为修剪边界。
- 按住 Shift 键选择要延伸的对象：按住 Shift 键，然后选择所需的线条，即可在执行修剪命令时将图形对象进行延伸操作。
- 栏选(F)：使用该选项后，在屏幕上绘制直线，与直线相交的线条将会被选中。
- 窗交(C)：在 AutoCAD 中提供了窗交选择方式，即可以直接使用交义方式选择多条被修剪的线条。
- 投影(P)：指定修剪对象时使用的投影模式，在三维绘图中才会用到该选项。
- 边(E)：确定是在另一对象的隐含边处修剪对象，还是仅修剪对象到与它在三维空间中相交的对象处，在三维绘图中进行修剪时才会用到该选项。
- 删除(R)：删除选定的对象。

2. 延伸图形

延伸操作的成型原理同修剪相反，该操作时以现有的图形对象为边界，将其他对象延伸至该对象上。延伸对象时，如果按住 Shift 键的同时选取对象，则执行修剪操作。

单击"延伸"按钮，选取延伸边界后右击，然后选取需要延伸的对象，系统将自动将选取对象延伸至所指定的边界上，效果如图 5-68 所示。

图 5-68　延伸对象

5.5.2　创建圆角

为了便于铸件造型时拔模，防止铁水冲坏转角处，并防止冷却时产生缩孔和裂缝，将铸件或锻件的转角处制成圆角，即铸造或锻造圆角。在 AutoCAD 中，圆角是指通过一个指定半径的圆弧来光滑地连接两个对象的特征，其中可以执行倒角操作的对象有圆弧、圆、椭圆、椭圆弧、直线等。此外，直线、构造线和射线在相互平行时也可以进行倒圆角操作。

单击"圆角"按钮，命令行将显示"选择第一个对象或[放弃(U)/多段线(P)/半径(R)/修剪(T)/多个(M)]:"的提示信息。下面将分别介绍常用圆角方式的设置方法。

1．指定半径绘制圆角

该方法是绘图中最常用的创建圆角方式。选择"圆角"工具后，输入字母 R，并设置圆角半径值，然后依次选取两操作对象，即可获得圆角效果，如图 5-69 所示。

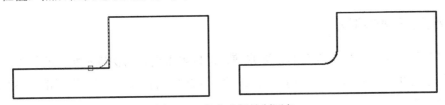

图 5-69　指定半径绘制圆角

2．不修剪圆角

选择"圆角"工具后，输入字母 T 可以指定相应的圆角类型，即设置倒圆角后是否保留原对象，可以选择"不修剪"选项，获得不修剪的圆角效果。

5.5.3　创建倒角

为了便于装配，并且保护零件表面不受损伤，一般在轴端、孔口、抬肩和拐角处加工出倒角(即圆台面)，这样可以去除零件的尖锐刺边，避免刮伤。在 AutoCAD 中利用"倒角"工具可以很方便地绘制倒角结构造型，并且执行倒角操作的对象可以是直线、多段线、构造线、射线或三维实体。

1．多段线倒角

若选择的对象是多段线，那么可以方便地对整体多段线进行倒角。在命令行中输入字母 P，然后选择多段线，系统将以当前倒角参数对多段线进行倒角操作。

2. 指定半径绘制圆角

该方式指以输入直线与倒角线之间的距离定义倒角。如果两个倒角距离都为零，那么倒角操作将修剪或延伸这两个对象，直到它们相接，但不创建倒角线。

在命令行中输入字母 D，然后依次输入两倒角距离，并分别选取两倒角边，即可获得倒角效果。如图 5-70 所示，依次指定两倒角距离均为 6，然后选取两倒角边，此时将显示相应的倒角效果。

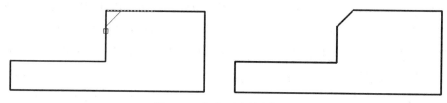

图 5-70　指定距离绘制倒角

3. 指定角度绘制倒角

该方式通过指定倒角的长度以及它与第一条直线形成的角度来创建倒角。在命令行中输入字母 A，然后分别输入倒角的长度和角度，并依次选取两对象即可获得倒角效果。

4. 指定是否修剪倒角

在默认情况下，对象在倒角时需要修剪，但也可以设置为保持不修剪的状态，在命令行中输入字母 T 后，选择"不修剪"选项，然后按照上面介绍的方法设置倒角参数即可，效果如图 5-71 所示。

图 5-71　不修剪倒角

5.5.4　使用打断工具

在 AutoCAD 中，用户可以使用打断工具使对象保持一定间隔，该类打断工具包括"打断"和"打断于点"两种类型。此类工具可以在一个对象上去除部分线段，创建出间距效果，或者以指定分割点的方式将其分割为两部分。

1. 打断

打断是删除部分或将对象分解成两部分，并且对象之间可以有间隙，也可以没有间隙。

可以打断的对象包括直线、圆、圆弧、椭圆等。

　　单击"打断"按钮，命令行提示选取要打断的对象。当在对象上单击时，系统将默认选取对象时所选点作为断点 1。然后指定另一点作为断点 2，系统将删除这两点之间的对象，效果如图 5-72 所示。

图 5-72　打断圆

　　如果在命令行中输入字母 F，则可以重新定位第一点。在确定第二个打断点时，如果在命令行中输入"@"，可以使第一个和第二个打断点重合，此时将变为打断于点。

　　另外，在默认情况下，系统总是删除从第一个打断点到第二个打断点之间的部分，并且在对圆和椭圆等封闭图形进行打断时，系统将按照逆时针方向删除从第一打断点到第二打断点之间的对象。

2. 打断于点

　　打断于点是打断命令的后续命令，它是将对象在一点处断开生成两个对象。一个对象在执行过打断于点命令后，从外观上并看不出什么差别。但当选取该对象时，可以发现该对象已经被打断成两个部分。

　　单击"打断于点"按钮，然后选取一个对象，并在该对象上单击指定打断点的位置，即可将该对象分割为两个对象。

5.5.5　合并与分解图形

　　在 AutoCAD 中，用户除了可以利用上面所介绍的工具对图形进行编辑操作以外，还可以对图形对象进行合并和分解，使其在总体形状不变的情况下对局部进行编辑。

1. 合并

　　合并是指将相似的对象合并为一个对象，可以执行合并操作的对象包括圆弧、椭圆、直线、多段线和样条曲线等。利用该工具可以将被打断为两部分的线段合并为一个整体，也可以利用该工具将圆弧或椭圆弧创建为完整的圆和椭圆。

　　单击"合并"按钮，然后按照命令行提示选取源对象。如果选取的对象是圆弧，命令行将提示"选择圆弧，以合并到源或进行[闭合(L)]:"的提示信息。此时，选取需要合并的另一部分对象，按下回车键即可。如果在命令行中输入字母 L，系统将创建完成的对象，效果如图 5-73 所示。

图 5-73 合并圆弧

2. 分解

对于矩形、块、多边形和各类尺寸标注等特征，以及由多个图形对象组成的组合对象，如果需要对单个对象进行编辑操作，就需要先利用"分解"工具将这些对象拆分为单个的图形对象，然后再利用相应的编辑工具进行进一步的编辑。

单击"分解"按钮，然后选取所要分解的对象特征，右击或者按下回车键即可完成分解操作，效果如图 5-74 所示。

原多段线效果　　　　　　　　　　　分解后的多段线

图 5-74 合并圆弧

5.6　思考练习

1. 在 AutoCAD 2016 中，选择对象的方法有哪些？如何使用"窗口"和"窗交"选择对象？

2. 在 AutoCAD 2016 中，如何创建对象编组？

3. 在 AutoCAD 2016 中，如何使用夹点编辑对象？

4. 在 AutoCAD 2016 中，"打断"命令与"打断于点"命令有何区别？

第6章　文字与表格的应用

文字对象是 AutoCAD 图形中重要的图形元素，在一个完整的图样中，通常都包含一些文字注释来标注图样中的一些非图形信息。例如，机械工程图形中的技术要求、装配说明，以及工程制图中的材料说明、施工要求等。另外，使用表格功能可以创建不同类型的表格，还可以在其他软件中复制表格，以简化制图操作。本章将主要介绍在 AutoCAD 2016 中使用文字与表格的相关知识。

6.1　设置文字样式

在 AutoCAD 中，所有文字都有与之相关联的文字样式。在创建文字注释和尺寸标注时，AutoCAD 通常使用当前的文字样式。也可以根据具体要求重新设置文字样式或创建新的样式。文字样式包括文字"字体"、"字型"、"高度"、"宽度系数"、"倾斜角"、"反向"、"倒置"以及"垂直"等参数。

6.1.1　设置样式名

在快速访问工具栏中选择"显示菜单栏"命令，在弹出的菜单中选择"格式"|"文字样式"命令(或在"功能区"选项板中选择"注释"选项卡，在"文字"面板中单击 Standard 下拉列表框，然后选择"管理文字样式"选项)，打开"文字样式"对话框，如图 6-1 所示。利用该对话框可以修改或创建文字样式，并设置文字的当前样式。

图 6-1　打开"文字样式"对话框

在"文字样式"对话框中，可以显示文字样式的名称、创建新的文字样式、为已有的文字样式重命名以及删除文字样式。该对话框中各部分选项的功能如下所示。

- "样式"列表：列出了当前可以使用的文字样式，默认文字样式为 Standard (标准)。

- "置为当前"按钮：单击该按钮，可以将选择的文字样式设置为当前的文字样式。
- "新建"按钮：单击该按钮，AutoCAD将打开"新建文字样式"对话框，如图6-2所示。在该对话框的"样式名"文本框中输入新建文字样式名称后，单击"确定"按钮，可以创建新的文字样式，新建文字样式将显示在"样式名"下拉列表框中。

图6-2　新建文字样式

- "删除"按钮：单击该按钮，可以删除所选择的文字样式，但无法删除已经被使用了的文字样式和默认的Standard样式。

注意：

如果要重命名文字样式，可在"样式"列表中右击要重命名的文字样式，在弹出的快捷菜单中选择"重命名"命令即可，但无法重命名默认的Standard样式。

6.1.2　设置字体和大小

"文字样式"对话框的"字体"选项区域用于设置文字样式使用的字体属性。其中，"字体名"下拉列表框用于选择字体，如图6-3所示；"字体样式"下列表框用于选择字体格式，如斜体、粗体和常规字体等，如图6-4所示。选中"使用大字体"复选框，"字体样式"下拉列表框变为"大字体"下拉列表框，用于选择大字体文件。

图6-3　设置字体　　　　　　　　　　图6-4　设置字体样式

"文字样式"对话框中的"大小"选项区域用于设置文字样式使用的字高属性。其中，"注释性"复选框用于设置文字是否为注释性对象，"高度"文本框用于设置文字的高度。如果将文字的高度设为0，在使用TEXT命令标注文字时，命令行将显示"指定高度："提示，要求指定文字的高度。如果在"高度"文本框中输入了文字高度，AutoCAD 将按此高度标注文字，而不再提示指定高度。

6.1.3　设置文字效果

在"文字样式"对话框中的"效果"选项区域中，用户可以设置文字的显示效果。

- "颠倒"复选框：用于设置是否将文字倒过来书写，如图 6-5 所示。
- "反向"复选框：用于设置是否将文字反向书写，如图 6-6 所示。

图 6-5　文字颠倒

图 6-6　文字反向

- "垂直"复选框：用于设置是否将文字垂直书写，但垂直效果对汉字字体无效。
- "宽度因子"文本框：用于设置文字字符的高度和宽度之比。当宽度比例为 1 时，将按系统定义的高宽比书写文字；当宽度比例小于 1 时，字符会变窄；当宽度比例大于 1 时，字符会变宽，如图 6-7 所示。
- "倾斜角度"文本框：用于设置文字的倾斜角度。角度为 0 时不倾斜，角度为正值时向右倾斜，为负值时向左倾斜，如图 6-8 所示。

图 6-7　文字宽度

图 6-8　文字倾斜

6.1.4　预览与应用文字样式

在"文字样式"对话框的"预览"选项区域中，用户可以预览所选择或所设置的文字样式效果(设置完文字样式后，单击"应用"按钮即可应用文字样式。然后单击"关闭"按钮，关闭"文字样式"对话框)。

【练习 6-1】定义新文字样式 Text1，字高为 4，向右倾角 30°。

(1) 在快速访问工具栏中选择"显示菜单栏"命令，在弹出的菜单中选择"格式"|"文

字样式"命令，打开"文字样式"对话框。

(2) 单击"新建"按钮，打开"新建文字样式"对话框，在"样式名"文本框中输入Text1，如图 6-9 所示，然后单击"确定"按钮，AutoCAD 返回到"文字样式"对话框。

(3) 在"字体"选项区域中的"字体名"下拉列表中选择 gbeitc.shx(标注直体字母与数字)，然后选中"使用大字体"复选框，并在"大字体"下拉列表框中采用 gbcbig.shx 字体，在"高度"文本框中输入 4，在"倾斜角度"文本框中输入 30，然后单击"应用"按钮应用该文字样式，单击"关闭"按钮关闭"文字样式"对话框，并将文字样式 Text1 置为当前样式，如图 6-10 所示。

图 6-9　新建文字样式

图 6-10　设置字体

6.2　书写单行文字

在 AutoCAD 2016 中，使用图 6-11 所示的"文字"工具栏和"注释"选项卡中的"文字"面板都可以创建和编辑文字。对于单行文字来说，每一行都是一个文字对象，因此可以用来创建文字内容比较简短的文字对象(如标签)，并且可以进行单独编辑。

图 6-11　"文字"工具栏

6.2.1　创建单行文字

在快速访问工具栏中选择"显示菜单栏"命令，在弹出的菜单中选择"绘图"|"文字"|"单行文字"命令；单击"文字"工具栏中的"单行文字"按钮Ａ；或在"功能区"选项板中选择"注释"选项卡，在"文字"面板中单击"单行文字"按钮Ａ，都可以在图形中创建单行文字对象。

执行"创建单行文字"命令时，AutoCAD 提示：

当前文字样式: Standard　当前文字高度: 2.5000

指定文字的起点或 [对正(J)/样式(S)]:

1. 指定文字的起点

默认情况下，通过指定单行文字行基线的起点位置创建文字。AutoCAD 为文字行定义了顶线、中线、基线和底线 4 条线，用于确定文字行的位置。这 4 条线与文字串的关系如图 6-12 所示。

图 6-12　文字标注参考线定义

如果当前文字样式的高度设置为 0，系统将显示"指定高度:"提示信息，要求指定文字高度，否则不显示该提示信息，而使用"文字样式"对话框中设置的文字高度。然后系统显示"指定文字的旋转角度<0>:"提示信息，要求指定文字的旋转角度。文字旋转角度是指文字行排列方向与水平线的夹角，默认角度为 0°。输入文字旋转角度，或按 Enter 键使用默认角度 0°，最后输入文字即可。也可以切换到 Windows 的中文输入方式下，输入中文文字。

2. 设置对正方式

在"指定文字的起点或 [对正(J)/样式(S)]:"提示信息后输入 J，可以设置文字的排列方式。

TEXT 输入选项[对齐(A)/布满(F)/居中(C)/中间(M)/右对齐(R)/左上(TL)/中上(TC)/右上(TR)/左中(ML)/正中(MC)/右中(MR)/左下(BL)/中下(BC)/右下(BR)]:

在 AutoCAD 2016 中，系统为文字提供了多种对正方式，显示效果如图 6-13 所示。

图 6-13　文字的对正方式

以上提示中的各选项含义如下。

- 对齐(A)：要求确定所标注文字行基线的始点与终点位置。
- 布满(F)：此选项要求用户确定文字行基线的始点、终点位置以及文字的字高。
- 居中(C)：此选项要求确定一点，AutoCAD 把该点作为所标注文字行基线的中点，即所输入文字的基线将以该点居中对齐。
- 中间(M)：此选项要求确定一点，AutoCAD 把该点作为所标注文字行的中间点，即以该点作为文字行在水平、垂直方向上的中点。
- 右对齐(R)：此选项要求确定一点，AutoCAD 把该点作为文字行基线的右端点。

在与"对正(J)"选项对应的其他提示中，"左上(TL)"、"中上(TC)"和"右上(TR)"选项分别表示将以所确定点作为文字行顶线的始点、中点和终点；"左中(ML)"、"正中(MC)"、"右中(MR)"选项分别表示将以所确定点作为文字行中线的始点、中点和终点；"左下(BL)"、"中下(BC)"、"右下(BR)"选项分别表示将以所确定点作为文字行底线的始点、中点和终点。如图 6-14 显示了上述文字对正示例。

图 6-14　文字对正示例

注意：

在输入文字的过程中，可以随时改变文字的位置。如果在输入文字的过程中想改变后面输入的文字位置，可先将光标移到新位置并按拾取键，原标注行结束，标志出现在新确定的位置后可以在此继续输入文字。但在标注文字时，不论采用哪种文字排列方式，输入文字时，在屏幕上显示的文字都是按左对齐的方式排列，直到结束 TEXT 命令后，才按指定的排列方式重新生成文字。

3. 设置当前文字样式

在"指定文字的起点或 [对正(J)/样式(S)]："提示下输入 S，可以设置当前使用的文字样式。选择该选项时，命令行显示如下提示信息。

TEXT 输入样式名或 [?] <style1>:

注意:

可以直接输入文字样式的名称，也可输入"?"，在"AutoCAD 文本窗口"中显示当前图形已有的文字样式。

【练习 6-2】在零件图中创建单行文字注释。

(1) 打开零件图，选择"格式"|"文字样式"命令，打开"文字样式"对话框，创建名为"我的文字样式"的新样式，设置字体为宋体，字高为 6，单击"应用"和"关闭"按钮返回主界面，如图 6-15 所示。

(2) 在"功能区"选项板中选择"注释"选项卡，在"文字"面板中单击"单行文字"按钮，发出单行文字创建命令，如图 6-16 所示。

图 6-15　新建文字样式

图 6-16　单击"单行文字"按钮

(3) 在绘图窗口需要输入文字的地方单击，确定文字的起点，在命令行的"指定文字的旋转角度<0>:"提示下，输入 0，将文字旋转角度设置为 0°，如图 6-17 所示。

(4) 在命令行的"输入文字:"提示下，输入文本"内涂塑钢管剖面图"，然后连续按两次 Enter 键，即可创建单行的注释文字，如图 6-18 所示。

图 6-17　设定旋转角度

图 6-18　输入文本

6.2.2 使用文字控制符

在实际设计绘图中,往往需要标注一些特殊的字符。例如,在文字上方或下方添加划线、标注度"°"、"±"、"φ"等符号。这些特殊字符不能从键盘上直接输入,因此 AutoCAD 提供了相应的控制符,以实现这些标注要求。

AutoCAD 的控制符由两个百分号(%%)及在后面紧接一个字符构成,常用的控制符如表 6-1 所示。

表 6-1 AutoCAD 常用的标注控制符

控 制 符	功 能
%%O	打开或关闭文字上划线
%%U	打开或关闭文字下划线
%%D	标注度(°)符号
%%P	标注正负公差(±)符号
%%C	标注直径(φ)符号

在 AutoCAD 的控制符中,%%O 和%%U 分别是上划线和下划线的开关。第 1 次出现此符号时,可打开上划线或下划线,第 2 次出现该符号时,则会关掉上划线或下划线。

注意:

在"输入文字:"提示下,输入控制符时,这些控制符也临时显示在屏幕上,当结束文本创建命令时,这些控制符将从屏幕上消失,转换成相应的特殊符号。

6.2.3 编辑单行文字

编辑单行文字包括编辑文字的内容、对正方式及缩放比例,可以在快速访问工具栏选择"显示菜单栏"命令,在弹出的菜单中选择"修改"|"对象"|"文字"中的命令进行设置。各命令的功能如下。

- "编辑"命令(DDEDIT):选择该命令,然后在绘图窗口中单击需要编辑的单行文字,进入文字编辑状态,可以重新输入文本内容。
- "比例"命令(SCALETEXT):选择该命令,然后在绘图窗口中单击需要编辑的单行文字,此时需要输入缩放的基点以及指定新高度、匹配对象(M)或缩放比例(S)。命令行提示如下。

SCALETEXT [现有(E)/左对齐(L)/居中(C)/中间(M)/右对齐(R)/左上(TL)/中上(TC)/右上(TR)/左中(ML)/正中(MC)/右中(MR)/左下(BL)/中下(BC)/右下(BR)] <现有>:

- "对正"命令(JUSTIFYTEXT):选择该命令,然后在绘图窗口中单击需要编辑的单行文字,此时可以重新设置文字的对正方式。命令行提示如下:

JUSTIFYTEXT [左对齐(L)/对齐(A)/布满(F)/居中(C)/中间(M)/右对齐(R)/左上(TL)/中上(TC)/右上

(TR)/左中(ML)/正中(MC)/右中(MR)/左下(BL)/中下(BC)/右下(BR)] <左对齐>:

6.3　书写多行文字

"多行文字"又称为段落文字，是一种更易于管理的文字对象，可以由两行以上的文字组成，而且各行文字都是作为一个整体处理。在机械制图中，常使用多行文字功能创建较为复杂的文字说明，如图样的技术要求等。

6.3.1　创建多行文字

在快速访问工具栏中选择"显示菜单栏"命令，在弹出的菜单中选择"绘图"|"文字"|"多行文字"命令(或在"功能区"选项板中选择"注释"选项卡，在"文字"面板中单击"多行文字"按钮A)，然后在绘图窗口中指定一个用来放置多行文字的矩形区域，将打开"文字格式"输入窗口和"文字编辑器"选项卡。利用它们可以设置多行文字的样式、字体及大小等属性，如图 6-19 所示。

图 6-19　创建多行文字的文字输入窗口

1. 使用"文字编辑器"选项卡

使用"文字编辑器"选项卡，可以设置文字样式、文字字体、文字高度、加粗、倾斜或加下划线效果，如图 6-20 所示。

图 6-20　"文字编辑器"选项卡

2. 设置缩进、制表位和多行文字宽度

在文字输入窗口的标尺上右击，从弹出的标尺快捷菜单中选择"段落"命令，打开"段落"对话框，如图 6-21 所示，可以从中设置缩进和制表位位置。其中，在"制表位"选项区域中可以设置制表位的位置，单击"添加"按钮可以设置新制表位，单击"清除"按钮可清除列表框中的所有设置；在"左缩进"选项区域的"第一行"文本框和"悬挂"文本框中可以设置首行和段落的左缩进位置；在"右缩进"选项区域的"右"文本框中可以设

置段落右缩进的位置。

图 6-21　打开"段落"对话框

注意:

在标尺快捷菜单中选择"设置多行文字宽度"命令,可以打开"设置多行文字宽度"对话框,在"宽度"文本框中可以设置多行文字的宽度。

3. 输入文字

在多行文字的文字输入窗口中,可以直接输入多行文字,也可以在文字输入窗口中右击,从弹出的快捷菜单中选择"输入文字"命令,将已经在其他文字编辑器中创建的文字内容直接导入到当前图形中。

【**练习 6-3**】在图 6-22 中创建多行文字。

(1) 打开原始图形,在"功能区"选项板中选择"注释"选项卡,在"文字"面板中单击"多行文字"按钮,然后在绘图窗口中拖动,创建一个用来放置多行文字的矩形区域,如图 6-23 所示。

图 6-22　原始图形

图 6-23　创建多行文字区域

(2) 在"文字编辑器"选项卡的"样式"面板的"样式"下拉列表框中选择一种合适的文字样式,在"功能区组合框-文字高度"下拉列表框中设置合适的文字高度,如图 6-24 所示。

图 6-24　在"文字编辑器"中设置

(3) 设置完成后，在文字输入窗口中输入需要创建的多行文字内容，然后在"文字编辑器"选项卡的"关闭"面板中单击"关闭文字编辑器"按钮，输入的文字的最终效果如图 6-25 所示。

图 6-25　多行文字最终效果

6.3.2　创建堆叠文字

如果要创建堆叠文字(堆叠文字是一种垂直对齐的文字或分数)，可分别输入分子和分母，其间使用 "/" 、"#" 或"^"分隔，按 Enter 键，单击 ⚡ 按钮，在弹出的快捷菜单中选择"堆叠特性"命令，将打开"堆叠特性"对话框，可以设置是否需要在输入如 x/y、x#y 和 x^y 的表达式时堆叠的各种特性，如图 6-26 所示。

图 6-26　打开"堆叠特性"对话框

注意：

单击"堆叠特性"对话框中的"自动堆叠"按钮，可以打开"自动堆叠特性"对话框，其中可以设置自动堆叠的特性。

6.3.3　编辑多行文字

要编辑创建的多行文字，可以在快速访问工具栏选择"显示菜单栏"命令，在弹出的菜单中选择"修改"|"对象"|"文字"|"编辑"命令，并单击创建的多行文字，打开多行文字编辑窗口，然后参照多行文字的设置方法，修改并编辑文字(也可以在绘图窗口中双击输入的多行文字，编辑文字)，如图 6-27 所示。

图 6-27　编辑多行文字

或者在文字输入窗口中右击，将弹出一个快捷菜单，通过该菜单可以对多行文本进行更多的设置，如图 6-28 所示。

图 6-28　多行文字的选项菜单

在多行文字选项菜单中，主要命令的功能如下。

- "插入字段"命令：选择该命令将打开"字段"对话框，可以选择需要插入的字段，如图 6-29 所示。

- "符号"命令：选择该命令的子命令，可以在实际设计绘图中插入一些特殊的字符，如度数、正/负和直径等符号。如果选择"其他"命令，将打开"字符映射表"对话框，可以插入其他特殊字符，如图 6-30 所示。

图 6-29　"字段"对话框

图 6-30　"字符映射表"对话框

- "段落对齐"命令：选择该命令的子命令，可以设置段落的对齐方式，包括左对齐、举重、右对齐、对正和分布 5 种对齐方式。
- "项目符号和列表"命令：可以使用字母、数字作为段落文字的项目符号。
- "查找和替换"命令：选择该命令将打开"查找和替换"对话框，如图 6-31 所示。可以搜索或同时替换指定的字符串，也可以设置查找的条件，如是否全字匹配、是否区分大小写等。
- "背景遮罩"命令：选择该命令将打开"背景遮罩"对话框，可以设置是否使用背景遮罩、边界偏移因子(1~5)，以及背景遮罩的填充颜色，如图 6-32 所示。

图 6-31　"查找和替换"对话框

图 6-32　"背景遮罩"对话框

- "合并段落"命令：可以将选定的多个段落合并为一个段落，并用空格代替每段的回车符。
- "自动大写"命令：可以将新输入的文字转换成大写，"自动大写"命令不会影响已有的文字。

6.4　创建表格

在 AutoCAD 2016 中，用户可以使用创建表格命令创建表格，还可以从 Microsoft Excel

中直接复制表格，并将其作为 AutoCAD 表格对象粘贴到图形中，也可以从外部直接导入表格对象。此外，还可以输出来自 AutoCAD 的表格数据，以供在其他应用程序中使用。

6.4.1　新建表格样式

表格样式控制一个表格的外观，用于保证标准的字体、颜色、文本、高度和行距。可以使用默认的表格样式，也可以根据需要自定义表格样式。

在快速访问工具栏中选择"显示菜单栏"命令，在弹出的菜单中选择"格式"|"表格样式"命令，或在"功能区"选项板中选择"注释"选项卡，在"表格"面板中单击右下角的□按钮，打开"表格样式"对话框，如图 6-33 所示。单击"新建"按钮，可以使用打开的"创建新的表格样式"对话框创建新表格样式，如图 6-34 所示。

图 6-33　"表格样式"对话框　　　　　　图 6-34　"创建新的表格样式"对话框

在"新样式名"文本框中输入新的表格样式名，在"基础样式"下拉列表中选择默认的表格样式、标准的或者任何已经创建的样式，新样式将在该样式的基础上进行修改。然后单击"继续"按钮，将打开"新建表格样式"对话框，可以通过它指定表格的行格式、表格方向、边框特性和文本样式等内容，如图 6-35 所示。

图 6-35　"新建表格样式"对话框

6.4.2　设置表格的数据、标题和表头

在"新建表格样式"对话框中，可以在"单元样式"选项区域的下拉列表框中选择"数据"、"标题"和"表头"选项来分别设置表格的数据、标题和表头对应的样式。其中，"标题"选项如图 6-36 所示，"表头"选项如图 6-37 所示。

图 6-36　"标题"选项卡　　　　　　　　　图 6-37　"表头"选项卡

"新建表格样式"对话框中 3 个选项的内容基本相似，可以分别指定单元基本特性、文字特性和边界特性。

- "常规"选项卡：设置表格的填充颜色、对齐方向、格式、类型及页边距等特性。
- "文字"选项卡：设置表格单元中的文字样式、高度、颜色和角度等特性。
- "边框"选项卡：单击边框设置按钮，可以设置表格的边框是否存在。当表格具有边框时，还可以设置表格的线宽、线型、颜色和间距等特性。

【练习 6-4】创建表格样式 MyType，具体要求如下。

- 表格中的文字字体为"宋体"。
- 表格中数据的文字高度为 8。
- 表格中数据的对齐方式为正中。
- 其他选项都为默认设置。

(1) 在"功能区"选项板中选择"注释"选项卡，在"表格"面板中单击"表格样式"按钮 ，打开"表格样式"对话框，单击"新建"按钮，打开"创建新的表格样式"对话框，并在"新样式名"文本框中输入表格样式名 MyType，单击"继续"按钮，如图 6-38 所示。

(2) 打开"新建表格样式"对话框，然后在"单元样式"选项区域的下拉列表框中选择"数据"选项，如图 6-39 所示。

图 6-38　"创建新的表格样式"对话框　　　　图 6-39　"新建表格样式"对话框

（3）在"单元样式"选项区域中选择"文字"选项卡，如图 6-40 所示。

（4）单击"文字样式"下拉列表框后面的 ··· 按钮，打开"文字样式"对话框，在"字体"选项区域的"字体名"下拉列表框中选择"宋体"，如图 6-41 所示，然后单击"应用"和"关闭"按钮，返回"新建表格样式"对话框。

图 6-40　选择"文字"选项卡

图 6-41　"文字样式"对话框

（5）在"文字高度"文本框中输入文字高度为 8，如图 6-42 所示。

（6）在"单元样式"选项区域中选择"常规"选项卡，在"特性"选项区域的"对齐"下拉列表框中选择"正中"选项，如图 6-43 所示。

（7）单击"确定"按钮，关闭"新建表格样式"对话框，然后单击"关闭"按钮，关闭"表格样式"对话框即可完成设置。

图 6-42　输入文字高度

图 6-43　设置对齐

6.4.3　管理表格样式

在 AutoCAD 中，还可以使用"表格样式"对话框来管理图形中的表格样式。在该对话框的"当前表格样式"后面，显示当前使用的表格样式(默认为 Standard)；在"样式"列表中显示了当前图形所包含的表格样式；在"预览"窗口中显示了选中表格的样式；在"列出"下拉列表中，可以选择"样式"列表是显示图形中的所有样式还是正在使用的样式。

此外，在"表格样式"对话框中，还可以单击"置为当前"按钮，将选中的表格样式设置为当前；单击"修改"按钮，在打开的"修改表格样式"对话框中修改选中的表格样式，如图 6-44 所示；单击"删除"按钮，删除选中的表格样式。

图 6-44　打开"修改表格样式"对话框

6.4.4　插入表格

在快速访问工具栏中选择"显示菜单栏"命令，在弹出的菜单中选择"绘图"|"表格"命令，可以打开如图 6-45 所示的"插入表格"对话框。

图 6-45　打开"插入表格"对话框

在"表格样式"选项区域中，可以从"表格样式"下拉列表框中选择表格样式，或单击其后的 按钮，打开"表格样式"对话框，创建新的表格样式，如图 6-46 所示。

图 6-46　选择与设置表格样式

在"插入方式"选项区域中，选择"指定插入点"单选按钮，可以在绘图窗口中的某点插入固定大小的表格；选择"指定窗口"单选按钮，可以在绘图窗口中通过拖动表格边框来创建任意大小的表格。

在"列和行设置"选项区域中，可以通过改变"列"、"列宽"、"数据行"和"行高"文本框中的数值来调整表格的外观大小。

6.4.5　编辑表格和单元

在 AutoCAD 2016 中，还可以使用表格的快捷菜单来编辑表格。当选中整个表格时，其快捷菜单如图 6-47 所示；当选中表格单元格时，其快捷菜单如图 6-48 所示。

　　图 6-47　选中整个表格时的快捷菜单　　　　　　　图 6-48　选中表格单元时的快捷菜单

1. 编辑表格

从表格的快捷菜单中可以看到，可以对表格进行剪切、复制、删除、移动、缩放和旋转等简单操作，还可以均匀调整表格的行、列大小，删除所有特性替代。当选择"输出"命令时，可以打开"输出数据"对话框，以.csv 格式输出表格中的数据。

当选中表格后，在表格的四周、标题行上将显示许多夹点，可以通过拖动这些夹点来编辑表格，如图 6-49 所示。

图 6-49　拖动表格的夹点

2. 编辑表格单元

使用表格单元快捷菜单可以编辑表格单元，其主要命令选项的功能说明如下。

- "对齐"命令：在该命令子菜单中可以选择表格单元的对齐方式，如左上、左中、左下等。
- "边框"命令：选择该命令将打开"单元边框特性"对话框，可以设置单元格边框的线宽、颜色等特性，如图 6-50 所示。
- "匹配单元"命令：用当前选中的表格单元格式(源对象)匹配其他表格单元(目标对象)，此时鼠标指针变为刷子形状，单击目标对象即可进行匹配。

- "插入点"命令：选择该命令的子命令，可以从中选择插入到表格中的块、字段和公式。例如选择"块"命令，将打开"在表格单元中插入块"对话框。可以从中设置插入的块在表格单元中的对齐方式、比例和旋转角度等特性，如图 6-51 所示。

图 6-50 "单元边框特性"对话框 图 6-51 "在表格单元中插入块"对话框

- "合并"命令：当选中多个连续的表格单元格后，使用该子菜单中的命令，可以全部、按列或按行合并表格单元。

【练习 6-5】绘制如图 6-61 所示的表格。

(1) 在"功能区"选项板中选择"注释"选项卡，在"表格"面板中单击"表格样式"按钮，打开"表格样式"对话框，单击"新建"按钮，在打开的"创建新的表格样式"对话框创建新表格样式 Table1，单击"继续"按钮，如图 6-52 所示。

图 6-52 创建新的表格样式

(2) 打开"新建表格样式:Table"对话框，在"单元样式"选项区域的下拉列表框中选择"数据"选项，将"对齐"方式设置为"正中"，如图 6-53 所示。

(3) 选择"边框"选项卡，然后将"线宽"设置为 0.3 mm，如图 6-54 所示。后设置字体为"楷体_GB2312"，高度为 5mm。

图 6-53　设置对齐方式

图 6-54　设置线宽

（4）单击"确定"按钮，返回"表格样式"对话框，在"样式"列表框中选中创建的新样式，单击"置为当前"按钮，如图 6-55 所示。单击"关闭"按钮，关闭"表格样式"对话框。

（5）在"功能区"选项板中选择"注释"选项卡，在"表格"面板中单击"表格"按钮，如图 6-56 所示。

图 6-55　"表格样式"对话框

图 6-56　单击"表格"按钮

（6）打开"插入表格"对话框，在"插入方式"选项区域中选择"指定插入点"单选按钮；在"列和行设置"选项区域中分别设置"列数"和"数据行数"文本框中的数值为 7 和 4；在"设置单元样式"选项区域中设置所有的单元样式都为"数据"，如图 6-57 所示。

（7）单击"确定"按钮，在绘图文档中插入一个 5 行 6 列的表格，如图 6-58 所示。

图 6-57　"插入表格"对话框

图 6-58　插入表格

（8）选中表格第 1 列的第 2、3、4、5 行单元格，在"功能区"选项板选择"表格单元"选项卡，在"合并"面板中单击"合并单元"按钮，在弹出的菜单中选择"合并全部"命令，将选中的表格单元合并为一个表格单元，如图 6-59 所示。

图 6-59　合并表格单元

(9) 使用同样的方法，合并其他单元格，然后在要调整大小的单元格上单击控制点进行拉伸操作，设置单元格的行高或列宽，如图 6-60 所示。

图 6-60　编辑表格

(10) 调整完成后，双击相关单元格，并依次填写各个单元格的内容，填写完成后，表格最终效果如图 6-61 所示。

图 6-61　表格效果

6.5　思考练习

1. 在 AutoCAD 2016 中如何创建文字样式?

2. 在 AutoCAD 2016 中如何创建单行文字和多行文字?

3. 在 AutoCAD 2016 中如何新建表格?

4. 创建文字样式"注释文字"，要求其字体为仿宋，倾角为 20°，宽度为 2。

5. 定义文字样式，其要求如表 6-2 所示(其余设置采用系统的默认设置)。

表 6-2　文字样式要求

设 置 内 容	设 置 值
样式名	MYTEXTSTYLE
字体	仿宋
字格式	粗体
宽度比例	1.5
字高	7

6. 创建如图 6-62 所示的标题块和技术要求。

轴			材料	45
			数量	1
设计	Wang		重量	20kg
制图	Wang		比例	1：1
审核	Wang		图号	1

技术要求
1.调质处理230~280HBS
2.锐边倒角2×45°

图 6-62　创建标题块和技术要求

第7章 图案填充、面域和图形信息

在绘制和编辑图形时，执行图案填充和面域操作都是为了表达当前图形部分或全部的结构特征。其中创建图案填充是在封闭区域内通过图案填充样式，标识某一区域的具体意义和组成材料；而创建面域则是为了便于后续执行填充、检测和着色等操作平面区域。另外，查询图形信息是间接表达图形组成的一种方式，用户可以对图形中各点、各线段之间的距离和交角等特性进行详细的查询。

7.1 设置图案填充

在绘制图形时常常需要以某种图案填充一个区域，以此来形象地表达或区分物体的范围和特点以及零件剖面结构大小和所适用的材料等。这种称为"画阴影线"的操作，也被称为图案填充。该操作可以利用"图案填充"工具来实现，并且所绘阴影线既不能超出指定边界，也不能在指定边界内绘制不全或所绘阴影线过疏、过密。

7.1.1 创建图案填充

使用传统的手工方式绘制阴影线时，必须依赖绘图者的眼睛，并正确使用丁字尺和三角板等绘图工具，逐一绘制每一条线。这样不仅工作量大，并且角度和间距都不太精确，影响画面的质量。利用 AutoCAD 提供的"图案填充"工具，只需定义好边界，系统将自动进行相应的填充操作。

在 AutoCAD 2016 中，图案填充是在"图案填充和渐变色"选项卡中进行的，打开该选项卡的方法有以下几种：

- 选择"绘图"|"图案填充"命令。
- 在"默认"选项卡的"绘图"面板中单击"图案填充"按钮。
- 在命令窗口中执行 BHATCH 或 BH 命令。

在 AutoCAD 中单击"图案填充"按钮，将打开"图案填充创建"选项卡，如图 7-1 所示。用户在该选项板中可以分别设置填充图案的类型、填充比例、角度和填充边界等。

图 7-1　"图案填充创建"选项卡

1. 设定填充图案的类型

创建图案填充，用户首先需要设置填充图案的类型。既可以使用系统预定义的图案样式进行图案填充，也可以自定义一个简单的或创建更加复杂的图案样式进行图案填充。

在"特性"选项板的"图案填充类型"下拉列表中提供了 4 种图案填充类型，如图 7-2 所示，其各自的功能如下。

- 实体：选择该选项，则填充图案为 SOLID(纯色)图案。
- 渐变色：选择该选项，可以设置双色简便的填充图案。
- 图案：选择该选项，可以使用系统提供的填充图案样式(这些图案保存在系统的 acad.pat 和 acadiso.pat 文件中)。当选择该选项后，就可以在"图案"选项板的"图案填充图案"列表框中选中系统提供的图案类型，如图 7-3 所示。

图 7-2　填充图案的 4 种类型　　　　　　　图 7-3　"图案填充图案"列表框

- 用户定义：利用当前线型定义由一组平行线或相互垂直的两组平行线组成的图案。例如，在图 7-4 中选取该填充图案类型后，若在"特性"选项板中单击"交叉线"按钮，则填充图案将由平行线变为交叉线。

图 7-4　用户定义的填充图案

2. 设置填充图案的比例和角度

当指定好图形的填充图案后，用户还需要设置合适的比例和适合剖面线旋转角度，否则所绘制剖面线的线与线之间的间距不是过疏就是过密。AutoCAD 提供的填充图案都可以调整比例因子和角度以便能够满足使用者的各种填充要求。

(1)设置剖面线的比例

剖面线比例的设置直接影响到最终的填充效果。当用户处理较大的填充区域时，如果设置的比例因子太小，由于单位距离中有太多的线，则所产生的图案就像是使用实体填充的一样。这样不仅不符合设计要求，还增加了图形文件的容量。但如果使用了过大的填充比例，可能由于剖面线间距太大而不能在区域中插入任何一个图案，从而观察不到剖面线的效果。

在 AutoCAD 中，预定义剖面线图案的默认缩放比例是 1。若绘制剖面线时没有指定特殊值，系统将默认比例值绘制剖面线。如果要输入新的比例值，可以在"特效"选项板的"填充图案比例"文本框中输入新的比例值，以增大或减小剖面线的间距，如图 7-5 所示。

填充比例为 1　　　　　　　　　　　填充比例为 3

图 7-5　设置填充图案比例

(2) 设置剖面线的角度

处理剖面线的比例可以设置以外，剖面线的角度也可以进行控制。剖面线角度的数值大小直接决定了剖面区域中线的放置方向。

在"特效"选项板的"图案填充角度"文本框中可以输入剖面线的角度数值，也可以拖动左侧的滑块来控制角度的大小(但要注意，在该文本框中所设置的角度并不是剖面线与 X 轴的倾斜角度，而是剖面线以 45°线方向为起始位置的转动角度)。如图 7-6 所示为设置角度为 0°，此时剖面线与 X 轴的夹角为 45°。

设置填充角度为 0　　　　　　　　剖面线与 X 轴夹角

图 7-6　输入角度为 0°时的剖面线效果

当分别输入角度值为 45°和 90°时，剖面线将逆时针旋转至新的位置，它们与 X 轴的夹角将分别为 90°和 135°，如图 7-7 所示。

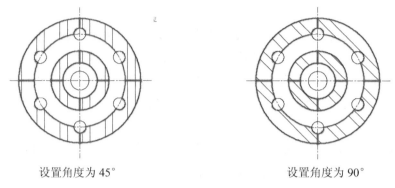

设置角度为 45°　　　　　　　　　　　设置角度为 90°

图 7-7　设置不同角度时的剖面线效果

3. 指定填充边界

剖面线一般总是绘制在一个对象或几个对象所围成的区域中，如一个圆或一个矩形或几条线段或圆弧所围成的形状多样的区域中，即剖面线的边界线必须是首尾相连的一条闭合线，并且构边界线的图形对象应在端点处相交。

在 AutoCAD 中，指定填充边界线主要有以下两种方法：

● 在闭合区域中选取一点，系统将自动搜索闭合线的边界；
● 通过选取对象来定义边界线。

(1) 选取闭合区域定义填充边界

在图形不复杂的情况下，经常通过在填充区域内指定一点来定义边界。此时，系统将寻找包含该点的封闭区域进行填充操作。

在"图案填充创建"选项卡中单击"拾取点"按钮，可以在要填充的区域内任意指定一点，软件以虚线形式显示该填充边界，效果如图 7-8 所示。如果拾取点不能形成封闭边界，则会显示错误提示信息。

在目标区域中单击　　　　　　　　　　图案填充效果

图 7-8　拾取内部点填充图案

此外，在"边界"选项板中单击"删除边界对象"按钮，可以取消系统自动选取或用户所选的边界，将多余的对象排除在边界集之外，以形成新的填充区域，如图 7-9 所示。

图 7-9　删除多余图形边界的填充效果

(2) 选取边界对象定义填充边界

该方式通过选取填充区域的边界线来确定填充区域。该区域仅为鼠标点选的区域，并且必须是封闭的区域，未被选取的边界不在填充区域内(这种方式常用在多个或多重嵌套的图形需要进行填充时)。

单击"选择边界对象"按钮，然后选取如图 7-10 所示的封闭边界对象，即可对对象所围成的区域进行相应的填充操作。

图 7-10　选取边界填充图案

注意：

如果在指定边界时系统提示未找到有效的边界，则说明所选区域边界尚未完全封闭。此时可以采用以下两种方法。一种是利用"延长"、"拉伸"或"修剪"工具对边界重新修改，使其完全闭合。另一种是利用多段线将边界重新描绘。

【练习 7-1】在 AutoCAD 2016 中对零件图形进行图案填充处理。

(1) 在 AutoCAD 中打开如图 7-11 所示的零件图形后，在命令窗口中输入 BH，并按下 Enter 键，打开"图案填充和渐变色"选项卡。

(2) 在"图案填充和渐变色"选项卡中单击"图案填充类型"下拉列表按钮，然后在弹出的下拉列表中选中"图案"选项，如图 7-12 所示。

图 7-11　打开图形文件

图 7-12　选择图案填充

（3）单击"图案填充图案"下拉列表按钮，在弹出的下拉列表中选中"PLASTI"选项，如图 7-13 所示。

（4）在"填充图案比例"文本框中输入参数 5，在"图案填充角度"文本框中输入参数 0，然后单击"拾取点"按钮🔳，进入绘图区在零件图形的两个圆内分别拾取一点，指定图案填充区域，如图 7-14 所示。

图 7-13　选择填充图案

图 7-14　图案填充效果

7.1.2　使用孤岛填充

在填充边界中常包含一些闭合的区域，这些区域被称为孤岛。使用 AutoCAD 提供的孤岛操作可以避免在填充图案时覆盖一些重要的文本注释或标记等属性。在"图案填充创建"选项卡中，选择"选项"选项板中的"孤岛检测"选项，在其下拉列表中提供了以下 3 种孤岛显示方式。

1. 普通孤岛检测

系统将从最外边界向里填充图案，遇到与之相交的内部边界时断开填充图案，遇到下一个内部边界时再继续填充，其效果如图 7-15 所示。

图 7-15　普通孤岛填充样式效果

以普通方式填充时，如果填充边界内有诸如文字、属性这样的特殊对象，且在选择填充边界时也选择了它们，填充时图案填充在这些对象处会自动断开，就像用一个比它们略大的看不见的框保护起来一样，以使这些对象更加清晰，如图 7-16 所示。

图 7-16　包含特殊对象的图案填充

2. 外部孤岛检测

"外部孤岛检测"选项是系统默认选项，选择该选项后，AutoCAD 将从最外边向里填充图案，遇到与之相交的内部边界时断开填充图案，不再继续向里填充，如图 7-17 所示。

图 7-17　外部孤岛填充样式效果

3. 忽略孤岛检测

选择"忽略孤岛检测"选项后，AutoCAD 将忽略边界内的所有孤岛对象，所有内部结构都将被填充图案覆盖，效果如图 7-18 所示。

图 7-18　　忽略孤岛填充样式效果

7.1.3　使用渐变色填充

在绘图时，有些图形在填充时需要用到一种或多种颜色(尤其在绘制装潢、美工等图纸时)，需要用到"渐变色图案填充"功能。利用该功能可以对封闭区域进行适当的渐变色填充，从而实现比较好的颜色修饰效果。根据填充效果的不同，可以分为单色填充和双色填充两种填充方式。

1．单色填充

单色填充指的是从较深着色到较浅色调平滑过渡的单色填充。通过设置角度和明暗数值可以控制单色填充的效果。

在"特征"选项板的"图案填充类型"下拉列表框中选择"渐变色"选项，并设置"渐变色 1"的颜色，然后单击"渐变色 2"左侧的按钮，禁用"渐变色 2"的填充。接下来，指定渐变色角度，设置单色渐变明暗的数值，并在"原点"选项板中单击"居中"按钮，此时选取填充区域，即可完成单色居中填充，如图 7-19 所示。

设置填充选项　　　　　　　　　　　　　　　填充效果

图 7-19　单色居中渐变色填充

注意：

"居中"按钮用于指定对称的渐变配置。如果禁用该功能，渐变填充将朝左上方变化，创建的光源在对象左边的图案。

【练习 7-2】在 AutoCAD 2016 中为图形创建一个单色的渐变色填充。

(1) 在 AutoCAD 2016 中打开图形，然后在命令行中输入 BH 并按下 Enter 键，使用拾取点选取中间的圆内部，如图 7-20 所示。

(2) 打开"图案填充创建"选项卡，在"特性"选项板的"图案填充类型"下拉列表框中选择"渐变色"选项，并设置"渐变色 1"的颜色为黄色，如图 7-21 所示。

图 7-20　拾取圆内部

图 7-21　选择颜色

(3) 单击"渐变色 2"左侧的按钮，禁用"渐变色 2"的填充。指定渐变色角度，设置单色渐变明暗的数值，并在"原点"选项板中单击"居中"按钮，如图 7-22 所示。

(4) 此时即可完成单色填充，效果如图 7-23 所示。

图 7-22　设置渐变色

图 7-23　填充效果

2. 双色填充

双色填充是指定在两种颜色之间平滑过渡的双色渐变填充效果。要创建双色填充，只需在"特征"选项板中分别设置"渐变色 1"和"渐变色 2"的颜色类型，然后设置填充参数，并拾取填充区域内部的点即可。若启用"居中"功能，则将居中显示渐变色 1 向渐变色 2 的渐变效果，如图 7-24 所示。

图 7-24　双色渐变色填充

7.1.4　编辑填充的图案

通过执行编辑填充图案操作，不仅可以修改已经创建的填充图案，还可以指定一个新的图案替换以前生成的图案。它具体包括对图案的样式、比例(或间距)、颜色、关联性以及注释性等选项的操作。

1. 编辑填充参数

在"修改"选项板中单击"编辑图案填充"按钮 ，然后在绘图区选择要修改的填充图案，即可打开"图案填充编辑"对话框，如图 7-25 所示。在该对话框中不仅可以修改图案、比例、旋转角度和关联性等设置，还可以修改、删除及重新创建边界(另外在"渐变色"选项卡中与此编辑情况相同)。

图 7-25　"图案填充编辑"对话框

2. 编辑图案填充边界与可见性

图案填充边界除了可以由"图案填充编辑"对话框中的"边界"选项区域和孤岛操作编辑以外，用户还可以单独地进行边界定义。

在"绘图"选项板中单击"边界"按钮 ，将打开"边界创建"对话框，然后在该对话框的"对象类型"下拉列表中选择边界保留形式，并单击"拾取点"按钮，重新选取图案边界即可，如图 7-26 所示。

图 7-26　打开"边界创建"对话框

此外，图案填充的可见性是可以控制的。用户可以在命令行中输入 FILL 指令，将其设置为关闭填充显示，接下来按下"回车"键确认，然后在命令行中输入 REGEN 指令对图形进行更新，效果如图 7-27 所示。

图 7-27　输入 FILL 指令控制可见性

7.2　设置面域

在 AutoCAD 中，封闭的二维图形即可创建为面域，并且当图形的边界比较复杂时，通过面域间布尔运算可以高效地完成各种造型设计。此外，面域还可以作为三维建模的基础对象直接参与渲染，并且还能从面域中获取相关的图形信息。

7.2.1　创建面域

面域是具有一定边界的二维闭合区域，它是一个面对象，其内部可以包含孔特征。虽然从外观来说，面域和一般的封闭线框没有区别，但实际上面域就像是一张没有厚度的纸，除了包括边界外，还包括边界内的平面。创建面域的条件是必须保证二维平面内各个对象间首尾连接成封闭图形，否则无法创建为面域。

在"绘图"选项板中单击"面域"按钮◙，然后框选一个二维封闭图形并按下"回车"键，即可将该图形创建为面域。接下来，将视觉样式切换为"概念"样式，并查看创建的面域，效果如图 7-28 所示。

框选该封闭线框　　　　　　　　　切换视觉样式观察面域效果

图 7-28　将封闭的二维图形转化为面域

此外，在"绘图"选项板中单击"边界"按钮▣，将打开"边界创建"对话框。在该对话框的"对象类型"下拉列表中选择"面域"选项，然后单击"拾取点"按钮，在绘图区指定的封闭区域内单击，也可以将封闭区域转化为面域。

7.2.2　面域的布尔运算

布尔运算是数学上的一种逻辑运算。执行该操作可以对实体和共面的面域进行剪切、添加以及获取交叉部分等操作。在 AutoCAD 中绘制较为复杂的图形时，线条间的修剪、删除等操作都比较繁琐。此时如果将封闭的线条创建为面域，进而通过面域间的布尔运算来绘制各种图形，将大大降低绘图的难度，从而提高了绘图效率。

1. 并集运算

并集运算就是将所有参与运算的面域合并为一个新的面域。运算后的面域与合并前的面域位置没有任何关系。

要执行并集操作，用户可以首先将绘图区中的多边形和圆等图形对象分别创建为面域，然后在命令行中输入 UNION 指令，并分别选取两个面域。接下来，按下"回车"键，即可获得并集运算效果，如图 7-29 所示。

选取面域　　　　　　　　　　　　　　　并集效果

图 7-29　并集运算效果

2. 差集运算

差集运算时从一个面域中减去一个或多个面域，从而获得一个新的面域。当所指定去除的面域和被去除的面域不同时，所获得的差集效果也会不同。

在命令行中输入 SUBTRACT 指令，然后选取面域为要去除的面域，并右击。接下来，选取圆面域为要去除的面域，然后右击，即可获得面域求差效果，如图 7-30 所示。

选取要从中减去的面域　　　　　　　　　　　　差集效果

图 7-30　差集运算效果

3. 交集运算

通过交集运算可以获得各个相交面域的公共部分。要注意的是只有两个面域相交,两者间才会有公共部分,这样才能进行交集运算。

在命令行中输入 INTERSECT 指令,然后依次选取多边形面域,并右击鼠标即可获得面域求交集效果,如图 7-31 所示。

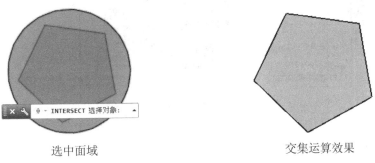

选中面域　　　　　　　　　　　　　　交集运算效果

图 7-31　交集运算效果

7.3　查询图形信息

图形信息是间接表达图形组成的一种方式。它不仅可以反映图形的组成元素,也可以直接反映各图形元素的尺寸参数、图形元素之间的位置关系,以及由图形元素围成的区域的面积、周长等特性。利用"查询"工具获取三维零件的这些图形信息,便可以按照所获得的尺寸,指导用户轻松完成零件设计。

7.3.1　查询距离的半径

在二维图形中获取两点间的距离可以利用"线性标注"工具获得。但对于三维零件的空间两点距离,利用"线性标注"工具比较繁琐。此时,用户可以使用"查询"工具快速获取空间两点之间的距离信息。

通过在"视图"选项卡中的"工具栏"功能调出"查询"工具栏。在"查询"工具栏中单击"距离"按钮,或直接输入快捷命令 DIST,然后依次选取三维模型的两个端点 A 和 B,在命令行显示的提示信息中将显示两点的距离信息,如图 7-32 所示。

图 7-32　指定两点查询距离

另外，要获取二维图形中的圆或圆弧，三维模型中的圆柱体、孔和倒圆角对象的尺寸，可以利用"半径"工具进行查询。此时系统将显示所选对象的半径和直径尺寸。

在"查询"工具栏中单击"半径"按钮，然后选取相应的弧形对象，则在打开的命令行提示信息中将显示该对象的半径和直径数值，如图 7-33 所示。

图 7-33　选取弧形对象获取尺寸信息

7.3.2　查询角度和面积

要获取二维图形中两个图元间的夹角角度，三维模型中的楔体、连接板这些倾斜件的尺寸，可以利用"角度"工具进行查询，在"查询"工具栏中单击"角度"按钮，然后分别选取楔体的两条边，则在打开的命令行提示信息中将显示楔体的角度，如图 7-34 所示。

图 7-34　选取楔体边获取角度尺寸信息

另外，在"查询"工具栏中单击"面积"按钮，或直接输入快捷指令 AREA，然后依次指定实体面的端点 C、D、E 和 F。接下来，按下回车键，在显示的命令行提示中将显示这些点所围成的封闭区域面积和周长信息，如图 7-35 所示。

图 7-35　获取面积和周长信息

7.3.3　面域和质量特性查询

面域对象除了具有一般图形对象的属性以外，还具有平面体所特有的属性，如质量特性、质心、惯性矩和惯性积等。在 AutoCAD 中，利用"面域/质量特性"工具可以一次性获得实体的整体信息，从而指导用户完成零件设计。

在"查询"工具栏中单击"面域/质量特性"按钮，然后选取要提取数据的面域对象。此时系统将在命令行中显示所选面域对象的特性数据信息，效果如图 7-36 所示。

图 7-36　提取面域对象的特性数据信息

7.3.4　显示图形时间和状态

在制图过程中，若有必要，用户可以将当前图形状态和修改时间以文本的形式显示。这两种查询信息同样可以显示在命令行的提示信息中。

1. 显示时间

显示时间用于显示绘制图形的日期和时间统计信息。利用该功能不仅可以查看图形文件的创建日期，还可以查看文件创建所消耗的总时间。

在命令行中输入 TIME 指令，将显示如图 7-37 所示的端点文件时间和日期信息。该提示窗口中显示当前时间、创建时间和上次更新时间等信息。

在窗口提示列表中显示的各时间或日期的功能如下。

- 当前时间：表示当前的日期和时间。
- 创建时间：表示创建当前图形文件的日期和时间。
- 上次更新时间：最近一次更新当前图形的日期和时间。
- 累积编辑时间：自图形建立时间起编辑当前图形所用的总时间。
- 消耗时间计时器：在用户进行图形编辑时运行，该计时器可由用户任意开、关或复位清零。
- 下次自动保存时间：表示下一次图形自动存储时的时间。

2. 显示当前图形的状态

状态显示主要用于显示图形的统计信息、模式和范围等内容。利用该功能，可以详细查看图形组成元素的一些基本属性，如线宽、线型及图层状态等。

要查看状态显示，用户可以在命令行中输入 STATUS 指令，然后在命令行提示信息中将显示想要的状态信息，如图 7-38 所示。

图 7-37　显示文件时间和日期

图 7-38　显示图形状态信息

7.4　思考练习

1. 使用面域绘制如图 7-39 所示的零件(图形尺寸读者可自行确定)。

图 7-39　使用面域绘制图形

2. 绘制如图 7-40 所示的图形，并对它们进行填充(图形尺寸读者可自行确定)。

图 7-40　绘制图形并使用填充

第8章　添加图形尺寸标注

在图形设计中，尺寸标注是绘图设计工作中的一项重要内容，因为绘制图形的根本目的是反映对象的形状，而图形中各个对象的真实大小和相互位置只有经过尺寸标注后才能确定。AutoCAD 包含了一套完整的尺寸标注命令和实用程序，可以轻松完成图纸中要求的尺寸标注。本章将重点介绍标注 AutoCAD 图形尺寸的相关知识。

8.1　尺寸标注的规则与步骤

尺寸标注对传达有关设计元素的尺寸和材料等信息有着非常重要的作用，而在对图形进行标注前，应先了解尺寸标注的组成、类型、规则及步骤等。

8.1.1　尺寸标注的规则

在 AutoCAD 中，对绘制的图形进行尺寸标注时应遵循以下规则。
- 物体的真实大小应以图样上所标注的尺寸数值为依据，与图形的大小及绘图的准确度无关。
- 图样中的尺寸以 mm 为单位时，不需要标注计量单位的代号或名称。如采用其他单位，则必须注明相应计量单位的代号或名称，如°、m 及 cm 等。
- 图样中所标注的尺寸为该图样所表示的物体的最后完工尺寸，否则应另加说明。

8.1.2　尺寸标注的组成

在机械制图或其他工程绘图中，一个完整的尺寸标注应由标注文字、尺寸线、尺寸界线、尺寸线的端点符号及起点等组成，如图 8-1 所示。

图 8-1　标注尺寸的组成

- 标注文字：表明图形的实际测量值。标注文字可以只反映基本尺寸，也可以带尺寸公差。标注文字应按标准字体书写，同一张图纸上的字高要一致。在图中遇到图线时须将图线断开。如果图线断开影响图形表达，则需要调整尺寸标注的位置。
- 尺寸线：表明标注的范围。AutoCAD 通常将尺寸线放置在测量区域中。如果空间不足，则将尺寸线或文字移到测量区域的外部，取决于标注样式的放置规则。尺寸线是一条带有双箭头的线段，一般分为两段，可以分别控制其显示。对于角度标注，尺寸线是一段圆弧。尺寸线应使用细实线绘制。
- 尺寸线的端点符号(即箭头)：箭头显示在尺寸线的末端，用于指出测量的开始和结束位置。AutoCAD 默认使用闭合的填充箭头符号。此外，AutoCAD 还提供了多种箭头符号，以满足不同的行业需要，如建筑标记、小斜线箭头、点和斜杠等。
- 起点：尺寸标注的起点是尺寸标注对象标注的定义点，系统测量的数据均以起点为计算点。起点通常是尺寸界线的引出点。
- 尺寸界线：从标注起点引出的标明标注范围的直线，可以从图形的轮廓线、轴线、对称中心线引出。同时，轮廓线、轴线及对称中心线也可以作为尺寸界线。尺寸界线也应使用细实线绘制。

8.1.3 尺寸标注的类型

AutoCAD 2016 提供了十余种标注工具以标注图形对象，使用它们可以进行角度、直径、半径、线性、对齐、连续、圆心及基线等标注，如图 8-2 所示。

图 8-2 标注尺寸的类型

8.1.4 创建尺寸标注的步骤

在 AutoCAD 中对图形进行尺寸标注的基本步骤如下。

(1) 在菜单栏中选择"格式"|"图层"命令，在打开的"图层特性管理器"对话框中创建一个独立的图层，用于尺寸标注。

(2) 在菜单栏中选择"格式"|"文字样式"命令，在打开的"文字样式"对话框中创

建一种文字样式，用于尺寸标注。

(3) 在菜单栏中选择"格式"|"标注样式"命令，在打开的"标注样式管理器"对话框设置标注样式。

(4) 使用对象捕捉和标注等功能，对图形中的元素进行标注。

下面用一个具体实例介绍标注的步骤。

【练习 8-1】在 AutoCAD 2016 中标注图形尺寸。

(1) 在快速访问工具栏中选择"显示菜单栏"命令，然后在弹出的菜单栏中选择"格式"|"图层"命令，并在打开的"图层特性管理器"对话框中创建一个独立的图层，用于尺寸标注，如图 8-3 所示。

(2) 在菜单栏中选择"格式"|"文字样式"命令，并使用打开的"文字样式"对话框创建一种文字样式，用于尺寸标注。

(3) 接下来，在快速访问工具栏中选择"显示菜单栏"命令，然后在弹出的菜单中选择"格式"|"标注样式"命令，并在打开的"标注样式管理器"对话框设置标注样式，如图 8-4 所示。

图 8-3　创建图层

图 8-4　"标注样式管理器"对话框

(4) 使用对象捕捉和标注等功能，对图形中的元素进行标注。

8.2　创建与设置标注样式

在 AutoCAD 中，使用标注样式可以控制标注的格式和外观，建立强制执行的绘图标准，并有利于对标注格式及用途进行修改。下面将介绍使用"标注样式管理器"对话框创建标注样式的方法。

8.2.1　创建标注样式

要在 AutoCAD 2016 中创建标注样式，可以在快速访问工具栏中选择"显示菜单栏"命令，在弹出的菜单中选择"格式"|"标注样式"命令(或在"功能区"选项板中选择"注

释"选项卡，在"标注"面板中单击"标注样式" ↘按钮)，打开"标注样式管理器"对话框，如图 8-4 所示。

在"标注样式管理器"对话框单击"新建"按钮，可以在打开的"创建新标注样式"对话框中创建新标注样式，如图 8-5 所示。该对话框中各选项的功能如下。

- "新样式名"文本框：用于输入新标注样式的名字。
- "基础样式"下拉列表框：用于选择一种基础样式，新样式将在该基础样式上进行修改。
- "用于"下拉列表框：用于指定新建标注样式的适用范围。可适用的范围有"所有标注"、"线性标注"、"角度标注"、"半径标注"、"直径标注"、"坐标标注"和"引线和公差"等。

在"创建新标注样式"对话框中设置了新样式的名称、基础样式和适用范围等参数后，单击该对话框中的"继续"按钮，将打开"新建标注样式"对话框。在该对话框中，用户可以创建标注中的直线、符号、箭头、文字和单位等内容，如图 8-6 所示。

图 8-5　"创建新标注样式"对话框

图 8-6　"新建标注样式"对话框

8.2.2　设置尺寸线和尺寸界线

在如图 8-6 所示的"新建标注样式"对话框中，使用"线"选项卡可以设置尺寸线和尺寸界线的格式和位置。

1. 尺寸线

在"线"选项卡的"尺寸线"选项区域中，可以设置尺寸线的颜色、线宽、超出标记以及基线间距等属性。

- "颜色"下拉列表框：用于设置尺寸线的颜色，默认情况下，尺寸线的颜色随块。也可以使用变量 DIMCLRD 设置。
- "线型"下拉列表框：用于设置尺寸界线的线型，该选项没有对应的变量。
- "线宽"下拉列表框：用于设置尺寸线的宽度，默认情况下，尺寸线的线宽也是随块，也可以使用变量 DIMLWD 设置。

● "超出标记"文本框：当尺寸线的箭头采用倾斜、建筑标记、小点、积分或无标记等样式时，使用该文本框可以设置尺寸线超出尺寸界线的长度，如图 8-7 所示。

图 8-7　超出标记为 0 与不为 0 时的效果对比

● "基线间距"文本框：进行基线尺寸标注时可以设置各尺寸线之间的距离，如图 8-8 所示。

● "隐藏"选项：通过选择"尺寸线 1"或"尺寸线 2"复选框，可以隐藏第 1 段或第 2 段尺寸线及其相应的箭头，如图 8-9 所示。

图 8-8　设置基线间距　　　　　　　　图 8-9　隐藏尺寸线效果

2. 尺寸界线

在"尺寸界线"选项区域中，可以设置尺寸界线的颜色、线宽、超出尺寸线的长度和起点偏移量，隐藏控制等属性。

● "颜色"下拉列表框：该下拉列表框用于设置尺寸界线的颜色，也可以用变量 DIMCLRE 设置。

● "线宽"下拉列表框：该下拉列表框用于设置尺寸界线的宽度，也可以用变量 DIMLWE 设置。

● "尺寸界线 1"和"尺寸界线 2"下拉列表框：用于设置尺寸界线的线型。

● "超出尺寸线"文本框：用于设置尺寸界线超出尺寸线的距离，也可以用变量 DIMEXE 设置，如图 8-10 所示。

图 8-10　超出尺寸线距离为 0 与不为 0 时的效果对比

● "起点偏移量"文本框：该文本框用于设置尺寸界线的起点与标注定义点的距离，如图 8-11 所示。

图 8-11　起点偏移量为 0 与不为 0 时的效果对比

● "隐藏"选项：通过选中"尺寸界线 1"或"尺寸界线 2"复选框，可以隐藏尺寸界线，如图 8-12 所示。

● "固定长度的尺寸界线"复选框：选中该复选框，可以使用具有特定长度的尺寸界线标注图形，其中在"长度"文本框中可以输入尺寸界线的数值。

图 8-12　隐藏尺寸界线效果

8.2.3　设置符号和箭头

在"新建标注样式"对话框中，使用"符号和箭头"选项卡可以设置箭头、圆心标记、弧长符号和半径标注折弯的格式与位置，如图 8-13 所示。

1. 箭头

在"箭头"选项区域中，可以设置尺寸线和引线箭头的类型及尺寸大小等。通常情况下，尺寸线的两个箭头应一致。

为了适用于不同类型的图形标注需要，AutoCAD 设置了 20 多种箭头样式。用户可以从对应的下拉列表框中选择箭头，并在"箭头大小"文本框中设置其大小。

另外还可以使用自定义箭头，在下拉列表框中选择"用户箭头"选项，打开"选择自定义箭头块"对话框，如图 8-14 所示。在"从图形块中选择"文本框内输入当前图形中已有的块名，然后单击"确定"按钮，AutoCAD 将以该块作为尺寸线的箭头样式，此时块的插入基点与尺寸线的端点重合。

图 8-13　【符号和箭头】选项卡　　　　　　图 8-14　【选择自定义箭头块】对话框

2. 圆心标记

在"符号和箭头"选项卡的"圆心标记"选项区域中，可以设置圆或圆弧的圆心标记类型，如"标记"、"直线"和"无"。其中，选择"标记"单选按钮可对圆或圆弧绘制圆心标记；选择"直线"单选按钮，可对圆或圆弧绘制中心线；选择"无"单选按钮，则没有任何标记，如图 8-15 所示。当选择"标记"或"直线"单选按钮时，可以在"大小"文本框中设置圆心标记的大小。

标记效果　　　　　　　　　　　　　　　直线效果

图 8-15　圆心标记类型

3. 半径标注折弯

在"符号和箭头"选项卡的"半径标注折弯"选项区域的"折弯角度"文本框中，可以设置标注圆弧半径时标注线的折弯角度大小。

4. 标注打断

在"符号和箭头"选项卡的"标注打断"选项区域的"打断大小"文本框中，可以设置标注打断时标注线的长度大小。

5. 弧长符号

在"符号和箭头"选项卡的"弧长符号"选项区域中，可以设置弧长符号显示的位置，包括"标注文字的前缀"、"标注文字的上方"和"无" 3 种方式，如图 8-16 所示。

图 8-16　设置弧长符号的位置

6. 线性折弯标注

在"符号和箭头"选项卡的"线性折弯标注"选项区域的"折弯高度因子"文本框中，可以设置折弯标注打断时折弯线的高度大小。

8.2.4　设置文字

在"新建标注样式"对话框中，可以使用"文字"选项卡设置标注文字的外观、位置和对齐方式，如图 8-17 所示。单击"文字"选项卡中的"显示文字样式对话框"按钮，可以打开如图 8-18 所示的"文字样式"对话框，设置标注文字的样式。

图 8-17　"文字"选项卡

图 8-18　"文字样式"对话框

1. 文字外观

在"文字外观"选项区域中，可以设置文字的样式、颜色、高度和分数高度比例，以及控制是否绘制文字边框等。部分选项的功能说明如下。

- "文字样式"下拉列表框：用于选择标注的文字样式。也可以单击其后的按钮，打开"文字样式"对话框，选择文字样式或新建文字样式。
- "文字颜色"下拉列表框：用于设置标注文字的颜色。也可以用变量 DIMCLRT 设置。
- "填充颜色"下拉列表框：用于设置标注文字的背景色。
- "文字高度"文本框：用于设置标注文字的高度。也可以用变量 DIMTXT 设置。
- "分数高度比例"文本框：设置标注文字中的分数相对于其他标注文字的比例，

AutoCAD 将该比例值与标注文字高度的乘积作为分数的高度。

● "绘制文字边框"复选框：设置是否给标注文字加边框，如图 8-19 所示。

文字无边框　　　　　　　　　　　　　文字有边框

图 8-19　文字无边框与有边框效果对比

2. 文字位置

在"文字"选项卡的"文字位置"选项区域中，可以设置文字的垂直、水平位置以及从尺寸线的偏移量，各选项的功能说明如下。

● "垂直"下拉列表框：用于设置标注文字相对于尺寸线在垂直方向的位置，如"置中"、"上方"、"外部"和 JIS。其中，选择"置中"选项可以把标注文字放在尺寸线中间；选择"上方"选项，将把标注文字放在尺寸线的上方；选择"外部"选项可以把标注文字放在远离第一定义点的尺寸线一侧；选择"JIS"选项则按 JIS 规则放置标注文字，如图 8-20 所示。

图 8-20　文字垂直位置的 4 种形式

● "水平"下拉列表框：用于设置标注文字相对于尺寸线和尺寸界线在水平方向的位置，如"置中"、"第一条尺寸界线"、"第二条尺寸界线"、"第一条尺寸界线上方"和"第二条尺寸界线上方"，如图 8-21 所示。

图 8-21　文字水平位置

- "从尺寸线偏移"文本框：设置标注文字与尺寸线之间的距离。如果标注文字位于尺寸线的中间，则表示断开处尺寸线端点与尺寸文字的间距。若标注文字带有边框，则可以控制文字边框与其中文字的距离。
- "观察方向"下拉列表框：用来控制标柱文字的观察方向。

3. 文字对齐

在"文字对齐"选项区域中，可以设置标注文字是保持水平还是与尺寸线平行。其中 3 个选项的意义如下。

- "水平"单选按钮：使标注文字水平放置。
- "与尺寸线对齐"单选按钮：使标注文字方向与尺寸线方向一致。
- "ISO 标准"单选按钮：使标注文字按 ISO 标准放置，当标注文字在尺寸界线之内时，它的方向与尺寸线方向一致，而在尺寸界线之外时将水平放置。

如图 8-22 显示了上述 3 种文字对齐方式。

水平

与尺寸线对齐

ISO 标准

图 8-22　文字对齐方式

8.2.5　设置调整选项

在"新建标注样式"对话框中，可以使用"调整"选项卡设置标注文字、尺寸线和尺寸箭头的位置，如图 8-23 所示。

图 8-23　"调整"选项卡

1. 调整选项

在"调整"选项卡的"调整选项"选项区域中，可以确定当尺寸界线之间没有足够的空间同时放置标注文字和箭头时，应从尺寸界线之间移出对象，如图 8-24 所示。

- "文字或箭头(最佳效果)"单选按钮：按最佳效果自动移出文本或箭头。
- "箭头"单选按钮：首先将箭头移出。
- "文字"单选按钮：首先将文字移出。
- "文字和箭头"单选按钮：将文字和箭头都移出。
- "文字始终保持在尺寸界线之间"单选按钮：将文本始终保持在尺寸界线之内。
- "若箭头不能放在尺寸界线内，则将其消除"复选框：如果选中该复选框，则可以抑制箭头显示。

图 8-24　标注文字和箭头在尺寸界线间的放置

2. 文字位置

在"调整"选项卡的"文字位置"选项区域中，用户可以设置当文字不在默认位置时的位置。其中各选项的意义如下。

- "尺寸线旁边"单选按钮：选中该单选按钮，可以将文本放在尺寸线旁边。
- "尺寸线上方，带引线"单选按钮：选中该单选按钮，可以将文本放在尺寸的上方，并带上引线。
- "尺寸线上方，不带引线"单选按钮：选中该单选按钮，可以将文本放在尺寸的上方，但不带引线。

如图 8-25 显示了当文字不在默认位置时的上述设置效果。

图 8-25　标注文字的位置

3. 标注特征比例

在"标注特征比例"选项区域中，可以设置标注尺寸的特征比例，以便通过设置全局比例来增加或减少各标注的大小。各选项的功能如下。

- "使用全局比例"单选按钮：选择该单选按钮，可以对全部尺寸标注设置缩放比例，该比例不改变尺寸的测量值。

- "将标注缩放到布局"单选按钮：选择该单选按钮，可以根据当前模型空间视口与图纸空间之间的缩放关系设置比例。

4. 优化

在"优化"选项区域中，可以对标注文字和尺寸线进行细微调整，该选项区域包括以下两个复选框。

- "手动放置文字"复选框：选中该复选框，则忽略标注文字的水平设置，在标注时可将标注文字放置在指定的位置。
- "在尺寸界线之间绘制尺寸线"复选框：选中该复选框，当尺寸箭头放置在尺寸界线之外时，也可以在尺寸界线之内绘制出尺寸线。

8.2.6 设置主单位选项

在"新建标注样式"对话框中，可以使用"主单位"选项卡设置主单位的格式与精度等属性，如图 8-26 所示。

图 8-26 "主单位"选项卡

1. 线性标注

在"线性标注"选项区域中可以设置线性标注的单位格式与精度，主要选项功能如下。

- "单位格式"下拉列表框：设置除角度标注之外的其余各标注类型的尺寸单位，包括"科学"、"小数"、"工程"、"建筑"和"分数"等选项。
- "精度"下拉列表框：设置除角度标注之外的其他标注的尺寸精度。
- "分数格式"下拉列表框：当单位格式是分数时，可以设置分数的格式，包括"水平"、"对角"和"非堆叠"3 种方式。
- "小数分隔符"下拉列表框：设置小数的分隔符，包括"逗点"、"句点"和"空格"3 种方式。
- "舍入"文本框：用于设置除角度标注外的尺寸测量值的舍入值。
- "前缀"和"后缀"文本框：设置标注文字的前缀和后缀，在相应的文本框中输入字符即可。

- "测量单位比例"选项区域：使用"比例因子"文本框可以设置测量尺寸的缩放比例，AutoCAD 的实际标注值为测量值与该比例的积。选中"仅应用到布局标注"复选框，可以设置该比例关系仅适用于布局。
- "消零"选项区域：可以设置是否显示尺寸标注中的"前导"和"后续"零。

2. 角度标注

在"角度标注"选项区域中，可以使用"单位格式"下拉列表框设置标注角度时的单位，使用"精度"下拉列表框设置标注角度的尺寸精度，使用"消零"选项区域设置是否消除角度尺寸的"前导"和"后续"零。

8.2.7　设置换算单位

在"新建标注样式"对话框中，可以使用"换算单位"选项卡设置换算单位的格式，如图 8-27 所示。

在 AutoCAD 2016 中，通过换算标注单位，可以转换使用不同测量单位制的标注，通常是显示英制标注的等效公制标注，或公制标注的等效英制标注。在标注文字中，换算标注单位显示在主单位旁边的方括号([ ])中，如图 8-28 所示。

图 8-27　"换算单位"选项卡

图 8-28　使用换算单位

选中"显示换算单位"复选框后，对话框的其他选项才可用，可以在"换算单位"选项区域中设置换算单位的"单位格式"、"精度"、"换算单位乘数"、"舍入精度"、"前缀"及"后缀"等，方法与设置主单位的方法相同。

8.2.8　设置公差

在"新建标注样式"对话框中，可以使用"公差"选项卡设置是否标注公差，以及用何种方式进行标注，如图 8-29 所示。

图 8-29 "公差"选项卡

在"公差格式"选项区域中，可以设置公差的标注格式，部分选项的功能说明如下。

- "方式"下拉列表框：确定以何种方式标注公差，如图 8-30 所示。

图 8-30 公差标注

- "上偏差"、"下偏差"文本框：设置尺寸的上偏差、下偏差。
- "高度比例"文本框：确定公差文字的高度比例因子。确定后，AutoCAD 将该比例因子与尺寸文字高度之积作为公差文字的高度。
- "垂直位置"下拉列表框：控制公差文字相对于尺寸文字的位置，包括"上"、"中"和"下"3 种方式。
- "换算单位公差"选项：当标注换算单位时，可以设置换算单位精度和是否消零。

【练习 8-2】根据下列要求，创建机械制图标注样式 MyDim1。

- 基线标注尺寸线间距为 7mm。
- 尺寸界限的起点偏移量为 1mm，超出尺寸线的距离为 2mm。
- 箭头使用"实心闭合"形状，大小为 2.0。
- 标注文字的高度为 3mm，位于尺寸线的中间，文字从尺寸线偏移距离为 0.5 mm。
- 标注单位的精度为 0.0。

(1) 在"功能区"选项板中选择"注释"选项卡，在"标注"面板中单击"标注样式" ⬔ 按钮，打开"标注样式管理器"对话框，如图 8-31 所示。

(2) 单击"新建"按钮，打开"创建新标注样式"对话框。在"新样式名"文本框中输入新建样式的名称"MyType"，然后单击"继续"按钮，如图 8-32 所示。

图 8-31　"标注样式管理器"对话框　　　　　　图 8-32　"创建新标注样式"对话框

　　(3) 打开"新建标注样式：MyType"对话框，在"线"选项卡的"尺寸线"选项区域中，设置"基线间距"为 7mm；在"尺寸界线"选项区域中，设置"超出尺寸线"为 2mm，设置"起点偏移量"为 1mm，如图 8-33 所示。

　　(4) 选择"符号和箭头"选项卡，在"箭头"选项区域的"第一个"和"第二个"下拉列表框中选择"实心闭合"选项，并设置"箭头大小"为 2，如图 8-34 所示。

图 8-33　"线"选项卡　　　　　　　　　　图 8-34　"符号和箭头"选项卡

　　(5) 选择"文字"选项卡，在"文字外观"选项区域中设置"文字高度"为 3mm；在"文字位置"选项区域中的"水平"下拉列表框中选择"居中"选项，设置"从尺寸线偏移"为 0.5mm，如图 8-35 所示。

　　(6) 选择"主单位"选项卡，在"线性标注"选项区域中设置标注的"精度"为 0.0，如图 8-36 所示。

　　(7) 设置完毕，单击"确定"按钮，关闭"新建标注样式：MyType"对话框。然后再单击"关闭"按钮，关闭"标注样式管理器"对话框。

图 8-35　"文字"选项卡　　　　　　　图 8-36　"主单位"选项卡

8.3　长度型尺寸标注

长度型尺寸标注用于标注图形中两点间的长度，可以是端点、交点、圆弧弦线端点或能够识别的任意两个点。在 AutoCAD 2016 中，长度型尺寸标注包括多种类型，如线性标注、对齐标注、弧长标注、基线标注和连续标注等。

8.3.1　线性标注

在快速访问工具栏中选择"显示菜单栏"命令，在弹出的菜单栏中选择"标注"|"线性"命令，或在"功能区"选项板中选择"注释"选项卡，在"标注"面板中单击"线型"按钮 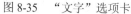，可以创建用于标注用户坐标系 XY 平面中的两个点之间的距离测量值，并通过指定点或选择一个对象来实现，此时命令行提示如下信息：

　　DIMLINEAR 指定第一条尺寸界线原点或 <选择对象>:

1. 指定起点

默认情况下，在命令行提示下直接指定第一条尺寸界线的原点，并在"指定第二条尺寸界线原点:"提示下指定了第二条尺寸界线原点后，命令行提示如下。

　　DIMLINEAR [多行文字(M)/文字(T)/角度(A)/水平(H)/垂直(V)/旋转(R)]:

默认情况下，指定了尺寸线的位置后，系统将按自动测量出的两个尺寸界线起始点间的相应距离标注出尺寸，如图 8-37 所示。此外，其他各选项的功能说明如下。

- "多行文字(M)"选项：选择该选项将进入多行文字编辑模式，可以使用"多行文字编辑器"对话框输入并设置标注文字。其中，文字输入窗口中的尖括号(<>)表示系统测量值。
- "文字(T)"选项：可以以单行文字的形式输入标注文字，此时将显示"输入标注

文字 <1>:"提示信息，要求输入标注文字。

- "角度(A)"选项：设置标注文字的旋转角度。
- "水平(H)"选项和"垂直(V)"选项：标注水平尺寸和垂直尺寸。可以直接确定尺寸线的位置，也可以选择其他选项来指定标注的标注文字内容或者标注文字的旋转角度。
- "旋转(R)"选项：旋转标注对象的尺寸线。

图 8-37　尺寸标注

2. 选择对象

如果在线性标注的命令行提示下直接按 Enter 键，则要求选择要标注尺寸的对象。当选择了对象以后，AutoCAD 将该对象的两个端点作为两条尺寸界线的起点，并显示如下提示(可以使用前面介绍的方法标注对象)。

指定尺寸线位置或[多行文字(M)/文字(T)/角度(A)/水平(H)/垂直(V)/旋转(R)]:

当两个尺寸界线的起点不位于同一水平线或同一垂直线上时，可以通过拖动来确定是创建水平标注还是垂直标注。使光标位于两尺寸界线的起始点之间，上下拖动可引出水平尺寸线；使光标位于两尺寸界线的起始点之间，左右拖动则可引出垂直尺寸线。

8.3.2　对齐标注

在快速访问工具栏中选择"显示菜单栏"命令，在弹出的菜单中选择"标注"|"对齐"命令，或在"功能区"选项板中选择"注释"选项卡，在"标注"面板中单击"对齐"按钮，可以对对象进行对齐标注，命令行提示如下信息：

DIMALIGNED 指定第一条尺寸界线原点或 <选择对象>:

由此可见，对齐标注是线性标注尺寸的一种特殊形式。在对直线段进行标注时，如果该直线的倾斜角度未知，那么使用线性标注方法将无法得到准确的测量结果，这时可以使用对齐标注。

【**练习 8-3**】标注长度尺寸。

(1) 在"注释"选项卡的"标注"选项板中单击"线性"按钮 线性，如图 8-38 所示。

(2) 在状态栏上单击"将光标捕捉到二维参照点"按钮打开对象捕捉模式，如图 8-39 所示。

图 8-38　"标注"选项板

图 8-39　对象捕捉

(3) 在图样上捕捉点 A(圆心)，指定第一条尺寸界线的起点，在图样上捕捉点 B(圆心)，指定第一条尺寸界线的终点。

(4) 在命令提示行输入 H，创建水平标注，然后拖动光标，在点 1 处单击，确定尺寸线的位置，结果如图 8-40 所示。

(5) 在"功能区"选项板中选择"注释"选项卡，在"标注"面板中单击"已对齐"按钮 已对齐，如图 8-41 所示。

图 8-40　使用线性尺寸标注进行水平标注

图 8-41　"对齐"按钮

(6) 捕捉点 C 和点 D，然后拖动鼠标，在点 2 处单击确定尺寸线的位置，如图 8-42 所示。

(7) 拖动鼠标确定尺寸线的位置后，单击，完成如图 8-43 所示的标注。

图 8-42　捕捉 C 点和 D 点

图 8-43　标注尺寸

8.3.3　弧长标注

在快速访问工具栏中选择"显示菜单栏"命令，在弹出的菜单中选择"标注"|"弧长"命令，或在"功能区"选项板中选择"注释"选项卡，在"标注"面板中单击"弧长"按钮，可以标注圆弧线段或多段线圆弧线段部分的弧长。当选择需要的标注对象后，命令行提示如下信息：

> DIMARC 指定弧长标注位置或 [多行文字(M)/文字(T)/角度(A)/部分(P)/引线(L)]:

当指定了尺寸线的位置后，系统将按实际测量值标注出圆弧的长度。也可以利用"多行文字(M)"、"文字(T)"或"角度(A)"选项，确定尺寸文字或尺寸文字的旋转角度。另外，如果选择"部分(P)"选项，可以标注选定圆弧某一部分的弧长，如图 8-44 所示。

图 8-44　弧长标注

8.3.4　基线标注

在快速访问工具栏中选择"显示菜单栏"命令，在弹出的菜单中选择"标注"|"基线"命令(DIMBASELINE)，可以创建一系列由相同的标注原点测量出来的标注。与连续标注一样，在进行基线标注之前也必须先创建(或选择)一个线性、坐标或角度标注作为基准标注，然后执行 DIMBASELINE 命令，此时命令行提示如下信息。

> DIMBASELINE 指定第二条尺寸界线原点或 [放弃(U)/选择(S)] <选择>:

在以上提示下，可以直接确定下一个尺寸的第二条尺寸界线的起始点。AutoCAD 将按基线标注方式标注出尺寸，直到按下 Enter 键结束命令为止。

8.3.5　连续标注

在快速访问工具栏中选择"显示菜单栏"命令，在弹出的菜单中选择"标注"|"连续"命令(DIMCONTINUE)，可以创建一系列端对端放置的标注，每个连续标注都从前一个标注的第二个尺寸界线处开始。

在进行连续标注之前，必须先创建(或选择)一个线性、坐标或角度标注作为基准标注，以确定连续标注所需要的前一尺寸标注的尺寸界线，然后执行 DIMCONTINUE 命令，此时命令行提示如下。

DIMCONTINUE 指定第二条尺寸界线原点或 [放弃(U)/选择(S)] <选择>:

在以上提示下，当确定了下一个尺寸的第二条尺寸界线原点后，AutoCAD 按连续标注方式标注出尺寸，即把上一个或所选标注的第二条尺寸界线作为新尺寸标注的第一条尺寸界线标注尺寸。当标注完成后，按 Enter 键即可结束该命令。

【练习 8-4】对图 8-45 中的示例图形进行尺寸标注。

(1) 在"功能区"选项板中选择"注释"选项卡，在"标注"面板中单击"线性"按钮，创建点 G 与点 H 之间的水平线性标注和 H 点与 F 点之间的垂直线性标注，效果如图 8-46 所示。

图 8-45　示例图形

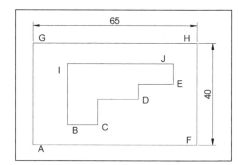

图 8-46　创建水平和垂直线形标注

(2) 继续创建点 A 和点 B 之间的水平标注，然后在"功能区"选项板中选择"注释"选项卡，在"标注"板中单击"连续"按钮。

(3) 系统将以最后一次创建的尺寸标注 AB 的点 B 作为基点。依次在图样中单击点 C、D、E 和 F，指定连续标注尺寸界限的原点，最后按 Enter 键，此时标注效果如图 8-47 所示。

(4) 在"功能区"选项板中选择"注释"选项卡，在"标注"面板中单击"线性"按钮，创建点 A 与点 B 之间的垂直线性标注，如图 8-48 所示。

图 8-47　创建连续标注

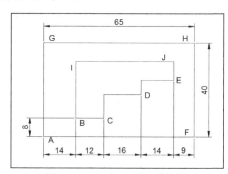

图 8-48　创建垂直线形标注

(5) 在"功能区"选项板中选择"注释"选项卡，在"标注"面板中单击"基线"按钮，系统将以最后一次创建的尺寸标注 AB 的原点 A 作为基点。

(6) 在图样中单击点 G，指定基线标注尺寸界限的原点，然后按 Enter 键结束标注。结果如图 8-49 所示。

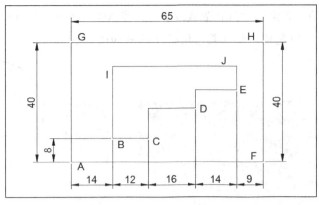

图 8-49　创建基线标注

8.4　半径、直径和圆心标注

在 AutoCAD 中，可以使用"标注"菜单中的"半径"、"直径"与"圆心"命令，标注圆或圆弧的半径尺寸、直径尺寸及圆心位置。

8.4.1　半径标注

在快速访问工具栏中选择"显示菜单栏"命令，在弹出的菜单中选择"标注"|"半径"命令(DIMRADIUS)，或在"功能区"选项板中选择"注释"选项卡，在"标注"面板中单击"半径"按钮，可以标注圆和圆弧的半径。执行该命令，并选择要标注半径的圆弧或圆，此时命令行提示如下信息。

DIMRADIUS 指定尺寸线位置或 [多行文字(M)/文字(T)/角度(A)]:

当指定了尺寸线的位置后，系统将按实际测量值标注出圆或圆弧的半径。也可以利用"多行文字(M)"、"文字(T)"或"角度(A)"选项，确定尺寸文字或尺寸文字的旋转角度。其中，当通过"多行文字(M)"和"文字(T)"选项重新确定尺寸文字时，只有给输入的尺寸文字加前缀 R，才能使标出的半径尺寸有半径符号 R，否则没有该符号。

8.4.2　折弯标注

在快速访问工具栏中选择"显示菜单栏"命令，在弹出的菜单中选择"标注"|"折弯"命令(DIMJOGGED)，可以折弯标注圆和圆弧的半径。该标注方式与半径标注方法基本相同，但需要指定一个位置代替圆或圆弧的圆心。

【练习 8-5】标注图形中的半径。

(1) 在"功能区"选项板中选择"注释"选项卡，在"标注"面板中单击"半径"按钮。

(2) 在命令行"选择圆弧或圆"提示下，单击左下角的小圆，将显示标注文字为 6。

(3) 在命令行的"指定尺寸线位置或 [多行文字(M)/文字(T)/角度(A)]:"提示信息下，单击圆内任意位置，确定尺寸线位置，则标注结果如图 8-50 所示。

图 8-50　创建半径标注

(4) 重复步骤(1)~(3)，标注其他圆和圆弧的半径，如图 8-51 所示。

(5) 在快速访问工具栏中选择"显示菜单栏"命令，然后在弹出的菜单中选择"标注"|"折弯"命令。

(6) 在命令行的"选择圆弧或圆"提示下，单击左下角的大圆。

(7) 在命令行的"指定中心位置替代："提示下，单击圆内任意位置，确定用于替代中心位置的点，此时将显示标注文字为 22。

(8) 在命令行的"指定尺寸线位置或 [多行文字(M)/文字(T)/角度(A)]："提示下，单击圆内任意位置，确定尺寸线位置。

(9) 在命令行的"指定折弯位置："提示下，指定折弯位置，则折弯标注结果如图 8-52 所示。

图 8-51　创建其他半径标注　　　　　图 8-52　创建折弯标注

8.4.3　直径标注

在快速访问工具栏中选择"显示菜单栏"命令，在弹出的菜单中选择"标注"|"直径"命令(DIMDIAMETER)，或在"功能区"选项板中选择"注释"选项卡，在"标注"面板中单击"直径标注"按钮◎，可以标注圆和圆弧的直径。

直径标注的方法与半径标注的方法相同。当选择了需要标注直径的圆或圆弧后，直接确定尺寸线的位置，系统将按实际测量值标注出圆或圆弧的直径。并且，当通过"多行文字(M)"和"文字(T)"选项重新确定尺寸文字时，需要在尺寸文字前加前缀"%%C"，才能使标出的直径尺寸有直径符号"ϕ"。

8.4.4　圆心标记

在快速访问工具栏中选择"显示菜单栏"命令，在弹出的菜单中选择"标注"|"圆心标记"命令(DIMCENTER)，或在"功能区"选项板中选择"注释"选项卡，在"标注"面板中单击"圆心标记"按钮⊕，即可标注圆和圆弧的圆心。此时只需要选择待标注其圆心的圆弧或圆即可。

圆心标记的形式可以由系统变量 DIMCEN 设置。当该变量的值大于 0 时，作圆心标记，且该值是圆心标记线长度的一半；当变量的值小于 0 时，画出中心线，且该值是圆心处小十字线长度的一半。

【练习 8-6】标注图形中的直径和圆心。

(1) 在"功能区"选项板中选择"注释"选项卡，在"标注"面板中单击"直径标注"按钮◯。

(2) 在命令行的"选择圆弧或圆:"提示下，选择图形中左上角的圆。

(3) 在命令行的"指定尺寸线位置或 [多行文字(M)/文字(T)/角度(A)]:"提示下，在小圆外部适当位置单击，标注出小圆的直径，如图 8-53 所示。

(4) 使用同样的方法，标注图形中其他圆的直径。

(5) 在"功能区"选项板中选择"注释"选项卡，在"标注"面板中单击"圆心标记"按钮⊕。

(6) 在快速访问工具栏中选择"显示菜单栏"命令，在弹出的菜单中选择"标注"|"圆心标记"命令，然后在命令行的"选择圆弧或圆:"提示下，选择图形左下角的圆，标记该圆的圆心，效果如图 8-54 所示。

图 8-53　创建直径标记

图 8-54　创建圆心标记

8.5　角度标注与其他类型标注

在 AutoCAD 中，除了前面介绍的几种常用尺寸标注外，还可以使用角度标注及其他类型的标注功能，对图形中的角度、坐标等元素进行标注。

8.5.1　角度标注

在快速访问工具栏中选择"显示菜单栏"命令，在弹出的菜单中选择"标注"|"角度"命令(DIMANGULAR)，或在"功能区"选项板中选择"注释"选项卡，在"标注"面板中单击"角度"按钮，都可以测量圆和圆弧的角度、两条直线间的角度，或者三点间的角度，如图 8-55 所示。

图 8-55　角度标注方式

执行 DIMANGULAR 命令，此时命令行提示如下。

> DIMANGULAR 选择圆弧、圆、直线或 <指定顶点>:

在该提示下，可以选择需要标注的对象，其功能说明如下。

- 标注圆弧角度：当选择圆弧时，命令行显示"指定标注弧线位置或 [多行文字(M)/文字(T)/角度(A)]:"提示信息。此时，如果直接确定标注弧线的位置，AutoCAD 会按实际测量值标注出角度。也可以使用"多行文字(M)"、"文字(T)"及"角度(A)"选项，设置尺寸文字和它的旋转角度。
- 标注圆角度：当选择圆时，命令行显示"指定角的第二个端点:"提示信息，要求确定另一点作为角的第二个端点。该点可以在圆上，也可以不在圆上，然后再确定标注弧线的位置。此时标注的角度将以圆心为角度的顶点，以通过所选择的两个点为尺寸界线(或延伸线)。
- 标注两条不平行直线之间的夹角：需要选择这两条直线，然后确定标注弧线的位置，AutoCAD 将自动标注出这两条直线的夹角。
- 根据 3 个点标注角度：此时首先需要确定角的顶点，然后分别指定角的两个端点，最后指定标注弧线的位置。

注意：

当通过"多行文字(M)"和"文字(T)"选项重新确定尺寸文字时，只有给新输入的尺寸文字加后缀%%D，才能使标注出的角度值有度(°)符号，否则没有该符号。

8.5.2　折弯线性标注

在快速访问工具栏中选择"显示菜单栏"命令，在弹出的菜单中选择"标注"|"折弯线性"命令(DIMJOGLINE)，或在"功能区"选项板中选择"注释"选项卡，在"标注"面板中单击"折弯标注"按钮，都可以在线性或对齐标注上添加或删除折弯线。此时只需选择线性标注或对齐标注即可。

【练习 8-7】在图 8-52 中添加角度标注，并且为标注 31 添加折弯线。

(1) 启动 AutoCAD 2016，打开图 8-52 所示的文件，然后在"功能区"选项板中选择"注释"选项卡，在"标注"面板中单击"角度"按钮。

(2) 在命令行的"选择圆弧、圆、直线或<指定顶点>:"提示下，选择横向的直线。

(3) 在命令行的"选择第二条直线:"提示下，选择竖直的直线。

(4) 在命令行的"指定标注弧线位置或[多行文字(M)/文字(T)/角度(A)]:"提示下，在直线之间单击，确定标注弧线的位置，标注出这两直线之间的夹角，如图 8-56 所示。

(5) 在"功能区"选项板中选择"注释"选项卡，在"标注"面板中单击"线性"按钮，创建为图形右侧的直线创建线性标注。

(6) 在快速访问工具栏中选择"显示菜单栏"命令，在弹出的菜单中选择"标注"|"折弯线性"命令。

(7) 在命令行的"选择要添加折弯的标注或 [删除(R)]:"提示下，选择标注 31。

(8) 在命令行的"选择要添加折弯的标注或 [删除(R)]:"提示下，在适当位置单击，效果如图 8-57 所示。

图 8-56　标注直线夹角

图 8-57　折弯线性标注效果

8.5.3　多重引线标注

在快速访问工具栏中选择"显示菜单栏"命令，在弹出的菜单中选择"标注"|"多重引线"命令(MLEADER)，或在"功能区"选项板中选择"注释"选项卡，在"多重引线"面板中单击"多重引线"按钮(如图 8-58 所示)，都可以创建引线和注释，并且可以设置引线和注释的样式。

图 8-58   创建多重引线

1. 创建多重引线标注

执行"多重引线"命令时，命令行将提示"指定引线箭头的位置或 [引线钩线优先(L)/内容优先(C)/选项(O)] <选项>:"，在图形中单击确定引线箭头的位置；然后在打开的文字输入窗口输入注释内容即可。如图 8-59 所示为倒角位置添加倒角的文字注释。

在"多重引线"面板中单击"添加引线"按钮 ，可以为图形继续添加多个引线和注释。图 8-60 所示为在图 8-61 中再添加一个倒角引线注释。

图 8-59   添加倒角的文字注释

图 8-60   多重引线图

图 8-61   添加引线注释

2. 管理多重引线样式

在"多重引线"面板中单击"多重引线样式管理器" 按钮，将打开"多重引线样式管理器"对话框，如图 8-62 所示。该对话框和"标注样式管理器"对话框功能相似，可以设置多重引线的格式、结构和内容。单击"新建"按钮，在打开的"创建新多重引线样式"对话框中可以创建多重引线样式，如图 8-63 所示。

图 8-62   "多重引线样式管理器"对话框

图 8-63   "创建新多重引线样式"对话框

设置了新样式的名称和基础样式后，单击该对话框中的"继续"按钮，将打开"修改多重引线样式"对话框，可以创建多重引线的格式、结构和内容，如图 8-64 所示。用户自定义多重引线样式后，单击"确定"按钮。然后在"多重引线样式管理器"对话框将新样式设置为当前即可。

图 8-64　"修改多重引线样式"对话框

8.5.4　坐标标注

在快速访问工具栏中选择"显示菜单栏"命令，在弹出的菜单中选择"标注"|"坐标"命令，或在"功能区"选项板中选择"注释"选项卡，在"标注"面板中单击"坐标"按钮，如图 8-65 所示，都可以标注相对于用户坐标原点的坐标，此时命令行提示如下信息。

DIMORDINATE 指定点坐标:

在以上提示下确定要标注坐标尺寸的点，而后系统将显示"指定引线端点或 [X 基准(X)/Y 基准(Y)/多行文字(M)/文字(T)/角度(A)]:"提示。默认情况下，指定引线的端点位置后，系统将在该点标注出指定点坐标，如图 8-66 所示。

图 8-65　"标注"面板

图 8-66　坐标标注

此外，在命令提示中，"X 基准(X)"、"Y 基准(Y)"选项分别用来标注指定点的 X、Y 坐标，"多行文字(M)"选项用于通过当前文本输入窗口输入标注的内容，"文字(T)"选项直接要求输入标注的内容，"角度(A)"选项则用于确定标注内容的旋转角度。

注意:

在"指定点坐标:"提示下确定引线的端点位置之前,应首先确定标注点坐标是 X 坐标还是 Y 坐标。如果在此提示下相对于标注点上下移动光标,将标注点的 X 坐标;若相对于标注点左右移动光标,则标注点的 Y 坐标。

8.5.5　快速标注

在快速访问工具栏中选择"显示菜单栏"命令,在弹出的菜单中选择"标注"|"快速标注"命令,或在"功能区"选项板中选择"注释"选项卡,在"标注"面板中单击"快速标注"按钮▣,都可以快速创建成组的基线、连续、阶梯和坐标标注,快速标注多个圆、圆弧,以及编辑现有标注的布局。

执行"快速标注"命令,并选择需要标注尺寸的各图形对象后,命令行提示如下。

> 指定尺寸线位置或[连续(C)/并列(S)/基线(B)/坐标(O)/半径(R)/直径(D)/基准点(P)/编辑(E)/设置(T)]<连续>:

由此可见,使用该命令可以进行"连续(C)"、"并列(S)"、"基线(B)"、"坐标(O)"、"半径(R)"及"直径(D)"等一系列标注。

【练习 8-8】使用快速标注的方法,标注图 8-67 示例图形中的所有圆和圆弧的半径,然后创建一个多重引线样式,并使用"多重引线标注"命令在图形的适当位置标注引线注释。

(1) 在"功能区"选项板中选择"注释"选项卡,在"标注"面板中单击"快速标注"按钮▣。在命令行的"选择要标注的几何图形:"提示下,选择要标注的示例图形中的所有圆和圆弧,然后按 Enter 键。

(2) 在命令行的"指定尺寸线位置或[连续(C)/并列(S)/基线(B)/坐标(O)/半径(R)/直径(D)/基准点(P)/编辑(E)/设置(T)]<连续>:"提示下输入 R,然后按 Enter 键。

(3) 移动光标到适当位置,然后单击,即可快速标注出所选择的圆和圆弧的半径,如图 8-68 所示。

图 8-67　示例图形

图 8-68　标注半径

(4) 在"功能区"选项板中选择"注释"选项卡,在"多重引线"面板中单击"多重引线样式管理器"按钮圆,打开"多重引线样式管理器"对话框。单击"新建"按钮在打开的"创建新多重引线样式"对话框中输入新样式名称 A1,保持默认的基础样式,如图8-69 所示。

(5) 单击"继续"按钮,打开"修改多重引线样式:A1"对话框,选择"引线结构"选项卡,选择"第一段角度"和"第二段角度"复选框,并设置其角度都为45°,如图8-70所示。

图 8-69　设置新样式名

图 8-70　"引线结构"选项卡

(6) 选择"内容"选项卡,在"多重引线类型"下拉列表框中选择"多行文字"选项。单击"默认文字"文本框后面的按钮,如图 8-71 所示。在打开的文字编辑窗口中设置默认文字为"C3 垫片剖面图",然后单击"确定"按钮。

(7) 此时返回"多重引线样式管理器"对话框,在"样式"列表中选择 A1 选项,单击"置为当前"按钮,然后单击"关闭"按钮,如图 8-72 所示。

图 8-71　"内容"选项卡

图 8-72　"多重引线样式管理器"对话框

(8) 打开"注释"选项卡,在"引线"面板中单击"多重引线"按钮,在"指定引线箭头的位置或 [引线钩线优先(L)/内容优先(C)/选项(O)]<选项>:"提示下,单击图中要设置多重引线的位置。

(9) 在"指定引线钩线的位置:"提示下,单击右侧的任意位置,在"覆盖默认文字 [是(Y)/否(N)]<否>:"提示下,选择"否"选项,如图 8-73 所示,结束多重引线标注。最终结果如图 8-74 所示。

图 8-73 选择【否】选项

图 8-74 添加多重引线标注

8.5.6 标注间距和标注打断

在快速访问工具栏中选择"显示菜单栏"命令，在弹出的菜单中选择"标注"|"标注间距"命令，或在"功能区"选项板中选择"注释"选项卡，在"标注"面板中单击"调整间距"按钮，可以修改已经标注的图形中的标注线的位置间距大小。

执行"标注间距"命令，命令行将提示"选择基准标注:"，在图形中选择第一个标注线；然后命令行提示"选择要产生间距的标注:"，这时再选择第二个标注线；接下来命令行提示"输入值或 [自动(A)] <自动>:"，这里输入标注线的间距数值，按 Enter 键完成标注间距。该命令可以选择连续设置多个标注线之间的间距。如图 8-75 所示为左图的 1、2、3 处的标注线设置标注间距后的效果对比。

图 8-75 标注间距

在快速访问工具栏中选择"显示菜单栏"命令，在弹出的菜单中选择"标注"|"标注打断"命令，或在"功能区"选项板中选择"注释"选项卡，在"标注"面板中单击"打断"按钮，可以在标注线和图形之间产生一个隔断。

执行"标注打断"命令，命令行将提示"选择标注或 [多个(M)]:"，在图形中选择需要打断的标注线；然后命令行提示"选择要打断标注的对象或 [自动(A)/恢复(R)/手动(M)] <自动>:"，这时选择该标注对应的线段，按 Enter 键完成标注打断。如图 8-76 所示为左图的 1、2 处的标注线设置标注打断后的效果对比。

图 8-76　标注打断

8.6　形位公差标注

形位公差在机械图形中极为重要。一方面，如果形位公差不能完全控制，装配件就不能正确装配；另一方面，过度吻合的形位公差又会由于额外的制造费用而造成浪费。在大多数的建筑图形中，形位公差几乎不存在。

8.6.1　形位公差的组成

在 AutoCAD 中，可以通过特征控制框来显示形位公差信息，如图形的形状、轮廓、方向、位置和跳动的偏差等，如图 8-77 所示。

图 8-77　特征控制框

8.6.2　标注形位公差

在快速访问工具栏中选择"显示菜单栏"命令，在弹出的菜单中选择"标注"|"公差"命令，或在"功能区"选项板中选择"注释"选项卡，在"标注"面板中单击"公差"按钮，打开"形位公差"对话框，可以设置公差的符号、值及基准等参数，如图 8-78 所示。

图 8-78　打开"形位公差"对话框

- "符号"选项：单击该列的"■"框，将打开"符号"对话框，可以为第 1 个或第 2 个公差选择几何特征符号，如图 8-79 所示。
- "公差 1"和"公差 2"选项区域：单击该列前面的"■"框，将插入一个直径符号。在中间的文本框中，可以输入公差值。单击该列后面的"■"框，将打开"附加符号"对话框，可以为公差选择包容条件符号，如图 8-80 所示。

图 8-79　公差特征符号

图 8-80　选择包容条件

- "基准 1"、"基准 2"和"基准 3"选项区域：设置公差基准和相应的包容条件。
- "高度"文本框：设置投影公差带的值。投影公差带控制固定垂直部分延伸区的高度变化，并以位置公差控制公差精度。
- "延伸公差带"选项：单击该"■"框，可在延伸公差带值的后面插入延伸公差带符号。
- "基准标识符"文本框：创建由参照字母组成的基准标识符号。

8.7　编辑标注对象

在 AutoCAD 中，可以对已标注对象的文字、位置及样式等内容进行修改，而不必删除所标注的尺寸对象再重新进行标注。

8.7.1　编辑标注

在 AutoCAD 2016 中，用户可以通过在命令窗口中执行 DIMEDIT 命令，修改标注文字在标注上的位置及倾斜角度即可编辑已有标注的标注文字内容和放置位置，如图 8-81 所示。此时命令行提示如下。

输入标注编辑类型 [默认(H)/新建(N)/旋转(R)/倾斜(O)] <默认>:

以上命令行提示中各选项的含义如下。

- "默认(H)"选项：选择该选项并选择尺寸对象，可以按默认位置和方向放置尺寸文字。
- "新建(N)"选项：选择该选项可以修改尺寸文字，此时系统将显示"文字格式"工具栏和文字输入窗口。修改或输入尺寸文字后，选择需要修改的尺寸对象即可。
- "旋转(R)"选项：选择该选项可以将尺寸文字旋转一定的角度，同样是先设置角度值，然后选择尺寸对象。

- "倾斜(O)"选项：选择该选项可以使非角度标注的尺寸界线倾斜一角度。这时需要先选择尺寸对象，然后设置倾斜角度值。

图 8-81　执行 DIMEDIT 命令

8.7.2　编辑标注文字的位置

选择"标注"|"对齐文字"子菜单中的其他命令，可以修改尺寸的文字位置。选择需要修改的尺寸对象后，命令行提示如下。

　　指定标注文字的新位置或 [左(L)/右(R)/中心(C)/默认(H)/角度(A)]:

在使用编辑标注文字命令对尺寸标注进行编辑时，命令窗口中各选项的功能及其含义如下所示。

- 左：选择该选项，可以将标注文字进行左对齐操作。
- 右：选择该选项，可以将标注文字进行右对齐操作。
- 中心：选择该选项，可以将标注文字定位于尺寸线中心。
- 默认：选择该选项，可以将标注文字移动到标注样式设置的默认位置。
- 角度：选择该选项，可以改变标注文字的角度。

注意：

默认情况下，可以通过拖动光标来确定尺寸文字的新位置。也可以输入相应的选项指定标注文字的新位置。

8.7.3　替代标注

在快速访问工具栏中选择"显示菜单栏"命令，在弹出的菜单中选择"标注"|"替代"命令(DIMOVERRIDE)，可以临时修改尺寸标注的系统变量设置，并按该设置修改尺寸标注。该操作只对指定的尺寸对象作修改，并且修改后不影响原系统的变量设置。执行该命令时，命令行提示如下。

　　输入要替代的标注变量名或 [清除替代(C)]:

默认情况下，输入要修改的系统变量名，并为该变量指定一个新值。然后选择需要修改的对象，这时指定的尺寸对象将按新的变量设置作相应的更改。如果在命令提示下输入

C，并选择需要修改的对象，这时可以取消用户已做出的修改，并将尺寸对象恢复成在当前系统变量设置下的标注形式。

8.7.4　更新标注

在快速访问工具栏中选择"显示菜单栏"命令，在弹出的菜单中选择"标注"|"更新"命令，可以更新标注，使其采用当前的标注样式，此时命令行提示如下。

输入标注样式选项[保存(S)/恢复(R)/状态(ST)/变量(V)/应用(A)/?] <恢复>:

在以上命令提示中，各选项的功能如下。

- "保存(S)"选项：将当前尺寸系统变量的设置作为一种尺寸标注样式来命名保存。
- "恢复(R)"选项：将用户保存的某一尺寸标注样式恢复为当前样式。
- "状态(ST)"选项：查看当前各尺寸系统变量的状态。选择该选项，可切换到文本窗口，并显示各尺寸系统变量及其当前设置。
- "变量(V)"选项：显示指定标注样式或对象的全部或部分尺寸系统变量及其设置。
- "应用(A)"选项：可以根据当前尺寸系统变量的设置更新指定的尺寸对象。
- "?"选项：显示当前图形中命名的尺寸标注样式。

8.8　思考练习

1. 定义一个新的标注样式。具体要求如下：样式名称为"作业标注样式"，文字高度为4，尺寸文字从尺寸线偏移的距离为1，箭头大小为5，尺寸界线超出尺寸线的距离为3，基线标注时基线之间的距离为8，其余设置采用系统默认设置。

2. 在中文版 AutoCAD 2016 中，尺寸标注类型有哪些，各有什么特点？

3. 在中文版 AutoCAD 2016 中，如何创建线性标注？

4. 绘制如图 8-82 所示的图形并标注尺寸。

5. 绘制如图 8-83 所示的图形并标注尺寸。

图 8-82　思考练习 4

图 8-83　思考练习 5

第9章 块、外部参照和设计中心

在绘制图形时，如果图形中有大量相同或相似的内容，或者所绘制的图形与已有的图形文件相同，则可以把要重复绘制的图形创建成块，在需要时直接插入它们，从而提高绘图效率。另外，还可以将已有的图形文件转换为外部参照文件进行共享，或是通过 AutoCAD 设计中心使用和管理图形、块、外部参照等不同的资源文件。这样不但提高了绘图的速度和工作效率，而且也提高了绘图的准确性，并节省了大量内存空间。

9.1 创建块

图块是由单个或多个对象组成的集合，这些对象包括文本、标题栏以及图形本身等类型。在 AutoCAD 中，用户可以将这些需要重复绘制的图形结构定义为一个整体，即图块。在绘制图形时将其插入到指定的位置，这样既可以使多张图纸按特定标准统一，又可以缩短绘图时间，节省存储空间。

9.1.1 块的特点

在 AutoCAD 中，使用块可以提高绘图速度、节省存储空间、便于修改图形并能为其添加属性。总的来说，AutoCAD 中的块具有以下特点。

- 提高绘图效率：在 AutoCAD 中绘图时，常常要绘制一些重复出现的图形。如果把这些图形做成块保存起来，绘制它们时就可以用插入块的方法实现，即把绘图变成了拼图，从而避免了大量的重复性工作，提高了绘图效率。

- 节省存储空间：AutoCAD 要保存图中每一个对象的相关信息，如对象的类型、位置、图层、线型及颜色等，这些信息要占用存储空间。如果一幅图中包含有大量相同的图形，就会占据较大的磁盘空间。但如果把相同的图形事先定义成一个块，绘制它们时就可以直接把块插入到图中的各个相应位置。这样既满足了绘图要求，又可以节省磁盘空间。因为虽然在块的定义中包含了图形的全部对象，但系统只需要一次这样的定义。对块的每次插入，AutoCAD 仅需要记住这个块对象的有关信息(如块名、插入点坐标及插入比例等)。对于复杂但需多次绘制的图形，这一优点更为明显。

- 便于修改图形：一张工程图纸往往需要多次修改。如在机械设计中，旧的国家标准用虚线表示螺栓的内径，新的国家标注则用细实线表示。如果对旧图纸上的每一个螺栓按新国家标准修改，既费时又不方便。但如果原来各螺栓是通过插入块的方法绘制的，那么只要简单地对块进行再定义，就可以对图中的所有螺栓进行修改。

- 可以添加属性：很多块还要求有文字信息以进一步解释其用途。AutoCAD 允许用户为块创建这些文字属性，并可以在插入的块中指定是否显示这些属性。此外，还可以从图中提取这些信息并将它们传送到数据库中。

9.1.2 定义块

利用"块定义"工具创建的图块又称为内部图块，即所创建的图块保存在该图块的图形中，并且能在当前图形中应用，而不能插入到其他图形中。

在"块"选项板中单击"创建"按钮，将打开"块定义"对话框，如图 9-1 所示。在该对话框中输入新建块的名称，并设置块组成对象的保留方式，然后在"方式"选项组中定义块的显示方式。

完成上述设置后，在"基点"选项组中单击"拾取点"按钮选取基点，然后在"对象"选项组中单击"选择对象"按钮，选取组成块的对象。接下来，单击"确定"按钮即可获得图块创建的效果，如图 9-2 所示。

图 9-1　"块定义"对话框 　　　　图 9-2　指定基点并选取对象

"块定义"对话框中各选项组中所包含选项的含义分别如下。

- "名称"文本框："块定义"对话框中的"名称"文本框用于输入要创建的内部图块名称(该名称应尽量反映创建图块的特征，从而和定义的其他图块有所区别，同时也方便调用)。
- "基点"选项组："基点"选项组用于确定块插入时所用的基准点，相当于移动、复制对象时所指定的基点。该基点关系到块插入操作的方便性，用户可以在其下方的 X、Y、Z 文本框中分别输入基点的坐标值，也可以单击"拾取点"按钮，在绘图区中选取一点作为图块的基点。
- "对象"选项组："对象"选项组用于选取组成块的集合图形对象，单击"选择对象"按钮可以在绘图区中选取要定义为图块的对象。该选项组中包含"保留"、"转换为块"和"删除"3 个单选按钮。
- "方式"选项组：在"方式"选项组中可以设置图块的注释性、图块的缩放和图块是否能够进行分解等操作。

【练习 9-1】在 AutoCAD 中，将图 9-3 所示的图形定义成块。

(1) 使用前面所学的知识在绘图文档中绘制如图 9-3 所示的图形符号。

(2) 在"功能区"选项板中选择"常用"选项卡，在"块"面板中单击"创建"按钮，如图 9-4 所示，打开"块定义"对话框。

图 9-3　绘制图形　　　　　　　　　　图 9-4　创建块

(3) 在"名称"文本框中输入块的名称，如"粗糙"。

(4) 在"基点"选项区域中单击"拾取点"按钮，然后单击图形点 A，确定基点位置，如图 9-5 所示。

(5) 在"对象"选项区域中选择"保留"单选按钮，再单击"选择对象"按钮，切换到绘图窗口，使用窗口选择方法选择所有图形，然后按 Enter 键返回"块定义"对话框，如图 9-6 所示。

(6) 在"块单位"下拉列表中选择"毫米"选项，将单位设置为毫米。

(7) 在"说明"文本框中输入对图块的说明，如"粗糙度"。

(8) 完成以上操作后，单击"确定"按钮保存设置。

图 9-5　指定基点　　　　　　　　　　图 9-6　"块定义"对话框

9.1.3　存储块

存储块又称为创建外部图块，即将创建的图块作为独立文件保存。这样不仅可以将块插入到任何图形中去，而且可以对图块执行打开和编辑等操作。但是利用块定义工具创建的内部图块却不能执行这种操作。

要存储块，只需要在命令行中输入 WBLOCK 指令，并按下回车键，此时将打开"写块"对话框,然后在该对话框的"源"选项组中选择"块"单选按钮,表示新图形文件将由块创建,并在右侧下拉列表中指定块。接着单击"目标"选项组后的"显示标准文件选择对话框"按钮，在打开的对话框中指定具体块保存路径即可,如图 9-7 所示。

"写块"对话框　　　　　　　　　　　　　　指定块的保存路径

图 9-7　设置存储块

在指定文件名称时,只需要输入文件名称而不用带扩展名,系统一般将扩展名定义为.dwg。此时如果在"目标"选项组中未指定文件名,软件将以默认保存位置保存该文件。"源"选项组中另外两种存储块的方式分别如下。

- "整个图形"方式:选择该单选按钮,表示系统将使用当前的全部图形创建一个新的图形文件。此时只需要单击"确定"按钮,即可将全部图形文件保存。
- "对象"方式:选择该单选按钮,系统将使用当前图形中的部分对象创建一个新图形。此时必须选择一个或多个对象以输出到新的图形中。

注意:

若将其他图形文件作为一个块插入到当前文件中,系统默认将坐标原点作为插入点,这样对于有些图形绘制而言,很难精确控制插入位置。因此在实际应用中,应先打开该文件,再通过输入 BASE 指定直线插入操作。

9.1.4　插入块

在 AutoCAD 中,定义和保存图块的目的都是为了重复使用图块,并将其放置到图形文件上指定的位置,这就需要调用图块。调用图块是通过"插入"命令实现的,利用该工具既可以调用内部块,也可以调用外部块。插入图块的方法主要有以下几种方式。

1. 直接插入单个图块

直接插入单个图块的方法是工程绘图中最常用的调用方式,即利用"插入"工具指定内部或外部图块插入当前的图形中。在"块"选项板中单击"插入"按钮后,将打开如图 9-8 所示的"插入"对话框。该对话框中各选项的功能如下。

图 9-8　打开"插入"对话框

- "名称"文本框：在"名称"文本框中可以指定需要插入块的名称，或指定作为块插入的图形文件名。单击该文本框右侧的下拉按钮，可以在打开的下拉列表中指定当前图形文件中可供用户选择的块名称，单击"浏览"按钮，可以选择作为块插入图形的文件名。
- "插入点"选项组：该选项组用于确定插入点的位置。一般情况下，可由在平面上单击指定插入点或直接输入插入点的坐标指定这两种方法来确定。
- "比例"选项组：该选项组用于设置块在 X、Y 和 Z 这 3 个方向上的比例。同样有两种方法决定块的缩放比例，分别是在平面上单击指定和直接输入缩放比例因子。其中启用"统一比例"复选框，表示在 X、Y 和 Z 这 3 个方向上的比例因子完全相同。
- "旋转"选项组：该选项组用于设置插入块时的旋转角度，同样也有两种方法确定块的旋转角度，分别是在平面上指定块的旋转角度和直接输入块的旋转角度。
- "分解"复选框：该复选框用于控制图块插入后是否允许被分解，如果启用该复选框，则图块插入到当前图形时，组成图块的各个对象将自动分解成各自独立的状态。

2. 阵列插入图块

在 AutoCAD 命令行中输入 MINSERT 指令即可阵列插入图块。该命令实际上是将阵列和块插入命令合二为一，当用户需要插入多个具有规律的图块时，即可输入 MINSERT 指令来进行相关操作。这样不仅能节省绘图时间，而且可以减少占用的磁盘空间。

在命令行中输入 MINSERT 指令后，输入要插入的图块名称，然后指定插入点并设置缩放比例因子和旋转角度。接下来，依次设置行数、列数、行间距和列间距参数，即可阵列插入所选择的图块，如图 9-9 所示。

图 9-9　阵列插入图块

注意:

利用 MINSERT 指令插入的所有图块组成的是一个整体,不能用"分解"命令分解,但可以通过 DDMODIFY 指令改变插入块时所设的特性,如插入点、比例因子、旋转角度、行数、列数、行距和列距等参数。

3. 以定数等分方式插入图块

要以定数等分的方式插入图块,用户可以在 AutoCAD 命令行中输入 DIVIDE 指令,然后按照定数等分插入点的方法插入图块即可。

4. 以定距等分方式插入图块

以定距等分方式插入图块与以定数等分方式插入点的方法类似。用户可以在 AutoCAD 命令行中输入 MEASURE 指令,然后按照定距等分插入点的方法进行操作即可。

【练习 9-2】在图 9-10 所示的图纸中插入【练习 9-1】中定义的图块,并设置缩放比例为 100%。

(1) 完成【练习 9-1】的操作后,在命令行中输入 WBLOCK 指令,将定义的图块以名称"粗糙度.dwg"保存。

(2) 在 AutoCAD 中打开如图 9-10 所示的图形,然后在"功能区"选项板中选择"默认"选项卡,在"块"面板中单击"插入"按钮,打开"插入"对话框,如图 9-11 所示。

图 9-10 打开图形

图 9-11 "插入"对话框

(3) 单击"插入"对话框"名称"下拉列表框后的"浏览"按钮,然后在打开的"选择图形文件"对话框中选中"粗糙度.dwg",如图 9-12 所示。

(4) 在"选择图形文件"对话框中单击"打开"按钮后,返回"插入"对话框,然后在该对话框的"插入点"选项区域中选中"在屏幕上指定"复选框。

(5) 在"缩放比例"选项区域中选中"统一比例"复选框,并在 X 文本框中输入 1。

(6) 单击"确定"按钮,并且在绘图窗口中需要插入块的位置处单击,块插入的效果如图 9-13 所示。

图 9-12　"选择图形文件"对话框

图 9-13　插入图块

9.2　编辑块

完成块的创建，需要对块对象进行相应的编辑操作，才能使创建的图块满足实际要求，使用户在绘图过程中更加方便地插入所需的图块对象，块的编辑一般包括块的分解、在位编辑和删除块等操作。

9.2.1　块的分解

在图形中无论是插入内部图块还是外部图块，由于这些图块属于一个整体，无法进行必要的修改，给实际操作带来极大不便。这就需要将图块在插入后转化为定义前各自独立的状态，即分解图块。常用的分解方法有以下两种。

1. 插入时分解图块

插入图块时，在打开的如图 9-14 所示的"插入"对话框中选中"分解"复选框，则插入图块后整个图块特征将被分解为单个的线条；取消该复选框的选中状态，则插入后的图块仍以整体对象存在。

2. 插入后分解图块

插入图块后，分解图块可以利用"分解"工具实现。该工具可以分解块参照、填充图案和关联性尺寸标注等对象，也可以使多段线或多段弧线及多线分解为独立的直线和圆弧对象。在"修改"面板中单击"分解"按钮，然后选取要分解的图块对象并按下回车键即可将其分解，如图 9-15 所示。

图 9-14　插入时分解图块

图 9-15　使用"分解"按钮分解图块

注意:

在插入图块时，如果 X 轴和 Z 轴方向设置的比例值相等，则参照在被分解时，将分解为组成块参照时的原始对象。而当 X 轴、Y 轴和 Z 轴方向比例值不相等(比例值不一致)的块参照被分解时，有可能会出现意想不到的结果。

9.2.2　在位编辑块

在绘图的过程中，有些绘图者常常将已经绘制好的图块插入到当前图形中，但当插入的图块需要进行修改或所绘图形较为复杂时，如将图块分解后再删除或添加修改，则很不方便，并且容易发生人为误操作。此时，用户可以利用块的在位编辑功能使其他对象作为背景或参照，只允许对要编辑的图块进行相应的修改操作。

利用块的在位编辑功能可以修改当前图形中的外部参照，或者重新定义当前图形中的块定义。在该过程中，块和外部参照都被视为参照。使用该功能进行块编辑时，提取的块对象以正常方式显示，而图形中的其他对象，包括当前图形和其他参照对象，都淡入显示，使需要编辑的块对象一目了然。在位编辑块功能一般用在对已有图块进行较小修改的情况下。

在 AutoCAD 中切换至"插入"选项卡，在绘图区选取要编辑的块对象，然后在"参照"选项板中单击"编辑参照"按钮，将打开"参照编辑"对话框，如图 9-16 所示。

图 9-16　打开"参照编辑"对话框

在"参照编辑"对话框中单击"确定"按钮，即可对绘图区中选中的块对象进行在位编辑，如图 9-17 所示。

图 9-17　在位编辑块

另外，在绘图区选取要编辑的块对象并右击，在打开的菜单中选中"在位编辑块"命令，也可以进行相应的块在位编辑操作。

注意：

块的在位编辑功能使块的运用功能进一步提高，在保持块不被打散的情况下，像编辑其他普通对象一样，在原来块图形的位置直接进行编辑。并且选取的块对象被在位编辑修改后，其他同名的块对象将自动同步更新。

9.2.3　删除块

在绘制图形的过程中用户若要删除创建的块，可以在命令行中输入 PURGE 指令，并按下回车键，此时软件将打开"清理"对话框。该对话框显示了可以清理的命名对象的树状图，如图 9-18 所示。

图 9-18　打开"清理"对话框

如果用户需要清理所有未参照的块对象，在"清理"对话框中直接选择"块"选项即可；如果在当前图形中使用了要清理的块，需要将该块从图形中删除，才可以在"清理"对话框中将相应的图块名称清理掉；如果要清理特定的图块，可以在"清理"对话框的"块"选项上双击，并在展开的块树状图上选择相应的图块名称即可；如果要清理的对象包含嵌套块，则需要在"清理"对话框中启用"清理嵌套块"复选框。

9.3　块属性

插入图块时，通常需要附带一些文本类的非图形信息，如表面粗糙块中的粗糙度参数值。如果每次插入该类图块都进行分解修改操作，将极大地降低工作效率。这就需要在创建图块之前将这些文字赋予图块属性，从而增强图块的通用性。

9.3.1 创建块属性

块属性是附属于块的非图形信息，它是块的组成部分。块属性包含了组成块的名称、对象特征以及各种注释信息。如果某个图块带有属性，那么用户在插入该图块时可以根据具体情况，通过属性来为图块设置不同的文本信息。

1. 块属性的特点

一般情况下，通过定义的属性将其中附加块中，然后通过插入块操作，即可使块属性成为图形中的一部分。这样所创建的属性块将是由块标记、属性值、属性提示和默认值 4 个部分组成，其各自的功能如下。

(1) 块标记

每一个属性定义都有一个标记，就像每一个图层或线型都有自己的名称一样。属性标记实际上是属性定义的标识符，显示在属性的插入位置处。一般情况下，属性标记用于描述文本尺寸、文字样式和旋转度。

在属性标记中不能包含空格，并且两个名称相同的属性标记不能出现在同一个块定义中。属性标记仅在块定义前出现，在块被插入后将不再显示该标记。但是，如果当块参照被分解后，属性标记将重新显示，如图 9-19 所示。

插入块效果　　　　　　　　　　　块分解后显示的标记文字

图 9-19　块标记效果

(2) 属性值

在插入块参照时，属性实际上就是一些显示的字符串文本(如果属性的可见性模式没有设置为开)。无论可见与否，属性值都是直接附着于属性上的，并与块参照关联。这个属性值将来可被写入到数据库文件中。

图 9-20 所示的图形中为粗糙度符号和基准符号的属性值。如果要多次插入这些图块，则可以将这些属性值定义给相应的图块。在插入图块的同时，即可为其指定相应的属性值，从而避免了为图块进行多次文字标注的操作。

图 9-20　块属性值

(3) 属性提示

属性提示是在插入带有可变的或预置的属性值的块参照时，系统显示的提示信息。在定义属性的过程中，可以指定一个文本字符串，在插入块参照时该字符串将显示在提示符中，提示输入相应的属性值。

(4) 默认值

在定义属性时，可以指定一个属性的默认值。在插入块参照时，该默认值出现在提示后面的括号中。如果按下回车键，则该默认值会自动成为该提示的属性值。

2．创建带属性块

属性类似于商品的表情，包含图块所不能表达的一些文字信息，如型号、材料和制造者等。在 AutoCAD 中，为图块指定属性，并将属性与图块重新定义为一个新的图块后，该图块的特征将成为属性块。只有这样才可以对定义好的带属性的块执行插入、修改以及编辑等操作。属性必须依赖于块而存在，没有块就没有属性，并且通常属性必须预先定义而后选定。

用户在 AutoCAD 中创建图块后，在"块"选项板中单击"定义属性"按钮 ◇，将打开"属性定义"对话框，如图 9-21 所示。

图 9-21　打开"属性定义"对话框

"属性定义"对话框中各选项组所包含的选项含义如下。

- "模式"选项组：该选项组用于设置属性模式，如设置块属性值为一个常量或者默认的数值。"模式"选项组中包含"不可见"、"固定"、"验证"等选项。
- "属性"选项组：该选项组用于设置属性参数，其中包括标记、提示和默认值。在"标记"文本框中设置属性的显示标记；在"提示"文本框中设置属性的提示信息，以提醒用户指定属性值；在"默认"文本框中设置图块默认的属性值。
- "插入点"选项组：该选项组用于指定图块属性的显示位置。启用"在屏幕上指定"复选框，可以用鼠标在图形上指定属性值的位置；若禁用该复选框，可以在下面的坐标轴文本框中输入相应的坐标值来指定属性值在图块上的位置。
- "在上一个属性定义下对齐"复选框：启用该复选框将继承前一次定义的属性的部

分参数，如插入点、对齐方式、字体、字高和旋转角度等。"在上一个属性定义下对齐"复选框仅在当前图形文件中已有属性设置时有效。

● "文字设置"选项组：该选项组用于设置属性对齐方式、文字样式、高度和旋转角度等参数。"文字设置"选项组中包含"对正"、"文字样式"、"文字高度"和"旋转"等选项。

【练习 9-3】定义一个由新定义的文本信息替代原有文本的属性块。

(1) 在 AutoCAD 中创建图块后，在"块"选项板中单击"定义属性"按钮 ，打开"属性定义"对话框。

(2) 在"属性定义"对话框中启用"锁定位置"复选框，然后分别定义块的属性和文字格式，如图 9-22 所示。

(3) 单击"确定"按钮，然后在绘图区依次选取文字对齐放置的两个端点，将属性标记文字插入到当前视图中，如图 9-23 所示。

图 9-22   设置块属性   图 9-23   选取端点

(4) 利用"移动"工具将插入的属性文字向上移动至合适位置，如图 9-24 所示。

图 9-24   移动属性文字位置

(5) 在"块"选项板中单击"创建"按钮 创建，输入新建块的名称为"粗糙度"，然后框选组成块的对象，并单击"确定"按钮，如图 9-25 所示。

(6) 接下来，在绘图区中插入"粗糙度"图块时即可获得由新定义的文本信息替代原来文本的属性块，如图 9-26 所示。

图 9-25 创建带属性的粗糙度图块

图 9-26 插入新定义文本信息图块

9.3.2 编辑块属性

当块定义中包含属性定义时，属性(如数据和名称)将作为一种特殊的文本对象也一同被插入。此时可利用"编辑单个块属性"工具编辑之前定义的块属性设置，并利用"管理属性"工具将属性标记赋予新值，使之符合相似图形对象的设置要求。

1. 修改属性定义

在"块"选项板中单击"单个"按钮 ，然后选取一个插入的带属性的块特征，将打开"增强属性编辑器"对话框，在该对话框的"属性"选项卡中用户可以对当前的属性值进行相应的设置，如图 9-27 所示。

图 9-27 打开"增强属性编辑器"对话框

此外，在"增强属性编辑器"对话框中切换至"文字选项"选项卡，可以设置块的属性文字特性；切换至"特性"选项卡，可以设置块所在图层的各种特性，如图 9-28 所示。

图 9-28 设置块属性的文字和图层特性

2. 块属性管理器

块属性管理器工具主要用于重新设置属性定义的构成、文字特性和图形特征等属性。在"块"选项板中单击"属性,块属性管理器"按钮，将打开"块属性管理器"对话框，如图 9-29 所示。

在"块属性管理器"对话框中单击"编辑"按钮，将打开"编辑属性"对话框编辑块的不同属性。若用户单击对话框中的"设置"按钮，将打开"块属性设置"对话框，用户可以通过启用该对话框中"在列表中显示"选项组中的复选框，设置属性显示内容，如图 9-30 所示。

图 9-29 　"块属性管理器"对话框

图 9-30 　"块属性"设置

9.4　使用动态块

动态块就是将一系列内容相同或相近的图形通过块编辑器将图形创建为块，并设置块具有参数化的动态特性，通过自定义夹点或自定义特性来操作动态块。设置动态图块对于常规图块来说具有极大的灵活性和智能性，不仅提高了绘图的效率，同时也减小了图块库中的块数量。

9.4.1　创建动态块

要使块成为动态块，必须至少添加一个参数，然后添加一个动作，并使该动作与参数相关联。添加到块定义中的参数和动作类型定义了块参照在图形中的作用方式。

利用"块编辑器"工具可以创建动态块特征。块编辑器是一个专门的编写区域，用于添加能够使块成为动态的元素。用户可以使用块编辑器向当前图形存在的块定义中添加动态行为，或者编辑其中的动态行为，也可以使用编辑器创建新的块定义，就像在绘图区中一样创建几何图形。

要使用动态编辑器，在"块"选项板中单击"块编辑器"按钮，将打开"编辑块定义"对话框。该对话框中提供了可供编辑创建动态块的现有图块，选择一种块类型即可在对话框右侧的"预览"选项区域中预览块的效果，如图 9-31 所示。

　　此时，若单击"确定"按钮，将进入默认为灰色背景的绘图区域，该区域为专门的动态块创建区域，其左侧将自动打开一个"块编写"选项板，该选项板包含参数、动作、参数集和约束 4 个面板，如图 9-32 所示。使用"块编写"选项板中的不同选项，即可为块添加所需的各种参数和对应的动作。

图 9-31　"编辑块定义"对话框

图 9-32　"块编写"选项板

　　如果要创建一个完整的动态块，必须包括一个或多个参数以及该参数所对应的动作。当参数添加到动态块定义中后，夹点将添加到该参数的关键点。关键点是用于操作块参照的参数部分，如线性参数在其基点或端点具有关键点，拖动任一关键点即可操作参数的距离。

　　添加到动态块的参数类型决定了添加的夹点类型。每种参数类型仅支持特定类型的动作。表 9-1 所示列出了参数、夹点和动作的关系。

表 9-1　参数、夹点和动作的关系

参 数 类 型	夹 点 样 式	夹点在图形中的操作方式	可与参数关联的动作
点	正方形	平面内任意方向	移动、拉伸
线性	三角形	按规定方向或沿某一条轴移动	移动、缩放、拉伸、阵列
极轴	正方形	按规定方向或沿某一条轴移动	移动、缩放、拉伸、极轴拉伸、阵列
XY	正方形	按规定方向或沿某一条轴移动	移动、缩放、拉伸、阵列
旋转	圆点	围绕某一条轴旋转	旋转
对齐	五边形	平面内任意方向；如果在某个对象上移动，可使块参照与该对象对齐	无
翻转	箭头	单击以翻转动态块	翻转
查询	三角形	单击以显示项目列表	查询
基点	圆圈	平面内任意方向	无
可见性	三角形	平面内任意方向	无

9.4.2 创建块参数

在块编辑器中，参数的外观类似于标注，并且动态块的相关动作时完全依据参数进行的。在图块中添加的参数可以指定集合图形在参照中的位置、距离和角度等特性，其通过定义块的自定义特性来限制块的动作。

1. 点参数

点参数可以为块参数参照定义两个自定义特征：相对于块参照基点的位置 X 和位置 Y。如果向动态块定义添加点参数，点参数将追踪 X 和 Y 的坐标值。

在添加点参数时，默认的方式是指定点参数位置。在"块编写"选项板中单击"点"按钮 ，并在图块中选取点的确定位置(其外观类似于坐标标注)，然后对其添加移动动作测试，如图 9-33 所示。

添加点参数   拖动点至另一夹点

图 9-33   添加点参数

2. 线性参数

线性参数可以显示两个固定点的距离，其外观类似于对齐标注。如果对其添加相应的拉伸、移动等动作，则约束夹点可以沿预置角度移动，如图 9-34 所示。

添加线性参数   拖动夹点沿线性移动

图 9-34   添加线性参数并移动图块

3. 极轴参数

极轴参数可以显示出两个固定点之间的距离并显示角度值，其外观类似于对齐标注。如果对其添加相应的拉伸、移动等动作，则约束夹点可以沿着预置角度移动，效果如图 9-35 所示。

添加极轴参数　　　　　　　　　　　　拖动夹点沿极轴移动

图 9-35　添加极轴参数并移动图块

4. XY 参数

XY 参数显示出距参数基点的 X 距离和 Y 距离，其外观类似于水平和垂直两种标注方式。如果对其添加拉伸动作，则可以将其进行拉伸动态测试，效果如图 9-36 所示。

添加 XY 参数　　　　　　　　　　　　动态测试

图 9-36　添加 XY 参数并进行动态测试

5. 旋转参数

旋转参数可以定义块的旋转角度，它仅支持旋转动作。在块编辑窗口，它显示为一个圆。其一般操作步骤为：首先指定参数半径，然后指定旋转角度，最后指定标签位置。如果为其添加旋转动作，则动态旋转效果如图 9-37 所示。

添加旋转参数　　　　　　　　　　　　旋转测试效果

图 9-37　添加旋转参数并进行动态测试

6. 对齐参数

对齐参数可以定义 X 和 Y 位置以及一个角度，可以直接影响块参照的旋转特性。对齐参数允许块参照自动围绕一个点旋转，以便与图形中另一对象对齐。它一般应用于整个块对象，并且无须与任何动作相关联。

要添加对齐参数，单击"对齐"按钮，并依据提示选取对齐的基点即可，保存该定义块，并通过夹点来观察动态测试效果，如图 9-38 所示。

添加对齐参数　　　　　　　　　　拖动夹点

图 9-38　添加对齐参数并进行动态测试

7. 翻转参数

翻转参数可以定义块参照的自定义翻转特性，它仅支持翻转动作。在块编辑窗口，其显示为一条投影线，即系统围绕这条投影线翻转对象。如图 9-39 所示，单击投影线下方的箭头，即可将图块进行相应的翻转操作。

添加翻转参数　　　　　　　　　　翻转效果

图 9-39　添加翻转参数并进行动态测试

8. 查寻参数

查寻参数可以定义一个列表，列表中的值是用户自定义的特性，在块编辑窗口显示为带有关联夹点的文字，并且查寻参数可以与单个查寻动作相关联。关闭块编辑窗口时，用户可以通过夹点显示可用值的列表，或在"特性"选项板中修改该参数自定义特性的值，效果如图 9-40 所示。

添加查寻参数　　　　　　查看特性列表　　　　　　添加查寻的特性

图 9-40　添加查寻参数并进行动态测试

9. 基点参数

基点参数可以相对于该块中的集合图形定义一个基点，在块编辑窗口中显示为带有十字光标的圆。该参数无法与任何动作相关联，但可以归属于某个动作的选择集。

10. 可见性参数

可见性参数可以控制对象在块中的可见性，在块编辑窗口中显示为带有关联夹点的文字。可见性参数总是应用于整个块，并且不需要与任何动作相关联。

9.4.3　创建块动作

添加块动作指的是根据在图形块中添加的参数而设定的相应动作，它用于在图形中自定义动态块的动作特性。此特性决定了动态块将在操作过程中做何种修改，且通常情况下，动态图块至少包含一个动作。

一般情况下，由于添加的块动作与参数上的关键点和集合图形相关联，所以在向动态块中添加动作前，必须先添加与该动作相对应的参数。关键点是参数上的点，编辑参数时该点将会与动作相关联，与动作相关联后的几何图形称为选择集。

1. 移动动作

移动动作与二维绘图中的移动操作类似，在动态块测试中，移动动作会使对象按定义的距离和角度进行移动。在编辑动态块时，移动动作与点参数、线性参数、极轴参数和 XY 轴参数相关联，效果如图 9-41 所示。

添加线性参数和移动动作　　　　　　　　　　　　测试效果

图 9-41　添加移动动作并测试

2. 缩放动作

缩放动作与二维绘图中的缩放操作类似，它可以与线性参数、极轴参数和 XY 参数相关联，并且相关联的是整个参数，而不是参数上的关键点。在动态块测试中，通过移动夹点或使用"特性"选项板编辑关联参数，缩放动作会使块的选择集进行缩放，效果如图 9-42 所示。

添加线性参数和缩放动作　　　　　　　测试效果

图 9-42　添加缩放动作并测试

3. 拉伸动作

拉伸动作与二维绘图中的拉伸操作类似，在动态块拉伸测试中，拉伸动作将使对象按指定的距离和位置进行移动和拉伸。与拉伸动作相关联的有点参数、线性参数、极轴参数和 XY 轴参数。

将拉伸动作与某个参数相关联后，可以为该拉伸动作指定一个拉伸框，然后为拉伸动作的选择集选取对象。拉伸框决定了框内部或与框相交的对象在块参照中的编辑方式，效果如图 9-43 所示。

添加拉伸框　　　　　　　　　　　动态拉伸测试

图 9-43　添加拉伸动作并测试

4. 极轴拉伸动作

在动态块测试中，极轴拉伸动作与拉伸动作相似。极轴拉伸动作不仅可以按角度和距离移动和拉伸对象，还可以将对象旋转，但它一般只能与极轴参数相关联。

在定义该动态图块时，极轴拉伸动作拉伸部分的基点是与关键点相对的参数点。关联后可以指定该轴拉伸动作的拉伸框，然后选取要拉伸的对象和要旋转的对象组成选择集，效果如图 9-44 所示。

拉伸框　　　　　　　　　　　　测试效果

图 9-44　添加极轴拉伸动作并测试

5. 旋转动作

旋转动作与二维绘图中的旋转操作类似，在定义动态块时，旋转动作只能与旋转参数相关联。与旋转动作相关的是整个参数，而不是参数上的关键点。图 9-45 所示为拖动夹点进行旋转操作，测试旋转动作效果。

添加旋转动作　　　　　　　　　　动态旋转测试

图 9-45　添加旋转动作并测试

6. 翻转动作

使用翻转动作可以围绕指定的轴(或投影线)，翻转定义的动态块参照。它一般只能与翻转参数相关联，其效果相当于二维绘图中的镜像复制。

7. 阵列动作

在进行阵列动态块测试时，通过夹点或"特性"选项板可以使其关联对象进行复制，并按照矩形样式阵列。在动态块定义中，阵列动作可以与线性参数、极轴参数和 XY 参数中的任意一个相关联。

如果将阵列动作与线性参数相关联，则用户可以指定阵列对象的列偏移，即阵列对象之间的距离。添加的参数直接决定阵列的数量，即阵列对象必须完全在添加的参数之内，效果如图 9-46 所示。

添加阵列动作　　　　　　　　　　　　　　动态阵列测试效果

图 9-46　添加阵列动作并测试

8. 查询动作

要向动态定义块中添加查寻动作，必须和查寻参数相关联。在添加查寻动作时，它通过自定义的特性列表创建查寻参数，使用查寻表将自定义特性和值指定给动态块，效果如图 9-47 所示。

自定义特性列表　　　　　　　　　　　查寻自定义特性和值

图 9-47　添加查寻动作并测试

9.4.4　使用参数集

使用参数集可以向动态块添加成对的参数与动作。添加参数集与添加参数所使用的方法相同，并且参数集中包含的动作将自动添加到块定义中，并与添加的参数相关联。

当第一次向动态块定义添加参数集时，与添加参数一样，每个动作旁边都会显示一个黄色的警告图标，这表示还需要将选择集与动作相关联。用户可以双击该黄色警示图标，然后按照命令行上的提示将动作与选择集相关联。表 9-2 所示为参数集所包含的参数与相关联的动作以及所带有的夹点数。

表 9-2 参数集动作与夹点数

参 数 集	含有的参数	关 联 动 作	夹 点 数
点移动	线性参数	移动动作	1
线性移动	线性参数	移动动作	1
线性拉伸	线性参数	拉伸动作	1
线性阵列	线性参数	阵列动作	1
线性移动配对	线性参数	移动动作	2
线性拉伸配对	线性参数	拉伸动作	2
极轴移动	极轴参数	移动动作	1
极轴拉伸	极轴参数	拉伸动作	1
环形阵列	极轴参数	阵列动作	1
极轴移动配对	极轴参数	移动动作	2
极轴拉伸配对	极轴参数	拉伸动作	2
XY 移动	XY 参数	移动动作	1
XY 移动配对	XY 参数	移动动作	2
XY 移动方格集	XY 参数	移动动作	4
XY 拉伸方格集	XY 参数	拉伸动作	4
XY 阵列方格集	XY 参数	阵列动作	4
旋转集	旋转参数	旋转动作	1
翻转集	翻转参数	翻转动作	1
可见性集	可见性参数	无	1
查寻集	查寻参数	查寻动作	1

9.5 使用外部参照

块主要针对小型的图形重复使用，而外部参照则提供了一种比图块更为灵活的图形引用方法，即使用"外部参照"功能可以将多个图形链接到当前图形中，并且包含外部参照的图形会随着原图形的修改而自动更新，这是一种重要的共享数据的方式。

9.5.1 附着外部参照

附着外部参照的目的是帮助用户用其他的图形来补充当前图形，主要用于在需要附着一个新的外部参照文件，或将一个已附着的外部参照文件的副本附着在文件中。执行附着外部参照操作，用户可以将以下几种格式的文件附着至当前图形中。

1. 附着 DWG 文件

执行附着外部参照操作，其目的是帮助用户用其他图形来补充当前图形，主要用在需要附着一个新的外部参照文件，或将一个已附着的外部参照文件的副本附着文件。

切换至"插入"选项卡，在"参照"选项板中单击"附着"按钮，此时将打开"选择参照文件"对话框，如图 9-48 所示。接下来，在该对话框的"文件类型"下拉列表中选择"图形"选项，并指定附着文件，单击"打开"按钮，将打开"附着外部参照"对话框，如图 9-50 所示。

图 9-48　"选择参照文件"对话框　　　　　　图 9-49　"附着外部参照"选项板

在"附着外部参照"对话框中设置参照类型和路径类型后，单击"确定"按钮，外部参照文件将显示在当前图形中。接下来，指定插入点即可将参照文件添加至图形中，如图 9-50 所示。

图 9-50　附着 DWG 文件

从图 9-50 中可以看出，在图形中插入外部参照的方法与插入块的方法相同，只是"附着外部参照"对话框增加了"参照类型"和"路径类型"两个选项组，其各自的功能如下。

- "参照类型"选项组：在该选项组中可以选择外部参照类型。选择"附着型"单选按钮，如果参照图形中仍包含外部参照，则在执行该操作后，都将附着在当前图形中，即显示嵌套参照中的嵌套内容；如果选择"覆盖型"单选按钮，将不显示嵌套参照中的嵌套内容。
- "路径类型"下拉列表：将指定图形作为外部参照附着到当前主体时，可以使用"路径类型"下拉列表中的"完整路径"、"相对路径"和"无路径"3 种路径类型附着该图形。其中，选择"完整路径"外部参照的精确位置将保存到该图形中；选择"相对路径"附着外部参照将保存外部参照相对于当前图形的位置；选择"无路径"可以直接查找外部参照。

2. 附着图像文件

使用"外部参照"选项板操作能够将图像文件附着到当前文件中，对当前图形进行辅助说明。单击"附着"按钮，在打开的对话框的"文件类型"下拉列表中选中"所有图形文件"选项，并指定附着的图像文件，然后单击"打开"按钮，将打开"附着图像"对话框，在该对话框中单击"确定"按钮，即可将图像文件附着在当前图形中，效果如图 9-51 所示。

图 9-51　附着图像文件

3. 附着 DWF 文件

DWF 文件是一种从 DWG 文件创建的高度压缩的文件格式，该文件易于在 Web 上发布和查看，并且支持实时平移和缩放以及对图层显示与命名视图显示的控制。

单击"附着"按钮，在打开对话框的"文件类型"下拉列表中选择"DWF 文件"选项，然后指定附着的 DWF 文件，并单击"打开"按钮。接下来在打开的"附着 DWF"对话框中单击"确定"按钮，指定文件在当前图形的插入点和插入比例，即可将 DWF 文件附着在当前图形中。

4. 附着 DGN 文件

DGN 格式文件是 MicroStation 绘图软件生成的文件，该文件格式对精度、层数以及文件与单元的大小并不限制。另外，该文件中的数据都是经过快速优化、检验并压缩的，有利于节省网络带宽和存储空间。

单击"附着"按钮，在打开的对话框的"文件类型"下拉列表中选择"所有 DGN 文件"选项，然后指定附着的 DGN 文件，并单击"打开"按钮。接下来，在打开的对话框中单击"确定"按钮，指定文件在当前图形的插入点和插入比例，即可将 DGN 文件附着在当前图形中。

5. 附着 PDF 文件

PDF 格式文件是一种非常通用的阅读格式，而且 PDF 文档的打印和普通 Word 文档的打印一样简单。由于此类文件格式通用并安全，所以图纸的存档和外发加工一般使用 PDF 格式。

单击"附着"按钮，在打开的对话框的"文件类型"下拉列表中选择"PDF 文件"选项，然后指定附着的 PDF 文件，并单击"打开"按钮。接下来，在打开的对话框中单击"确定"按钮，指定文件在当前图形的插入点和插入比例，即可将 PDF 文件附着在当前图形中。

9.5.2　编辑外部参照

当附着外部参照后，外部参照的参照类型(附着或覆盖)和名称等内容并非无法修改和编辑，利用"编辑参照"工具可以对各种外部参照执行编辑操作。

在"参照"选项板中单击"编辑参照"按钮，选择待编辑的外部参照，此时将打开"参照编辑"对话框，如图 9-52 所示。

"参照编辑"对话框中两个选项卡的含义分别如下。

- "标识参照"选项卡：该选项卡为标识要编辑的参照提供形象化的辅助工具，如图 9-52 所示，其不仅能够控制选择参照的方式，还可以指定要编辑的参照。如果选择的对象是一个或多个嵌套参照的一部分，则该嵌套参照将显示在对话框中。
- "设置"选项卡：该选项卡为编辑参照提供所需的选项，如图 9-53 所示，共包含"创建唯一图层、样式和块名"、"显示属性定义以供编辑"和"锁定在工作集中的对象"3 个复选框。

图 9-52　"参照编辑"对话框　　　　　　　图 9-53　打开"设置"选项卡

9.5.3　剪裁外部参照

"参照"选项板中的"裁剪"工具可以剪裁多种对象，包括外部参照、图像或 DWF 文件格式等。通过这些剪裁操作，用户可以控制所需信息的显示。直线剪裁操作并非真正修改这些参照，而是将其隐藏显示，同时可以根据设计需要，定义前向剪裁平面或后向剪裁平面。

在"参照"选项板中单击"剪裁"按钮，选取要剪裁的外部参照对象，此时命令行将显示"[开(ON)/关(OFF)/剪裁深度(C)/删除(D)/生成多段线(P)/新建边界(N)]<新建边界>："的提示信息，选择不同的选项将获取不同的剪裁效果，如图 9-54 所示。

图 9-54 剪裁外部参照

9.5.4 管理外部参照

在 AutoCAD 中，用户可以在"外部参照"选项板中对附着或剪裁的外部参照进行编辑和管理。单击"参照"选项板右下角的箭头按钮，将打开"外部参照"选项板，如图 9-55 所示。在该选项板的"文件参照"列表框中显示了当前图形中各个外部参照文件名称、状态、大小和类型等内容。

图 9-55 显示"外部参照"选项板

此时，在列表框的文件上右击，将打开快捷菜单，该菜单中各个命令的含义如下。

● "打开"命令：选择该命令，可以在新建的窗口中打开选定的外部参照进行编辑。

● "附着"命令：选择该命令，将根据所选择文件对象打开相应的对话框，在该对话框中选择需要插入到当前图形中的外部参照文件。

● "卸载"命令：选择该命令，可以从当前图形中移走不需要的外部参照文件，但移走的文件仍保留该参照文件的路径。

● "重载"命令：对于已经卸载的外部参照文件，如果需要再次参照该文件，可以选择"重载"命令将其更新到当前图形中。

● "拆离"命令：选择该命令，可以从当前图形中移除不需要的外部参照文件。

● "绑定"命令：该命令对于具有绑定功能的参照文件有可操作性。选择"绑定"命令，可以将外部参照文件转换为一个正常的块。

9.6　使用 AutoCAD 设计中心

　　AutoCAD 设计中心(AutoCAD DesignCenter，简称 ADC)为用户提供了一个直观、高效的工具，它与 Windows 资源管理器类似。在快速访问工具栏中选择"显示菜单栏"命令，在弹出的菜单中选择"工具"|"选项板"|"设计中心"命令，可以打开"设计中心"选项板，如图 9-56 所示。

图 9-56　"设计中心"选项板

9.6.1　设计中心的功能

　　利用设计中心功能，不仅可以浏览、查找和管理 AutoCAD 图形等不同资源，而只需要拖动鼠标，就能轻松地将一张设计图纸中的图层、图块、文字样式、标注样式、线框、布局及图形等复制到当前图形文件中。

　　在"视图"选项卡的"选项板"选项板中单击"设计中心"按钮，将打开"设计中心"选项板所示。在"设计中心"选项板中，用户可以反复利用和共享图形，该选项中各选项卡和按钮的功能如下。

1. 选项卡操作

　　在 AutoCAD 设计中心中，用户可以在"文件夹"、"打开的图形"和"历史记录"等 3 个选项卡间进行任意切换，各选项卡参数设置的方法如下。

　　(1)"文件夹"选项卡

　　"文件夹"选项卡显示设计中心的资源，包括显示计算机或网络驱动器中文件和文件夹的层次结构。要使用该选项卡调出图形文件，用户可以在"文件夹列表"列表框中指定文件的路径，对话框右侧将显示图形的预览信息，如图 9-57 所示。

　　(2)"打开的图形"选项卡

　　"打开的图形"选项卡用于显示当前已打开的所有图形，并在右方的列表框中列出了图形中包括的块、图层、线型、文字样式、标注样式和打印样式等。单击某个图形文件，并在右侧的列表框中选择一个定义表，然后进入该表后双击所需的加载类型，即可将其加载到当前图形中。例如，选择"图层"选项后，双击"点划线"图标即可将"点划线"图层加载到当前图形中，如图 9-58 所示。

图 9-57　"文件夹"选项卡

图 9-58　　"打开的图形"选项卡

(3) "历史记录"选项卡

在"历史记录"选项卡中显示最近在设计中打开的文件列表，双击列表中的某个图形文件，可以在"文件夹"选项卡的树状视图中定位该图形文件，并在右侧的列表框中显示图形的各个定义表，如图 9-59 所示。

图 9-59　　"历史记录"选项卡

2. 按钮操作

在"设计中心"选项板最上方一行排列有多个按钮图标，可以执行刷新、切换、搜索、浏览和说明等操作。这些按钮对应的功能可以参考表 9-3 所示。

表 9-3　　"设计中心"窗口图标的功能

按 钮 名 称	功　　　能
加载	单击该按钮，将打开"加载"对话框，用户可以浏览本地、网络驱动器或 Web 上的文件，并选择相应的文件加载到指定的内容区域
上一页	单击该按钮，将返回到历史记录列表中最近一次的位置
下一页	单击该按钮，将返回到历史记录列表中下一次的记录
上一级	单击该按钮，将显示上一级内容
搜索	单击该按钮，将显示"搜索"对话框。用户可以从中指定搜索条件，以便在图形中查找图形、块和非图形对象
收藏夹	单击该按钮，在内容区中将显示"收藏夹"文件夹中的内容

（续表）

按 钮 名 称	功　　　能
主页🏠	单击该按钮，设计中心将返回到默认文件夹。安装时，默认文件夹被设置为…\Sample\Design Center，可以使用树状图中的快捷菜单更改默认文件
树状图切换	单击该按钮，可以显示和隐藏树状视图
预览	单击该按钮，可以显示和隐藏内容区窗格中选定项目的预览。如果选定项目没有保存的预览图像，"预览"区域将为空
说明	单击该按钮，可以显示和隐藏内容区窗格中选定项目的文字说明，如果选定项目没有保存说明，"说明"区域将为空
视图 ▾	单击该按钮，可以为加载到内容区中的内容提供不同的显示格式

9.6.2　使用设计中心查找功能

使用 AutoCAD 设计中心的查找功能，可通过单击里面的搜索按钮打开"搜索"对话框，快速查找诸如图形、块、图层及尺寸样式等图形内容或设置。

在"搜索"对话框中，可以设置条件来缩小搜索范围，或者搜索块定义说明中的文字和其他任何"图形属性"对话框中指定的字段。例如，若不记得将块保存在图形中还是保存为单独的图形，则可以选择搜索图形和块。

当"搜索"下拉列表中选择的对象不同时，对话框中显示的选项卡也将不同。例如，当选择了"图形"选项时，"搜索"对话框中将包含以下 3 个选项卡，可以在每个选项卡中设置不同的搜索条件。

- "图形"选项卡：使用该选项卡可提供按"文件名"、"标题"、"主题"、"作者"或"关键字"查找图形文件的条件，如图 9-60 所示。
- "修改日期"选项卡：指定图形文件创建或上一次修改的日期或指定日期范围。默认情况下不指定日期，如图 9-61 所示。

图 9-60　"图形"选项卡

图 9-61　"修改日期"选项卡

- "高级"选项卡：指定其他搜索参数，如图 9-62 所示。例如，可以输入文字进行搜索，查找包含特定文字的块定义名称、属性或图形说明。还可以在该选项卡中指定搜索文件的大小范围。例如，如果在【大小】下拉列表中选择【至少】选项，并在其后的文本框中输入 50，则表示查找大小为 50KB 以上的文件。

图 9-62　"高级"选项卡

9.6.3　使用设计中心的图形

使用 AutoCAD 设计中心，可以方便地在当前图形中插入块，引用光栅图像及外部参照，在图形之间复制块、复制图层、线型、文字样式、标注样式以及用户定义的内容等。

1. 插入块

通常，在直线插入块操作时根据设计需要可以选择自动换算插入比例，或者选择在插入时确定插入点、插入比例和旋转角度。

(1) 常规插入块

选择该方法插入块时，选取要插入的图形文件并右击，在打开的快捷菜单中选中"插入块"命令，此时将打开"插入"对话框，如图 9-63 所示，在该对话框中用户可以设置块的插入点坐标、缩放比例和旋转角度等参数。

(2) 自动换算比例插入块

选择该放入插入块时，可以从设计中心窗口中选择要插入的块并拖动到绘图窗口。当移动到插入位置时释放鼠标，即可实现块的插入。如此，系统将按照"选项"对话框的"用户系统配置"选项卡中确定的单位，自动转换插入比例。此外，如果插入属性块，系统将允许修改属性参数。

图 9-63　常规插入块

2. 复制对象

复制对象可以将选定的块、图层、标注样式等内容复制到当前图形中。只需选中某个块、图层或标注样式并将其拖动到当前图形，即可获得复制对象效果。

如图 9-64 所示，选择"图层"选项并指定 dim 图层，将其拖动到当前绘图区中，释放鼠标即将 dim 图层复制到当前图形中。

图 9-64　将选定的图层复制到当前图形中

3. 以动态块形式插入图形文件

要以动态块形式在当前图形中插入外部图形文件时，只需要通过右击在弹出的快捷菜单中选择"块编辑器"命令即可。此时系统将打开"块编辑器"对话框，用户可以在该对话框中将选中的图形创建为动态图块。

4. 引入外部参照

在"设计中心"对话框的"打开的图形"选项卡中选择外部参照，并将其拖动到绘图窗口后释放。然后在打开的快捷菜单中选择"附着为外部参照"命令，即可按照插入块的方法指定插入点、插入比例和旋转角度插入该参照。

9.7　思考练习

1. 在 AutoCAD 中，块具有哪些特点？如何创建块？

2. 在 AutoCAD 中，块属性具有哪些特点？如何创建带属性的块？

3. 简述外部参照和块的区别。

4. 在 AutoCAD 2016 中，使用"设计中心"窗口主要可以完成哪些操作？

5. 绘制图形，并将其定义成块(块名为 Mytype)，然后在图形中以不同的比例、旋转角度插入该块。

第10章　三维绘图基础

三维模型是对三维形体的空间描述，可以直观地表达产品的设计效果。目前，三维图形的绘制广泛应用在工程设计和绘图过程中。使用 AutoCAD 三维建模空间提供的各种视点观察工具、坐标系定位工具以及各种控制视觉样式的工具，可以全方位辅助零件建模。本章将介绍三维建模、视图视口、三维坐标系等相关基础知识。

10.1　认识三维建模

传统的二维绘图设计需要通过投影图来想象其立体形状，这样给实际的交流和生产带来了极大的不便。从平面到三维造型技术，是一个质的飞跃，可以使用户在模拟的三维空间随心所欲地直接创建立体模型，从而更加形象、逼真地传达设计者的设计意图。

10.1.1　三维模型分类

三维模型是二维投影图立体形状的间接表达。使用计算机绘制的三维图形成为三维集合模型，它比二维模型更加接近真实的对象。在 AutoCAD 中，要创建三维模型首先必须进入三维建模空间，如图 10-1 所示，在该空间内用户可以创建线框模型、曲面模型和实体模型 3 种类型的三维模型。

图 10-1　切换三维建模空间

1. 线框模型

线框模型没有面和体的特征，仅是三维对象的轮廓。由点、直线和曲线等对象组成，不能进行消隐和渲染等操作。创建对象的三维线框模型，实际上是在空间的不同平面上绘制二维对象。由于构成该类模型的每个对象都必须单独绘制，此类建模方式比较耗时，如

图 10-2 所示。

图 10-2　线框模型

2. 曲面模型

曲面模型既定义了三维对象的边界，又定义了其表面。AutoCAD 用多边形代表各个小的平面。而这些小平面组合在一起构成了曲面，即网格表面。网格表面只是真实曲面的近似表达。曲面模型可以进行消隐和渲染等操作，但不具有体积和质心等特征，如图 10-3 所示。

3. 实体模型

三维实体具有线、面和体积等特征，可以进行消隐和渲染等操作，并且包含体积、质心和转动惯量等质量特性。用户可以直接创建长方体、球体和锥体等基本实体，还可以通过旋转或拉伸二维对象创建三维实体。此外三维实体间还可以进行布尔运算，创建更加复杂的立体模型，如图 10-4 所示。

图 10-3　曲面模型　　　　　　　　　图 10-4　实体模型

10.1.2　三维建模术语

三维实体模型需要在三维实体坐标系下进行描述，在三维坐标系下，可以使用直角坐标或极坐标方法来定义点。此外，在绘制三维图形时，还可以使用柱坐标和球坐标来定义点。在创建三维实体模型前，应先了解下面的一些基本术语。

- XY 平面：它是 X 轴垂直于 Y 轴组成的一个平面，此时 Z 轴的坐标是 0。
- Z 轴：Z 轴是一个三维坐标系的第三轴，它总是垂直于 XY 平面。
- 高度：高度主要是 Z 轴上坐标值。
- 厚度：主要是 Z 轴的长度。

- 相机位置：在观察三维模型时，相机的位置相当于视点。
- 目标点：当用户眼睛通过照相机看某物体时，用户聚焦在一个清晰点上，该点就是所谓的目标点。
- 视线：假想的线，它是将视点和目标点连接起来的线。
- 和 XY 平面的夹角：即视线与其在 XY 平面的投影线之间的夹角。
- XY 平面角度：即视线在 XY 平面的投影线与 X 轴之间的夹角。

10.2　视图与视口

创建三维模型时，常常需要从不同的方向观察模型。当用户设定某个查看方向后，AutoCAD 将显示出对应的 3D 视图，具有立体感的 3D 视图将有助于用户正确理解模型的空间结构。另外，在创建复杂的二维图形和三维模型时，为了便于同时观察图形的不同部分或三维模型的不同侧面，可以将绘图区域划分为多个视口。

10.2.1　平面视图

使用 PLAN 命令可以创建坐标系的 XY 平面视图，即视点位于坐标系的 Z 轴上(该命令在三维建模过程中非常有用)。当用户需要在三维空间中的某个面上绘图时，可以先以该平面为 XY 坐标创建坐标系，然后利用 PLAN 命令使坐标系的 XY 平面显示在屏幕上，即可在三维空间的平面上绘图。

PLAN 命令常用在一些与标准视点视图不平行的(即倾斜的)实体上绘图。在此类倾斜面上作图，首先需要利用“坐标”选项板上的“三点”工具 将当前坐标系的 XY 平面调整至该斜平面。如图 10-5 所示为依次指定的 3 个端点 A、B 和 C，调整坐标系。

在命令行中输入 PLAN 指令，然后按下回车键，并在打开的快捷菜单中选中“当前 UCS”命令，即可将当前视图切换至与该端面平行，如图 10-6 所示。

图 10-5　调整坐标系的 XY 平面　　　　图 10-6　创建平面视图

10.2.2　设置视图

在三维操作环境中，用户可以通过指定正交和轴测视点观测当前模型。其中，正交视图是从坐标系统的正交方向观测所得到的视图；而轴测视图则是从坐标系统的轴测方向观测所获得的视图。指定这两类视图的方法主要有以下两种。

1. 利用选项板工具设置视图

在"三维建模"空间中展开"常用"选项卡，然后在"视图"选项板中选择"三维导航"选项，并在打开的下拉列表中选择指定的选项，即可切换至相应的视图模式，如图 10-7 所示。

图 10-7　利用选项板工具设置视图

2. 利用三维导航器设置视图

在"三维建模"空间中使用三维导航器工具可以切换各种正交或轴测视图模式，可以自由切换 6 种正交视图、8 种正等轴测视图和 8 种斜等轴测视图。利用三维导航工具可以根据需要快速地调整视图的显示方式，该导航工具以非常直观的 3D 导航立方体显示在绘图区中，单击导航器工具图标的各个位置将显示不同的视图效果，如图 10-8 所示。

图 10-8　利用导航工具查看视图

注意：

三维导航器图标的显示方式可以修改。右击该图标左上方的按钮，在弹出的菜单中选中"ViewCube 设置"命令，将打开"ViewCube 设置"对话框，在该对话框中用户可以对导航器进行设置。

10.2.3　新建视口

视口就是视图所在的窗口。在创建复杂的二维图形和三维模型时，为了便于同时观察图形的不同部分或三维模型的不同侧面，可以将绘图区域划分为多个视口。在 AutoCAD 中，视口可以分为平铺视口和浮动视口两种。

1. 创建平铺视口

平铺视口是在模型空间中创建的视口，各视口间必须相邻，视口只能为标准的矩形，并且无法调整视口的边界。

在"视图"选项卡的"模型视口"选项板中单击"命名"按钮，然后在打开的"视口"对话框中切换至"新建视口"选项卡，即可在该选项卡中设置视口的个数、每个视口中的视图方向以及各视图对应的视觉样式。如图 10-9 所示为创建 4 个相等视口效果。

图 10-9　创建平铺视口

"新建视口"选项卡中各选项的功能如下。

- "应用于"下拉列表：该下拉列表包含"显示"和"当前视口"两个选项，用于指定设置是应用于整个显示还是当前视口。如果要创建多个三维平铺视口，可以选择"当前视口"选项，视图将以当前视口显示。
- "新名称"文本框：输入创建当前视口的名称。这样添加有明显的文字标记，可以方便调用。
- "设置"下拉列表：该下拉列表中包括"二维"和"三维"两个选项。选择"三维"选项可以进一步设置主视图、俯视图和轴测图等；选择"二维"选项只能使用当前设置。
- "修改视图"下拉列表：在该下拉列表中设置要修改视图的方向。该下拉列表的选项与"设置"下拉列表选项相关。
- "视觉样式"列表框：在"预览"列表框中指定相应的视口，即可在该列表框中设置该视口的视觉样式。

2. 创建浮动视口

在布局空间创建的视口为浮动视口，其形状可以是矩形、任意多边形或圆等，相互之间可以重叠并能同时打印，并且可以调整视口的边界形状。浮动视口的创建方法与平铺视口相同，在创建浮动视口时，只需指定创建浮动视口的区域即可。

(1) 创建矩形浮动视口

要创建矩形浮动视口，首先应切换至布局空间，然后选择"视图"|"视口"|"新建视口"命令，然后在打开的"视口"对话框中选中要创建的视口个数。接下来，依次指定两个对角点确定视口的区域，并在各个视口中将对象调整至相应的视图方向，即可完成浮动视口的创建。

(2) 创建任意多边形浮动视口

创建该类特殊形状的浮动视口时，可以使用一般的绘图方法在布局空间中绘制任意形状的闭合线框作为浮动视口的边界。

选择"视图"|"视口"|"多边形"命令，然后依次指定多个点绘制一个闭合的多边形，并按下回车键，即可创建多边形浮动视口，如图 10-10 所示。

图 10-10　创建多边形浮动视口

(3) 创建对象浮动视口

在布局空间中可以将图纸绘制的封闭多段线、圆、面域、样条曲线或椭圆等对象设置为视口边界。

选择"视图"|"视口"|"对象"命令，然后在图纸中选择封闭曲线对象，即可创建对象浮动视口，效果如图 10-11 所示。

图 10-11　创建对象浮动视口

10.2.4　调整视口

在模型和布局空间中，视口和一般的图形对象相似，均可以使用一般图形的绘制和编辑方法，分别对各个视口进行相应的调整、合并和旋转灯操作。

1. 使用夹点调整浮动视口

首先单击视口边界线，此时在视口的外框上将出现 4 个夹点，拖动夹点到合适的位置即可调整视口，效果如图 10-12 所示。

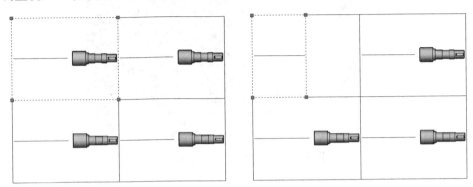

图 10-12　拖动夹点调整浮动视口边界

2. 合并视口

合并视口只能在模型空间中进行，如果两个相邻的视图需要合并为一个视图，就要用到"合并视口"工具。

在"模型视口"选项板中单击"合并视口"按钮，然后依次选取主视口和要合并的视口，此时系统将以第一次选取的视口占据第二次选取的视口，效果如图 10-13 所示。

图 10-13　合并视口

3. 缩放视口

如果在布局空间中的浮动视口存在多个视口，就可以对这些视口中的视图建立统一的缩放比例，以便于对视图的大小进行调整。

选取一浮动视口的边界并右击，在打开的快捷菜单中选择"特性"命令，然后在打开的"特性"面板的"标准比例"下拉列表中选择所需的比例。接着对其余的浮动视口执行相同的操作，即可将所有的浮动视口设置为统一的缩放比例，效果如图 10-14 所示。

图 10-14　设置浮动视口缩放比例

4. 旋转视口

在浮动视口的单个视口中，如果存在多个图形对象，并要对所有的图形对象进行旋转操作时，可以在命令行中输入指令 **MVSETUP**，然后即可对所选浮动视口中的所有图形对象进行整体旋转。在命令行中输入该指令，然后根据命令行提示指定对齐方式为旋转，并依次指定旋转基点和旋转角度，即可完成浮动窗口中对图形对象的旋转操作。

10.3　三维坐标系

在构造三维模型时，经常需要使用指定的坐标系作为参照，以便精确地绘制或定位某个对象，或者通过调整坐标系到不同的访问来完成特定的任务。此外，在 AutoCAD 中大多数的三维编辑命令都依赖于坐标系统的位置和方向进行操作，因此可以说三维建模离不开三维坐标系。

10.3.1　三维坐标系基础

三维空间内的所有几何物体，无论其形状多么复杂，归根到底，都是许多空间点的集合。有了三维空间的坐标系统，三维造型就成为可能。因此，三维坐标系统是确定三维对象位置的基本手段，是研究三维空间的基础。

1. 三维坐标系类型

在三维环境中与 XY 平面坐标系统相比，三维世界坐标系统多了一个数轴 Z。增加的数轴 Z 给坐标系统多规定了一个自由度，并和原来的两个自由度(X 和 Y)一起构成了三维坐标系统，简称三维坐标系。在 AutoCAD 中提供了以下 3 种三维坐标系类型。

(1) 三维笛卡尔坐标系

笛卡尔坐标系是由相互垂直的 X 轴、Y 轴和 Z 轴 3 个坐标轴组成的。它是利用这 3 个相互垂直的轴来确定三维空间的点，图中的每个位置都可由相对于原点的(0,0,0)坐标点来表示。三维笛卡尔坐标使用 X、Y 和 Z 这 3 个坐标轴来精确地指定对象位置。输入三维笛卡尔坐标值(X、Y、Z)类似于输入二维坐标值(X、Y)，除了指定 X 和 Y 值外，还需要指定 Z 值。

使用三维笛卡尔坐标时，可以输入基于原点的绝对坐标值，也可以输入基于上一输入点的相对坐标值。如果要输入相对坐标，需使用符号"@"作为前缀，如输入(@1,0,0)表示在 X 轴正方向上距离上一点一个单位的点。

(2) 圆柱坐标系

圆柱坐标与二维极坐标类似，但增加了从所要确定的点到 XY 平面的距离值。三维点的圆柱坐标，可以分别通过该点与 UCS 原点连线在 XY 平面上的投影长度、该投影与 X 轴正方向的夹角以及该点垂直于 XY 平面的 Z 值来确定，效果如图 10-15 所示。

(3) 球面坐标系

球面坐标也类似于二维极坐标。在确定某点时，应分别指定该点与当前坐标系原点的距离，点在 XY 平面的投影和原点的连线与 X 轴的夹角，点到原点连线与 XY 平面的夹角，效果如图 10-16 所示。

图 10-15　柱坐标示意图　　　　　　　　图 10-16　球坐标示意图

2. 三维坐标系形式

在 AutoCAD 中，所有图形均使用一个固定的三维笛卡尔坐标系，称作世界坐标系 WCS。图中每一点均可以用世界坐标系的一组特定(X，Y，Z)坐标值来表示，也可以在三维空间的任意位置定义任意一个坐标系，这些坐标系称作用户坐标系 UCS。所定义的 UCS 位于 WCS 的某一位置和某一方向。

(1) 世界坐标系

AutoCAD 为用户提供了一个绝对的坐标系，即世界坐标系(WCS)。通常利用 AutoCAD 构造新图形时将自动使用 WCS。虽然 WCS 不可更改，但可以从任意角度、任意方向来观察或旋转。

世界坐标系又称为绝对坐标系或固定坐标系，其原点和各坐标轴方向均固定不变。对于二维绘图来说，世界坐标系已足以满足要求，但在固定不变的世界坐标系中创建三维模型时不太方便。世界坐标系的图标在不同视觉样式下呈现不同的效果。如图 10-17 所示为在二维线框模式下，世界坐标系原点处有一个位于 XY 平面上的小正方形。

二维线框下的世界坐标系   消隐下的世界坐标系

图 10-17   世界坐标系

(2) 用户坐标系

相对于世界坐标系统，用户可以根据需要创建无限多的坐标系，这些坐标系称为用户坐标系 UCS。为有助于绘制三维图元，可以创建任意数量的用户坐标系，并可以存储或重定义它们。

创建三维模型时，用户的二维操作平面可能是空间中的任何一个面。由于 AutoCAD 的大部分绘图操作都是在当前坐标系的 XY 平面内或与 XY 平面平行的平面中进行的，而用户坐标系的作用就是让用户设定坐标系的位置和方向，从而改变工作平面，便于坐标输入。如图 10-18 所示为创建用户坐标系，使用户坐标系的平面与实体表面平行。

图 10-18   创建用户坐标系

10.3.2   定制 UCS

AutoCAD 的大多数 2D 命令只能在当前坐标系的 XY 平面或 XY 平面平行的平面中执行，因此如果用户要在空间的某一平面内使用 2D 命令，则应沿该平面位置创建新的 UCS。

因此在三维建模过程中需要不断地调整当前坐标系。

在"常用"选项卡的"坐标"选项板中，提供了创建 UCS 坐标系的多种工具。各类工具按钮的具体使用方法如下。

1."原点"工具

"原点"工具是默认的 UCS 坐标创建方法，主要用于修改当前用户坐标系原点的位置，坐标轴方向与上一个坐标相同，由它定义的坐标系将以新坐标存在。

单击"原点"按钮⌊⌟，指定一点作为新的原点，如图 10-19 所示。

图 10-19　指定 UCS 原点

2."面"工具

"面"工具是通过选取指定的平面设置用户坐标系的，即将新用户坐标系的 XY 平面与实体对象的选定面重合，以便在各个面上或与这些面平行的平面上绘制图形对象。

单击"面"按钮⌊⌟，在一个面的边界内或该面的某个边上右击，以选取该面(被选中的面将会亮显)。此时，在弹出的快捷菜单中选中"接受"命令，坐标系统的 XY 平面将与选定的平面重合，且 X 轴将与所选面上的最近边重合，如图 10-20 所示。

图 10-20　选取面指定 UCS

3."对象"工具

"对象"工具可以通过快速选择一个对象来定义一个新的坐标系。新定义的坐标系对应坐标轴的方向取决于所选对象的类型。

单击"对象"按钮，在图形对象上选取任意一点后，UCS 坐标将移动到该位置处，如图 10-21 所示。

图 10-21 选择对象指定 UCS

当选择不同类型的对象，坐标系的原点位置以及 X 轴的方向会有所不同。表 10-1 所示为所选对象与 UCS 的关系。

表 10-1 所选对象与 UCS 的关系

对 象 类 型	新建 UCS 坐标方式
直线	距离选取点最近的一个端点成为新 UCS 的原点，X 轴沿直线的方向，并使该直线位于新坐标系的 XY 平面
圆	圆的圆心成为新 UCS 的原点，X 轴通过选取点
圆弧	圆弧的圆心成为新 UCS 原点，X 轴通过距离选取点最近的圆弧端点
二维多段线	多段线的起点成为新 UCS 的原点，X 轴沿从起点到下一个顶点的线段延伸方向
实心体	实体的第一点成为新 UCS 的原点，新 X 轴为两起点之间的直线
尺寸标注	标注文字的中心为新的 UCS 原点，新 X 轴的方向平行于绘制标注时有效 UCS 的 X 轴

4. "视图"工具

"视图"工具使新坐标系的 XY 平面与当前视图方向垂直，Z 轴与 XY 平面垂直，而原点保持不变。创建该坐标系通常用于标注文字，即当文字需要与当前平面平行而不需要与对象平行时的情况。单击"视图"按钮，新坐标系的 XY 平面与当前视图方向垂直。

5. "X/Y/Z"工具

"X/Y/Z"方式是保持当前 UCS 坐标的原点不变，将坐标系绕 X 轴、Y 轴或 Z 轴旋转一定的角度，从而创建新的用户坐标系。

单击 Z 按钮，输入绕该轴旋转的角度值，并按下回车键，即可将 UCS 绕 Z 轴旋转。如图 10-22 所示为坐标 Z 轴旋转 90° 的效果。

图 10-22　旋转 UCS

6. "世界"工具

"世界"工具用于切换回世界坐标系，即 WCS 坐标系。用户只需要单击"UCS，世界"按钮，UCS 将变为 WCS 坐标系。

7. "Z 轴矢量"工具

Z 轴矢量是通过指定 Z 轴的正方向来创建新的用户坐标系。利用该方式确定坐标系需要指定两点，指定的第一点作为坐标原点，指定第二点后，第二点与第一点的连线决定了 Z 轴的正方向。此时，系统将根据 Z 轴方向自动设置 X 轴、Y 轴的方向。

单击"Z 轴矢量"按钮，指定一点确定新原点，并指定另一点确定 Z 轴。此时，系统将自动确定 XY 平面，创建新的用户坐标系。如图 10-23 所示为分别指定 A 点和 B 点确定 Z 轴，自动确定 XY 平面创建的坐标系。

图 10-23　由 Z 轴矢量创建 UCS

8. "三点"工具

利用该方式只需选取 3 个点即可创建 UCS，其中第一点确定坐标系原点；第二点与第一点的连线确定新的 X 轴；第三点与新 X 轴确定 XY 平面。此时系统自动将 Z 轴的方向设置为与 XY 平面垂直。

如图 10-24 所示，指定点 A 为坐标系新原点，并指定点 B 确定 X 轴正方向，然后指定点 C 确定 Y 轴正方向，按下回车键即可创建新坐标系。

图 10-24　选取 3 点确定 UCS

10.3.3　设置 UCS

在创建三维模型时，当前坐标系图标的可见性是可以进行设置的，用户可以任意地显示或隐藏坐标系(此外坐标系图标的大小也可以随意进行设置)。

1. 显示或隐藏 UCS

用户要改变坐标系图标的显示状态，可以在命令行中输入 UCSICON 指令后按下回车键，并输入指令 OFF，则显示的 UCS 将被隐藏，效果如图 10-25 所示。若输入 ON 指令，则隐藏的 UCS 将被显示出来。

图 10-25　隐藏与显示 UCS

此外，直接在"坐标"选项板中单击"隐藏 UCS 图标"按钮或"显示 UCS 图标"按钮，也可以将 UCS 隐藏或显示，并且此时显示为世界坐标系。而如果要显示当前坐标系，可以单击"在原点处显示 UCS 图标"按钮。

2. 修改 UCS 图标大小

在一些图形中通常为了不影响模型的显示效果，而使坐标系图标变小。UCS 图标大小的变化只有当视觉样式为"二维线框"或"三维线框"样式下才可以查看。

在"坐标"选项板中单击"USC 图标特性…"按钮，将打开"UCS 图标"对话框，如图 10-26 所示。在该对话框中可以设置 UCS 图标的样式、大小和颜色的特性。

在"UCS 图标"对话框的"UCS 图标大小"文本框中可以直接输入图标大小的数值，也可以拖动右侧的滑块来动态调整图标的大小，效果如图 10-27 所示。

图 10-26　"UCS 图标"对话框

图 10-27　调整 UCS 图标大小

10.4　控制三维视图显示

为了创建和编辑三维图形中各部分的结构特征，需要不断地调整模型的显示方式和视图位置。控制三维视图的显示可以实现视角、视觉样式和三维模型显示平滑度的改变。如此不仅可以改变模型的真实投影效果，而且更有利于精确设计产品的模型。

10.4.1　切换视觉样式

零件的不同视觉样式呈现出不同的视觉效果。如果要形象地展示模型效果，可以切换为概念样式；如果要表达模型的内部结构，可以切换为线框样式。视觉样式用于控制视口中模型和着色的显示，用户可以在视觉样式管理器中创建和更改视觉样式的设置。

在 AutoCAD 中为了观察三维模型的最佳效果，往往需要不断地切换视觉样式。通过切换视觉样式，不仅可以方便地观察模型效果，而且一定程度上还可以辅助创建模型。例如在绘制构造线时，可以切换至"三维线框"或"二维线框"样式，以选取模型内部的特殊点。

视觉样式用于控制视口中模型边和着色的显示，用户可以在视觉样式管理器中创建和更改不同的视觉样式，效果如图 10-28 所示。视觉样式管理器中主要视觉样式的功能如下。

- 二维线框：用直线或曲线来显示对象的边界，其中光栅、OLE 对象、线型和线宽均可见，并且线与线之间是重复地叠加。
- 三维线框：用直线或曲线作为边界来显示对象，并且显示一个已着色的三维 UCS 图标，但光栅、OLE 对象、线型和线宽均不可见。
- 三维隐藏：用三维线框来表示对象，并消隐表示后面的线。
- 真实：表示着色时使对象的边平滑化，并显示已附着到对象的材质。
- 概念：表示着色时使对象的边平滑化，适用冷色和暖色进行过渡。着色的效果缺乏真实感，但可以方便地查看模型的细节。
- 着色：表示模型仅仅以着色显示，并显示已附着到对象的材质。

图 10-28　设置视觉样式类型

10.4.2　管理视觉样式

在实际建模过程中，可以通过"视觉样式管理器"选项板来控制线型颜色、样式面、背景显示、材质和纹理以及模型显示的精度等特性。

用户还可以对已有视觉样式进行修改或者创建新的视觉样式。在"视觉样式"下拉列表的最下方选择"视觉样式管理器"选项，并在打开的选项板中选择不同的视觉样式，可以切换至对应的特性面板，从而对所选当前图形视觉样式的面、环境和边进行设置。"视觉样式管理器"对话框如图 10-29 所示。

图 10-29　设置"视觉样式管理器"对话框

1．"二维线框"特性

二维线框的特性面板主要用于控制轮廓素线的显示、线型的颜色、光晕间隔百分比以及线条的显示精度。它的设置直接影响线框的显示效果。

2. "三维线框"特性

三维线框特性面板包括面、环境以及边等特性的设置，具体包括面样式、背景、边颜色以及边素线等特性。其中常用的面样式是指控制面的着色模式；背景是指控制绘图背景的显示；而边素线和颜色则与二维线框类似。

3. "三维隐藏"特性

三维隐藏的特性面板与三维线框基本相同，区别在于三维隐藏是将边线镶嵌于面，以显示出面的效果。因此。多出了折缝角度和光晕间隔等特性。其中，折缝角度主要用于创建更光滑的镶嵌表面，折缝角越大，表面越光滑；而光晕间隔是镶嵌面域边交替隐藏的间隔。例如，分别将折缝角变小、将光晕间隔增大时，其表面变换效果如图 10-30 所示。

图 10-30 修改"三维隐藏"视觉样式

4. "概念"特性

概念特性面板与三维隐藏基本相同，区别在于"概念"视觉样式是通过着色显示面的效果，而三维隐藏则是"无"面样式显示。此外，它可以通过亮显强度、不透明度以及材质和颜色等特性对比显示较强的模型效果。

如图 10-31 所示，在"面设置"面板中单击"不透明度"按钮，在下方激活的文本框中设置不透明度参数，可以调整模型的显示效果。

图 10-31 修改"概念"视觉样式

5. "真实"特性

　　真实特性面板与概念基本相同，它真实显示模型的构成，并且每条轮廓线都清晰可见。由于真实着色显示出模型结构，因此相对于概念显示来说，不存在折痕角、光晕间隔等特性。如果赋予其特殊的材质特性，那么材质效果便清晰可见，效果如图 10-32 所示。

图 10-32　修改"真实"视觉样式

10.4.3　消隐图形

　　对图形进行消隐处理可以隐藏被前景对象遮掩的背景对象，将使图形的显示更加简洁，设计更加清晰。但在创建和编辑图形时，系统处理的是对象或面的线框表示，消隐处理仅用于验证这些表面的当前位置，而不能对消隐的对象进行编辑或渲染。

　　利用"工具栏"工具调出"渲染"工具栏，然后在该工具栏中单击"隐藏"按钮 ⬚。此时，系统将自动对当前视图中的所有实体进行消隐，并在屏幕上显示消隐藏后的效果，如图 10-33 所示。

图 10-33　消隐前后的对比效果

10.4.4　改变表面轮廓线显示

　　与实体显示效果有关的变量主要有 ISOLINES、FACETRES 和 DISPSILH 这 3 个系统变量。通过这 3 个变量可以分别控制线框模式下的网络线数量或消隐模式下的表面网格密度，以及网格线的显示或隐藏状态。

1. 通过 ISOLINES 控制网格线数量

三维实体的面都是由多条线构成的，线条的多少决定了实体面的粗糙程度。用户可以利用 ISOLINES 指令设置对象上每个曲面的轮廓线数目，该值的范围是 0~2047。其中，轮廓素线的数目越多，显示的效果也越细腻，但是渲染时间相对较长。

要改变模型的轮廓素线值，可以在绘图区的空白处右击，在打开的快捷菜单中选择"选项"命令，然后在打开的对话框中切换至"显示"选项卡，在"每个曲面的轮廓素线"文本框中输入数值，并单击"确定"按钮。接着在命令行中输入 REGEN 指令，更新图形显示，才会显示更改后的效果，如图 10-34 所示。

图 10-34　改变轮廓素线值效果

2. 通过 FACETRES 控制网格密度

通过系统变量 FACETRES，可以设置实体消隐或渲染后表面的网格密度。该变量值的范围为 0.01~10，值越大表明网格越密，消隐或渲染后的表面越光滑，效果如图 10-35 所示。

图 10-35　改变表面光滑度

3. 通过 DISPSILH 控制实体轮廓线的显示

系统变量 DISPSILH 用于确定是否显示实体的轮廓线，有效值为 0 和 1。默认值为 0。

当设置该值为 1 时，显示实体轮廓线，否则不显示。该变量对视图的线框视图和消隐视图均起作用，并且更改该系统变量后，还需要在命令行中输入 REGEN 指令，更新图形显示，才会显示更改后的效果。

10.4.5　改变表面平滑度

通过改变实体表面的平滑度来控制、圆、圆弧和椭圆的显示精度。平滑度越高，显示将越平滑，但是系统也需要更长时间来运行重生成、平移或缩放对象的操作。

AutoCAD 的平滑度默认值为 1000，在"选项"对话框的"显示"选项卡中可以对该值进行重新设置，该值的有效范围为 1~20000。图 10-36 所示为平滑度为 10 和 1000 的图形显示效果对比。

平滑度 10　　　　　　　　　　　　　　　平滑度 10000

图 10-36　平滑度为 10 和 1000 时图形的显示效果

10.5　思考练习

1. 在 AutoCAD 2016 中，三维模型有哪些类型？
2. 在 AutoCAD 2016 中，如何设置视图？
3. 在 AutoCAD 2016 中，如何创建平铺视口？
4. 在 AutoCAD 2016 中，如何定制 UCS？
5. 在 AutoCAD 2016 中，如何设置视觉样式？

第11章　绘制三维图形

目前，三维图形的绘制广泛应用在工程设计和绘图过程中。使用 AutoCAD 可以通过 3 种方式来创建三维图形，即线架模型方式、曲面模型方式和实体模型方式。本章将详细介绍绘制三维点和线、三维网格、基本实体等三维基础图形的操作方法。

11.1　绘制三维点和线

在 AutoCAD 中，用户可以使用点、直线、样条曲线、三维多段线及三维螺旋线等命令绘制简单的三维图形。

11.1.1　绘制三维点

在 AutoCAD 中选择"显示菜单栏"命令，在弹出的菜单中选择"绘图"|"点"|"单点"命令，可以在命令行中直接输入三维坐标绘制三维点。

由于三维图形对象上的一些特殊点，如交点、中点等不能通过输入坐标的方法来实现，可以采用三维坐标下的目标捕捉法来拾取点。

二维图形方式下的所有目标捕捉方式在三维图形环境中可以继续使用。不同之处在于，在三维环境下只能捕捉三维对象的顶面和底面的一些特殊点，而不能捕捉柱体等实体侧面的特殊点(即在柱状体侧面竖线上无法捕捉目标点)，因为主体的侧面上的竖线只是帮助显示的模拟曲线。

注意：

在三维对象的平面视图中也不能捕捉目标点，因为在顶面上的任意一点都对应着底面上的一点，此时的系统无法辨别所选的点究竟在哪个面上。

11.1.2　绘制三维直线和样条曲线

两点决定一条直线。当在三维空间中指定两个点后，如点(0,0,0)和点(1,1,1)，这两个点之间的连线即是一条 3D 直线。

同样，在三维坐标系下，选择"绘图"|"样条曲线"|"拟合线"命令，或在"功能区"选项板中选择"常用"选项卡，在"绘图"面板中单击"样条曲线"按钮 ，都可以绘制复杂 3D 样条曲线，这时定义样条曲线的点不是共面点。

【练习 11-1】在 AutoCAD 中绘制一个样条曲线。

(1) 在"功能区"选项板中选中"常用"选项卡，然后在"绘图"面板中单击"样条曲线"按钮，在命令窗口中输入"0,0,0"，然后按下 Enter 键确定样条曲线的第一点，如图 11-1 所示。

(2) 使用同样的方法，在命令行分别输入(10,10,10)、(0,0,20)、(-10,-10,30)、(0,0,40)、(10,10,50)和(0,0,60)，然后按下 Enter 键创建一个样条曲线。选择"视图"|"三维视图"|"西南等轴测"命令，显示样条曲线的效果如图 11-2 所示。

图 11-1　确定样条曲线的第一点

图 11-2　样条曲线效果

11.1.3　绘制三维多段线

在二维坐标系下，在"功能区"选项板中选择"常用"选项卡，在"绘图"面板中单击"多段线"按钮，可以绘制多段线。此时可以设置各段线条的宽度和厚度，但它们必须共面。

三维坐标系下，多段线的绘制过程和二维多段线基本相同，但其使用的命令不同，并且在三维多段线中只有直线段，没有圆弧段。在"功能区"选项板中选择"常用"选项卡，在"绘图"面板中单击"三维多段线"按钮，或在快速访问工具栏选择"显示菜单栏"命令，在弹出的菜单中选择"绘图"|"三维多段线"命令(3DPOLY)，此时命令行提示依次输入不同的三维空间点，以得到一个三维多段线。

【练习 11-2】在 AutoCAD 中绘制一个三维多段线。

(1) 在"功能区"选项板中选择"常用"选项卡，在"绘图"面板中单击"三维多段线"按钮，如图 11-3 所示。

(2) 在命令窗口中输入"40,0,0"，然后按下 Enter 键，确定三维多段线上的第一点，如图 11-4 所示。

图 11-3　执行"三维多段线"命令

图 11-4　确定三维多段线的第一点

(3) 在命令窗口中输入"0,0,0"，然后按下 Enter 键，确定三维多段线上的第二点，如图 11-5 所示。

（4）重复相同的操作，依次输入点"0,60,0"和"0,60,30"，完成三维多段线的绘制，效果如图 11-6 所示。

图 11-5　绘制三维多段线的第二点

图 11-6　三维多段线效果

11.1.4　绘制三维弹簧

在"功能区"选项板中选择"常用"选项卡，在"绘图"面板中单击"螺旋"按钮，或在快速访问工具栏中选择"显示菜单栏"命令，在弹出的菜单中选择"绘图"|"螺旋"命令，可以绘制三维弹簧。当分别指定了弹簧底面的中心点、底面半径(或直径)和顶面半径(或直径)后，命令行显示如下提示。

HELIX 指定螺旋高度或 [轴端点(A)/圈数(T)/圈高(H)/扭曲(W)] <1.0000>:

在该命令提示下，可以直接输入弹簧线的高度来绘制弹簧。也可以选择"轴端点(A)"选项，通过指定轴的端点，从而绘制出以底面中心点到该轴端点的距离为高度的弹簧；选择"圈数(T)"选项，可以指定弹簧的圈数，默认情况下，弹簧的圈数为 3，当指定了弹簧圈数后，仍将显示上述提示信息，可以进行其他参数设置；选择"圈高(H)"选项，可以指定弹簧各圈之间的间距；选择"扭曲(W)"选项，可以指定弹簧的扭曲方式是"顺时针(CW)"还是"逆时针(CCW)"。

【练习 11-3】绘制一个底面中心为(0,0)，底面半径为 80，顶面半径为 120，高度为 200，顺时针旋转 20 圈的弹簧。

（1）在快速访问工具栏中选择"显示菜单栏"命令，在弹出的菜单中选择"视图"|"三维视图"|"东南等轴测"命令，切换到"三维东南等轴测"视图，如图 11-7 所示。

（2）在"功能区"选项板中选择"常用"选项卡，在"绘图"面板中单击"螺旋"按钮，绘制三维弹簧。

（3）在命令行的"指定底面的中心点:"提示信息下输入(0,0)，指定三维弹簧底面的中心点坐标，如图 11-8 所示。

图 11-7　切换"三维东南等轴测"视图　　　　图 11-8　指定三维弹簧底面中心坐标

(4) 在命令行的"指定底面半径或 [直径(D)]<1.0000>:"提示信息下输入 80，指定三维弹簧底面的半径。

(5) 在命令行的"指定顶面半径或 [直径(D)]<100.0000>:"提示信息下输入 120，指定三维弹簧顶面的半径，如图 11-9 所示。

(6) 在命令行的"指定螺旋高度或 [轴端点(A)/圈数(T)/圈高(H)/扭曲(W)]<1.0000>:"提示信息下输入 T，以设置三维弹簧的圈数。

(7) 在命令行的"输入圈数 <3.0000>:"提示信息下输入 20，指定三维弹簧的圈数为 20，如图 11-10 所示。

图 11-9　指定弹簧顶面半径　　　　　　　图 11-10　指定弹簧的圈数

(8) 在命令行的"指定螺旋高度或 [轴端点(A)/圈数(T)/圈高(H)/扭曲(W)]<1.0000>:"提示信息下输入 W，以设置三维弹簧的扭曲方向。

(9) 在命令行的"输入螺旋的扭曲方向 [顺时针(CW)/逆时针(CCW)]<CCW>:"提示信息下输入 CW，指定三维弹簧的扭曲方向为顺时针，如图 11-11 所示。

(10) 接下来，在命令行的"指定螺旋高度或 [轴端点(A)/圈数(T)/圈高(H)/扭曲(W)]<1.0000>:"提示信息下输入 200，指定三维弹簧的高度。

(11) 完成以上操作后，绘制的三维弹簧效果如图 11-12 所示。

图 11-11　指定弹簧的扭曲方向　　　　　　　图 11-12　三维弹簧效果

11.2　绘制三维网格图形

在 AutoCAD 2016 中，在快速访问工具栏选择"显示菜单栏"命令，在弹出的菜单中选择"绘图"|"建模"|"网格"中的命令，可以绘制三维网格。

11.2.1　绘制三维面与多边三维面

在快速访问工具栏选择"显示菜单栏"命令，在弹出的菜单中选择"绘图"|"建模"|"网格"|"三维面"命令(3DFACE)，可以绘制三维面。三维面是三维空间的表面，它没有厚度，也没有质量属性。由"三维面"命令创建的每个面的各顶点可以有不同的 Z 坐标，但构成各个面的顶点最多不能超过 4 个。如果构成面的 4 个顶点共面，消隐命令认为该面是不透明的可以消隐。反之，消隐命令对其无效。

【练习 11-4】在 AutoCAD 中绘制一个三维面图形。

(1) 选择"绘图"|"建模"|"网格"|"三维面"命令(3DFACE)，然后在命令窗口中输入点坐标"60,40,0"，如图 11-13 所示，绘制三维面的第一个点。

(2) 在命令窗口中依次输入三维面的点"80,60,40"、"80,100,40"、"60,120,0"、"140,120,0"、"120,100,40"、"120,60,40"、"140,40,0"、"60,40,0"和"80,60,40"，最后按 Enter 键结束命令，如图 11-14 所示。

图 11-13　绘制三维网格的菜单命令

(3) 使用"三维面"命令只能生成 3 条或 4 条边的三维面，而要生成多边曲面，则必须使用 PFACE 命令。在该命令提示信息下，可以输入多个点。例如，要在图 11-14 所示的图形上添加一个面，可在命令行中输入 PFACE，并依次单击点 B、C、F 和 G，然后在命令行中依次输入这 4 点。

(4) 选择【视图】|【消隐】命令，即可得到所需的图形，效果如图 11-15 所示。

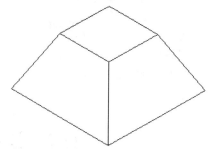

图 11-14 绘制的三维面   图 11-15 添加三维多重面并消隐后的效果

11.2.2 控制三维面的边

在命令行中输入"边"命令(EDGE)，可以修改三维面的边的可见性。执行该命令时，命令行显示如下提示信息。

> 指定要切换可见性的三维表面的边或 [显示(D)]:

默认情况下，选择三维表面的边后，按 Enter 键将隐藏该边。若选择"显示"选项，则可以选择三维面的不可见边以便重新显示它们，此时命令行显示如下提示信息。

> 输入用于隐藏边显示的选择方法 [选择(S)/全部选择(A)] <全部选择>:

其中，选择"全部选择"选项，则可以将选中图形中所有三维面的隐藏边显示出来；选择"选择"选项，则可以选择部分可见的三维面的隐藏边并显示它们。例如，在图 11-14 中，要隐藏 AD、DE、DC 边，可在命令行中输入"边"命令(EDGE)，然后依次单击这些边，最后按 Enter 键，结果如图 11-15 所示。

注意：

如果要使三维面的边再次可见，可以再次使用"边"命令，然后必须用定点设备(如鼠标)选定每条边才能显示它。系统将自动显示"对象捕捉"标记和"捕捉模式"，指示在每条可见边的外观捕捉位置。

11.2.3 绘制三维网格

在命令行中输入"三维网格"命令(3DMESH)，可以根据指定的 M 行 N 列个顶点和每一顶点的位置生成三维空间多边形网格。M 和 N 的最小值为 2，表明定义多边形网格至少要 4 个点, 其最大值为 256。

　　例如, 要绘制如图 11-16 所示的 4×4 网格, 可在命令行中输入 "三维网格" 命令 (3DMESH), 并设置 M 方向上的网格数量为 4, N 方向上的网格数量为 4, 然后依次指定 16 个顶点的位置。如果选择 "修改" | "对象" | "多段线" 命令, 则可以编辑绘制的三维网格。例如, 使用该命令的 "平滑曲面" 选项可以平滑曲面, 效果如图 11-17 所示。

图 11-16　绘制网格　　　　　　　　　　图 11-17　对三维网格进行平滑处理后的效果

11.2.4　绘制旋转网格

　　在快速访问工具栏中选择 "显示菜单栏" 命令, 在弹出的菜单中选择 "绘图" | "建模" | "网格" | "旋转网格" 命令(REVSURF), 可以将曲线绕旋转轴旋转一定的角度, 形成旋转网格。

　　例如, 当系统变量 SURFTAB1=40、SURFTAB2=30 时, 将图 11-18 中的样条曲线绕直线旋转 360° 后, 得到图 11-19 所示的效果。

图 11-18　样条曲线　　　　　　　　　　图 11-19　旋转网络

　　其中, 旋转方向的分段数由系统变量 SURFTAB1 确定, 旋转轴方向的分段数由系统变量 SURFTAB2 确定。

11.2.5　绘制平移网格

　　在快速访问工具栏中选择 "显示菜单栏" 命令, 在弹出的菜单中选择 "绘图" | "建模" | "网格" | "平移网格" 命令(TABSURF), 可以将路径曲线沿方向矢量进行平移后构

成平移曲面,如图 11-20 所示。

图 11-20　创建的平移网格

这时可在命令行的"选择用作轮廓曲线的对象:"提示下选择曲线对象,在"选择用作方向矢量的对象:"提示信息下选择方向矢量。当确定了拾取点后,系统将向方向矢量对象上远离拾取点的端点方向创建平移曲面。平移曲面的分段数由系统变量 SURFTAB1 确定。

11.2.6　绘制直纹网格

在快速访问工具栏中选择"显示菜单栏"命令,在弹出的菜单中选择"绘图"|"建模"|"网格"|"直纹网格"命令(RULESURF),可以在两条曲线之间用直线连接从而形成直纹网格。这时可在命令行的"选择第一条定义曲线:"提示信息下选择第一条曲线,在命令行的"选择第二条定义曲线:"提示信息下选择第二条曲线。

例如,在 AutoCAD 中,通过对图 11-21 中上下两个圆使用"直纹网格"命令,可以得到图 11-22 所示的图形效果。

图 11-21　两个圆　　　　　　　　　　图 11-22　绘制直纹网格

11.2.7　绘制边界网格

在快速访问工具栏中选择"显示菜单栏"命令,在弹出的菜单中选择"绘图"|"建模"|"网格"|"边界网格"命令(EDGESURF),可以使用 4 条首尾连接的边创建三维多边形网格。这时可在命令行的"选择用作曲面边界的对象 1:"提示信息下选择第一条曲线,在命令行的"选择用作曲面边界的对象 2:"提示信息下选择第二条曲线,在命令行的"选

择用作曲面边界的对象 3:"提示信息下选择第三条曲线，在命令行的"选择用作曲面边界的对象 4:"提示信息下选择第 4 条曲线。

例如，在 AutoCAD 中通过对图 11-23 中的边界曲线使用"边界网格"命令，可以得到图 11-24 所示的图形效果。

图 11-23　边界曲线　　　　　　　　　图 11-24　绘制边界网格

11.3　绘制基本实体

在 AutoCAD 中，最基本的实体对象包括多段体、长方体、楔体、圆锥体、球体、圆柱体、圆环体及棱锥面，可以在"功能区"选项板中选择"常用"选项卡，在"建模"面板中单击相应的按钮，或在快速访问工具栏中选择"显示菜单栏"命令，在弹出的菜单中选择"绘图"|"建模"子命令来创建。

11.3.1　绘制多段体

在快速访问工具栏中选择"显示菜单栏"命令，在弹出的菜单中选择"绘图"|"建模"|"多段体"命令(POLYSOLID)，可以创建三维多段体。

绘制多段体时，命令行显示如下提示信息。

POLYSOLID 指定起点或 [对象(O)/高度(H)/宽度(W)/对正(J)] <对象>:

选择"高度"选项，可以设置多段体的高度；选择"宽度"选项，可以设置多段体的宽度；选择"对正"选项，可以设置多段体的对正方式，如左对正、居中和右对正，默认为居中对正。当设置了高度、宽度和对正方式后，可以通过指定点来绘制多段体，也可以选择"对象"选项将图形转换为多段体。

【练习 11-5】绘制管状多段体。

(1) 在快速访问工具栏中选择"显示菜单栏"命令，在弹出的菜单中选择"视图"|"三维视图"|"东南等轴测"命令，切换到三维东南等轴测视图。

(2) 在快速访问工具栏中选择"显示菜单栏"命令，在弹出的菜单中选择"绘图"|"建

模"|"多段体"命令,发出绘制三维多段体命令。

(3) 在命令行的"指定起点或 [对象(O)/高度(H)/宽度(W)/对正(J)] <对象>:"提示信息下,输入 H,并在"指定高度 <9.0000>:"提示信息下输入 60,指定三维多段体的高度为 60,如图 11-25 所示。

(4) 在命令行的"指定起点或 [对象(O)/高度(H)/宽度(W)/对正(J)] <对象>:"提示信息下,输入 W,并在"指定宽度<2.0000>:"提示信息下输入 5,指定三维多段体的宽度为 5,如图 11-26 所示。

图 11-25　指定多段体高度

图 11-26　指定多段体宽度

(5) 在命令行的"指定起点或 [对象(O)/高度(H)/宽度(W)/对正(J)] <对象>:"提示信息下,输入 J,并在"输入对正方式 [左对正(L)/居中(C)/右对正(R)]<居中>:"提示信息下输入 C,设置对正方式为居中,如图 11-27 所示。

(6) 在命令行的"指定起点或 [对象(O)/高度(H)/宽度(W)/对正(J)] <对象>:"提示信息下指定起点坐标为(0,0)。

(7) 在命令行的"指定下一个点或 [圆弧(A)/放弃(U)]:"提示信息下指定下一点的坐标为(0,100),如图 11-28 所示。

图 11-27　设置对正方式

图 11-28　指定坐标

(8) 在命令行的"指定下一个点或 [圆弧(A)/放弃(U)]:"提示信息下输入 A,绘制圆弧,如图 11-29 所示。

(9) 在命令行的"指定圆弧的端点或 [闭合(C)/方向(D)/直线(L)/第二个点(S)/放弃(U)]:"提示信息下,输入圆弧端点为(50,100)。

(10) 按 Enter 键结束多段体绘制命令,结果如图 11-30 所示。

注意:

多段体的绘制方法与二维平面绘图中多段线的绘制方法相同,只是在绘制多段体时,需要指定它的高度、厚度和对正方式。

图 11-29　设置圆弧

图 11-30　绘制多段体

11.3.2　绘制长方体与楔体

在快速访问工具栏中选择"显示菜单栏"命令，在弹出的菜单中选择"绘图"|"建模"|"长方体"命令(BOX)，可以绘制长方体，此时命令行显示如下提示。

> BOX 指定第一个角点或 [中心(C)]:

在创建长方体时，其底面应与当前坐标系的 XY 平面平行，方法主要有指定长方体角点和中心两种。

默认情况下，可以根据长方体的某个角点位置创建长方体。当在绘图窗口中指定了一角点后，命令行将显示如下提示。

> BOX 指定其他角点或 [立方体(C)/长度(L)]:

如果在该命令提示下直接指定另一角点，可以根据另一角点位置创建长方体。当在绘图窗口中指定角点后，如果该角点与第一个角点的 Z 坐标不一样，系统将以这两个角点作为长方体的对角点创建出长方体。如果第二个角点与第一个角点位于同一高度，系统则需要用户在"指定高度:"提示下指定长方体的高度。

在命令行提示下，选择"立方体(C)"选项，可以创建立方体。创建时需要在"指定长度:"提示下指定立方体的边长；选择"长度(L)"选项，可以根据长、宽和高创建长方体，此时，用户需要在命令提示行下依次指定长方体的长度、宽度和高度值。

在创建长方体时，如果在命令的"指定第一个角点或 [中心(C)]:"提示下选择"中心(C)"选项，则可以根据长方体的中心点位置创建长方体。在命令行的"指定中心:"提示信息下指定了中心点的位置后，将显示如下提示，用户可以参照"指定角点"的方法创建长方体。

> BOX 指定角点或 [立方体(C)/长度(L)]:

注意:

在 AutoCAD 中, 创建的长方体的各边应分别与当前 UCS 的 X 轴、Y 轴和 Z 轴平行。在根据长度、宽度和高度创建长方体时, 长、宽、高的方向分别与当前 UCS 的 X 轴、Y 轴和 Z 轴方向平行。在系统提示中输入长度、宽度及高度时, 输入的值可正、可负, 正值表示沿相应坐标轴的正方向创建长方体, 反之沿坐标轴的负方向创建长方体。

【练习 11-6】绘制一个 200×100×150 的长方体。

(1) 在快速访问工具栏中选择"显示菜单栏"命令, 在弹出的菜单中选择"绘图" | "建模" | "长方体"命令, 发出长方体绘制命令。

(2) 在命令行的"指定第一个角点或 [中心(C)]:"提示信息下输入(0,0,0), 通过指定角点来绘制长方体。

(3) 在命令行的"指定其他角点或 [立方体(C)/长度(L)]:"提示信息下输入 L, 根据长、宽和高来绘制长方体, 如图 11-31 所示。

(4) 在命令行的"指定长度:"提示信息下输入 200, 指定长方体的长度。

(5) 在命令行的"指定宽度:"提示信息下输入 100, 指定长方体的宽度。

(6) 在命令行的"指定高度:"提示信息下输入 150, 指定长方体的高度, 如图 11-32 所示。

图 11-31 根据长、宽和高绘制长方体

图 11-32 设置长方体高度

(7) 在快速访问工具栏中选择"显示菜单栏"命令, 在弹出的菜单中选择"视图" | "三维视图" | "东南等轴测"命令, 在三维视图中观察绘制的长方体, 如图 11-33 所示。

图 11-33 绘制长方体

在 AutoCAD 2016 中，虽然创建"长方体"和"楔体"的命令不同，但创建方法却相同，因为楔体是长方体沿对角线切成两半后的结果。

在快速访问工具栏中选择"显示菜单栏"命令，在弹出的菜单中选择"绘图"|"建模"|"楔体"命令(WEDGE)，或在"功能区"选项板中选择"实体"选项卡，在"图元"面板中单击"楔体"按钮，都可以绘制楔体。由于楔体是长方体沿对角线切成两半后的结果，因此可以使用与绘制长方体同样的方法来绘制楔体，如图 11-34 所示。

图 11-34　绘制楔体

11.3.3　绘制圆柱体与圆锥体

在快速访问工具栏中选择"显示菜单栏"命令，在弹出的菜单中选择"绘图"|"建模"|"圆柱体"命令(CYLINDER)，可以绘制圆柱体或椭圆柱体，如图 11-35 所示。

图 11-35　绘制圆柱体或椭圆柱体

绘制圆柱体或椭圆柱体时，命令行将显示如下提示。

CYLINDER 指定底面的中心点或 [三点(3P)/两点(2P)/相切、相切、半径(T)/椭圆(E)]

默认情况下，可以通过指定圆柱体底面的中心点位置来绘制圆柱体。在命令行的"指定底面半径或 [直径(D)]:"提示下指定圆柱体基面的半径或直径后，命令行显示如下提示信息。

CYLINDER 指定高度或 [两点(2P)/轴端点(A)]:

可以直接指定圆柱体的高度，根据高度创建圆柱体；也可以选择"轴端点(A)"选项，根据圆柱体另一底面的中心位置创建圆柱体，此时两中心点位置的连线方向为圆柱体的轴线方向。

当执行 CYLINDER 命令时，如果在命令行提示下选择"椭圆(E)"选项，可以绘制椭圆柱体。此时，用户首先需要在命令行的"指定第一个轴的端点或 [中心(C)]:"提示下指定基面上的椭圆形状(其操作方法与绘制椭圆相似)，然后在命令行的"指定高度或 [两点(2P)/轴端点(A)]:"提示下指定圆柱体的高度或另一个圆心位置即可。

在"功能区"选项板中选择"实体"选项卡，在"图元"面板中单击"圆锥体"按钮，都可以绘制圆锥体或椭圆形锥体，如图11-36所示。

图 11-36　绘制圆锥体或椭圆形锥体

绘制圆锥体或椭圆形锥体时，命令行显示如下提示信息。

> CONE 指定底面的中心点或 [三点(3P)/两点(2P)/相切、相切、半径(T)/椭圆(E)]：

在该提示信息下，如果直接指定点即可绘制圆锥体，此时需要在命令行的"指定底面半径或 [直径(D)]："提示信息下指定圆锥体底面的半径或直径，以及在命令行的"指定高度或 [两点(2P)/轴端点(A)/顶面半径(T)]："提示下指定圆锥体的高度或圆锥体的锥顶点位置。如果选择"椭圆(E)"选项，则可以绘制椭圆锥体，此时需要先确定椭圆的形状(方法与绘制椭圆的方法相同)，然后在命令行的"指定高度或 [两点(2P)/轴端点(A)/顶面半径(T)]："提示信息下，指定圆锥体的高度或顶点位置即可。

11.3.4　绘制球体与圆环体

在快速访问工具栏中选择"显示菜单栏"命令，在弹出的菜单中选择"绘图"|"建模"|"球体"命令(SPHERE)，可以绘制球体。这时只需要在命令行的"指定中心点或 [三点(3P)/两点(2P)/相切、相切、半径(T)]："提示信息下指定球体的球心位置，在命令行的"指定半径或 [直径(D)]："提示信息下指定球体的半径或直径即可。

在 AutoCAD 中绘制球体时，可以通过改变 ISOLINES 变量，来确定每个面上的线框密度，如图11-37所示。

ISOLINES=4　　　　　　　　　　　ISOLINES=32

图 11-37　球体实体示例图

在快速访问工具栏中选择"显示菜单栏"命令，在弹出的菜单中选择"绘图"|"建模"|"圆环体"命令(TORUS)，或选择"实体"选项卡，在"图元"面板中单击 "圆环

体"按钮，都可以绘制圆环实体，此时需要指定圆环的中心位置、圆环的半径或直径，以及圆管的半径或直径。

【练习 11-7】 绘制一个圆环半径为 150，圆管半径为 30 的圆环体。

(1) 在快速访问工具栏中选择"显示菜单栏"命令，在弹出的菜单中选择"绘图"|"建模"|"圆环体"命令，执行 TORUS 命令。

(2) 在命令行的"指定中心点或 [三点(3P)/两点(2P)/相切、相切、半径(T)]:"提示信息下，指定圆环的中心位置(0,0,0)。

(3) 在命令行的"指定半径或 [直径(D)]:"提示信息下输入 150，指定圆环的半径，如图 10-38 所示。

(4) 在命令行的"指定圆管半径或 [两点(2P)/直径(D)]:"提示信息下输入 30，指定圆管的半径。

(5) 在快速访问工具栏中选择"显示菜单栏"命令，在弹出的菜单中选择"视图"|"三维视图"|"东南等轴测"命令，在三维视图中观察绘制的圆环体，如图 11-39 所示。

图 11-38　指定圆管半径　　　　　　　　　图 11-39　绘制圆环体

11.3.5　绘制棱锥体

在快速访问工具栏中选择"显示菜单栏"命令，在弹出的菜单中选择"绘图"|"建模"|"棱锥体"命令(PYRAMID)，可以绘制棱锥面，如图 11-40 所示。

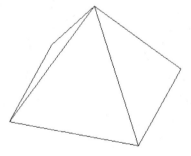

图 11-40　棱锥体

绘制棱锥面时，命令行显示如下提示信息。

PYRAMID 指定底面的中心点或 [边(E)/侧面(S)]:

在以上提示信息下，如果直接指定点即可绘制棱锥体，此时需要在命令行的"指定底

面半径或 [内接(I)]:"提示信息下指定棱锥面底面的半径,以及在命令行的"指定高度或 [两点(2P)/轴端点(A)/顶面半径(T)]:"提示信息下指定棱锥面的高度或棱锥面的锥顶点位置。如果选择"顶面半径(T)"选项,可以绘制有顶面的棱锥面,在"指定顶面半径:"提示信息下输入顶面的半径,在"指定高度或[两点(2P)/轴端点(A)]:"提示信息下指定棱锥面的高度或棱锥面的锥顶点位置即可。

11.4 通过二维图形创建实体

在 AutoCAD 2014 中,通过拉伸二维轮廓曲线或者将二维曲线沿指定轴旋转,可以创建出三维实体。

11.4.1 将二维图形拉伸成实体

在"功能区"选项板中选择"实体"选项卡,在"实体"面板中单击"拉伸"按钮 ,或在快速访问工具栏中选择"显示菜单栏"命令,在弹出的菜单中选择"绘图"|"建模"|"拉伸"命令(EXTRUDE),可以通过拉伸二维对象来创建三维实体或曲面。拉伸对象被称为断面,在创建实体时,断面可以是任何二维封闭多段线、圆、椭圆、封闭样条曲线和面域,其中,多段线对象的顶点数不能超过 500 个且不小于 3 个。

默认情况下,可以沿 Z 轴方向拉伸对象,这时需要指定拉伸的高度和倾斜角度。其中,拉伸高度值可以为正或为负,它们表示了拉伸的方向。拉伸角度也可以为正或为负,其绝对值不大于 90°,默认值为 0°,表示生成的实体的侧面垂直于 XY 平面,没有锥度。如果为正,将产生内锥度,生成的侧面向里靠;如果为负,将产生外锥度,生成的侧面向外,如图 11-41 所示。

拉伸倾斜角为 0° 　　　拉伸倾斜角为 15° 　　　拉伸倾斜角为-10°

图 11-41 拉伸锥角效果

注意:

在拉伸对象时,如果倾斜角度或拉伸高度较大,将导致拉伸对象或拉伸对象的一部分在到达拉伸高度之前就已经汇聚到一点,此时将无法进行拉伸。

通过指定拉伸路径,可以将对象拉伸成三维实体,拉伸路径可以是开放的,也可以是封闭的。

【**练习 11-8**】绘制一个弧形配件。

(1) 在菜单栏中选择"视图"|"三维视图"|"东南等轴测"命令，切换到三维东南等轴测视图。

(2) 在"功能区"选项板中选择"可视化"选项卡，在"坐标"面板中单击 X 按钮，将当前坐标系绕 X 轴旋转 90°。

(3) 在"功能区"选项板中选择"常用"选项卡，在"绘图"面板中单击"多段线"按钮，依次指定多段线的起点和经过点，即(0,0)、(5,0)、(0,5)、(20,0)、(0,-5)、(5,0)、(0,10)、(-10,0)、(0,10)、(-10,0)、(0-10)和(-10,0)和(0,0)，绘制闭合多段线，结果如图 11-42 所示。

(4) 在"功能区"选项板中选择"常用"选项卡，在"修改"面板中单击"圆角"按钮，设置圆角半径为 3，然后对绘制的多段线修圆角，结果如图 11-43 所示。

图 11-42　绘制闭合多段线

图 11-43　对多段线修圆角

(5) 在"功能区"选项板中选择"常用"选项卡，在"修改"面板中单击"倒角"按钮，设置倒角距离为 2，然后对绘制的多段线修倒角，结果如图 11-44 所示。

(6) 在"功能区"选项板中选择"可视化"选项卡，在"坐标"面板中单击"世界"按钮，恢复到世界坐标系，如图 11-45 所示。

图 11-44　对多段线修倒角

图 11-45　恢复世界坐标系

(7) 在"功能区"选项板中选择"常用"选项卡，在"绘图"面板中单击"多段线"按钮，以点(30,0)为起点，点(60,0)为圆心，角度为 180°，绘制一个半圆弧，结果如图 11-46

所示。

(8) 在"功能区"选项板中选择"常用"选项卡，在"建模"面板中单击"拉伸"按钮 ，将绘制的多段线沿圆弧路径拉伸，结果如图 11-47 所示。可以在菜单栏中选择"视图"|"消隐"命令，消隐图形。

图 11-46　绘制圆弧

图 11-47　拉伸图形

11.4.2　将二维图形旋转成实体

在快速访问工具栏中选择"显示菜单栏"命令，在弹出的菜单中选择"绘图"|"建模"|"旋转"命令(REVOLVE)，可以通过绕轴旋转二维对象来创建三维实体或曲面。在创建实体时，用于旋转的二维对象可以是封闭多段线、多边形、圆、椭圆、封闭样条曲线、圆环及封闭区域。三维对象、包含在块中的对象、有交义或自干涉的多段线不能被旋转，而且每次只能旋转一个对象。

【练习 11-9】通过旋转的方法绘制实体模型。

(1) 在"功能区"选项板中选择"常用"选项卡，在"绘图"面板中综合运用多种绘图命令，绘制如图 11-48 所示的直线和图形，其中尺寸可由读者自行确定。

(2) 在菜单栏中选择"视图"|"三维视图"|"视点"命令，并在命令行"指定视点或 [旋转(R)] <显示坐标球和三轴架>:"提示下输入 (0,0,1)，指定视点，如图 11-49 所示。

(3) 在"功能区"选项板中选择"常用"选项卡，在"建模"面板中单击"旋转"按钮 ，发出 REVOLVE 命令。

图 11-48　三维实体模型

图 11-49　绘制多段线

(4) 在命令行的"选择对象:"提示下选择多段线作为旋转二维对象，并按 Enter 键。

(5) 在命令行的"指定轴起点或根据以下选项之一定义轴[对象(O)/X /Y /Z]提示下输入O，绕指定的对象旋转。

(6) 在命令行的"选择对象:"提示下选择直线作为旋转轴对象，如图 11-50 所示

(7) 在命令行的"指定旋转角度<360>:"提示下输入 360，指定旋转角度，效果如图 11-51所示。

(8) 在菜单栏中选择"视图"|"消隐"命令，消隐图形，结果将如图 11-48 图所示。

图 11-50　调整视点

图 11-51　将二维图形旋转成实体

11.4.3　将二维图形扫掠成实体

在"功能区"选项板中选择"常用"选项卡，在"建模"面板中单击"扫掠"按钮，或在快速访问工具栏选择"显示菜单栏"命令，在弹出的菜单中选择"绘图"|"建模"|"扫掠"命令(SWEEP)，可以通过沿路径扫掠二维对象来创建三维实体和曲面。如果要扫掠的对象不是封闭的图形，那么使用"扫掠"命令后得到的是网格面，否则得到的是三维实体。

使用"扫掠"命令绘制三维实体时，当用户指定了封闭图形作为扫掠对象后，命令行显示如下提示信息。

SWEEP 选择扫掠路径或 [对齐(A)/基点(B)/比例(S)/扭曲(T)]:

在该命令提示下，可以直接指定扫掠路径来创建实体，也可以设置扫掠时的对齐方式、基点、比例和扭曲参数。其中，"对齐"选项用于设置扫掠前是否对齐垂直于路径的扫掠对象；"基点"选项用于设置扫掠的基点；"比例"选项用于设置扫掠的比例因子，当指定了该参数后，扫掠效果与单击扫掠路径的位置有关，如图 11-52 所示分别为单击扫掠路径下方和上方的效果；"扭曲"选项用于设置扭曲角度或允许非平面扫掠路径倾斜。

原图

单击扫掠路径下方效果

单击扫掠路径上方效果

图 11-52　通过扫掠绘制实体

【练习 11-10】绘制如图 11-53 所示的弹簧。

(1) 在快速访问工具栏中选择"显示菜单栏"命令，在弹出的菜单中选择"文件"|"新建"命令，新建一个文档，并选择"视图"|"三维视图"|"东南等轴测"命令，转换到三维视图模式下。

(2) 在"功能区"选项板中选择"常用"选项卡，在"绘图"面板中单击"螺旋"按钮，绘制一个底面半径和顶面半径都为 100，高度为 300，圈数为 5 的螺旋线，如图 11-53 所示。

图 11-53　绘制螺旋线

(3) 在"功能区"选项板中选择"常用"选项卡，在"绘图"面板中单击"圆心，半径"按钮 ⊙，以任意一点为圆心，绘制半径为 10 的圆。

(4) 在"功能区"选项板中选择"常用"选项卡，在"建模"面板中单击"扫掠"按钮 ，发出 SWEEP 命令。

(5) 在"选择要扫掠的对象:"提示信息下选择圆作为扫掠对象，然后按 Enter 键，如图 11-54 所示。

(6) 在"选择扫掠路径或 [对齐(A)/基点(B)/比例(S)/扭曲(T)]:"提示信息下选择螺旋线作为扫掠路径，此时生成弹簧，如图 11-55 所示。

图 11-54　选择扫掠对象　　　　　　　　图 11-55　选择扫掠路径

11.4.4　将二维图形放样成实体

在快速访问工具栏中选择"显示菜单栏"命令，在弹出的菜单中选择"绘图"|"建模"|"放样"命令(LOFT)，可以将二维图形放样成实体，如图 11-56 所示。

图 11-56　放样并消隐图形

在放样时，当依次指定了放样截面后(至少两个)，命令行显示如下提示信息。

LOFT 输入选项 [导向(G)/路径(P)/仅横截面(C)] <仅横截面>:

在以上命令提示下，需要选择放样方式。其中，"导向"选项用于使用导向曲线控制放样，每条导向曲线必须要与每一个截面相交，并且起始于第一个截面，结束于最后一个截面；"路径"选项用于使用一条简单的路径控制放样，该路径必须与全部或部分截面相交；"仅横截面"选项用于只使用截面进行放样，此时将打开"放样设置"对话框，可以设置放样横截面上的曲面控制选项。

【练习 11-11】在(0,0,0)、(0,0,50)、(0,0,100) 3 点处绘制半径分别为 50、30 和 50 的圆，然后以绘制的圆为截面进行放样创建放样实体。

(1) 在快速访问工具栏中选择"显示菜单栏"命令，在弹出的菜单中选择"视图"|"三维视图"|"东南等轴测"命令，切换到三维东南等轴测视图。

(2) 在"功能区"选项板中选择"常用"选项卡，在"建模"面板中单击"圆心，半径"按钮 ⊙·，分别在点(0,0,0)、(0,0,50)、(0,0,100)处绘制半径为 50、30 和 50 的圆，如图 11-57 所示。

(3) 在"功能区"选项板中选择"常用"选项卡，在"建模"选项板中单击"放样"按钮 ，发出放样命令。

(4) 在命令行的"按放样次序选择横截面:"提示下，从下向上，依次单击绘制的圆作为放样截面，如图 11-58 所示。

图 11-57　绘制圆　　　　　　　　　　　　图 11-58　放样截面

(5) 按下 Enter 键后，在命令行的"输入选项 [导向(G)/路径(P)/仅横截面(C)/设置(S)] <路径>:"提示下输入 S，打开"放样设置"对话框，如图 11-59 所示。

图 11-59 打开"放样设置"对话框

(6) 在"放样设置"对话框中选择"平滑拟合"单选按钮，然后单击"确定"按钮，即可生成放样图形，如图 11-60 所示。

(7) 选择"视图"|"消隐"命令后，图形效果如图 11-61 所示。

图 11-60 放样图形

图 11-61 图形消隐效果

11.4.5 根据标高和厚度绘制三维图形

在 AutoCAD 中，用户可以为将要绘制的对象设置标高和延伸厚度。一旦设置了标高和延伸厚度，就可以用二维绘图的方法得到三维图形。使用 AutoCAD 绘制二维图形时，绘图面应是当前 UCS 的 XY 面或与其平行的平面。标高就是用来确定这个面的位置，它用绘图面与当前 UCS 的 XY 面的距离表示。厚度则是所绘二维图形沿当前 UCS 的 Z 轴方向延伸的距离。

在 AutoCAD 中，规定当前 UCS 的 XY 面的标高为 0，沿 Z 轴正方向的标高为正，沿负方向的标高为负。沿 Z 轴正方向延伸时的厚度为正，反之则为负。

实现标高、厚度设置的命令是 ELEV。执行该命令，AutoCAD 提示信息如下。

指定新的默认标高 <0.0000>： (输入新标高)
指定新的默认厚度 <0.0000>： (输入新厚度)

设置标高、厚度后，用户就可以创建在标高方向上各截面形状和大小相同的三维对象。

注意：
执行 AutoCAD 的绘矩形命令时，可以直接根据选择项设置标高和厚度。

【**练习 11-12**】根据标高和厚度绘制如图 11-62 所示的图形。

(1) 在"功能区"选项板中选择"常用"选项卡，在"绘图"面板中单击"矩形"按钮
，绘制一个长度为 30，宽度为 30，厚度为 3 的矩形。

(2) 在菜单栏中选择"视图"|"三维视图"|"东南等轴测"命令，这时将看到绘制的
是一个有厚度的矩形，如图 11-63 所示。

图 11-62　消隐后的效果

图 11-63　绘制有厚度的矩形

(3) 在"功能区"选项板中选择"可视化"选项卡，在"坐标"面板中单击"原点"
按钮，然后单击矩形的角点 A 处，将坐标原点移到该点上，如图 11-64 所示。

(4) 在菜单栏中选择"视图"|"三维视图"|"平面视图"|"当前 UCS"命令，将视图
设置为平面视图，如图 11-65 所示。

图 11-64　移动 UCS

图 11-65　将视图设置为平面视图

(5) 在命令行中输入命令 ELEV，在"指定新的默认标高 <0.0000>:"提示信息下设置
新的标高为 0，在"指定新的默认厚度 <0.0000>:"提示信息下设置新的厚度为 100。

(6) 在"功能区"选项板中选择"常用"选项卡，在"绘图"面板中单击"圆心,半径"
按钮，绘制一个以(15,15)为圆心，半径为 2 的圆，如图 11-66 所示。

(7) 使用同样的方法继续绘制一个以(15,15)为圆心，半径为 1 的圆，结果如图 11-67
所示。

图 11-66　绘制圆 1

图 11-67　绘制圆 2

(8) 在菜单栏中选择"视图"|"三维视图"|"东南等轴测"命令，得到如图 11-68 所示的三维视图效果。

(9) 在"功能区"选项板中选择"可视化"选项卡，在"坐标"面板中单击"原点"按钮📐，然后单击圆柱体上底的圆心，将坐标系移动到该点上，如图 11-69 所示。

图 11-68　改变视点

图 11-69　调整坐标系

(10) 在命令行输入命令 ELEV，在"指定新的默认标高 <0.0000>:"提示信息下设置新的标高为 0，在"指定新的默认厚度 <0.0000>:"提示信息下设置新的厚度为 3。

(11) 在"功能区"选项板中选择"常用"选项卡，在"绘图"面板中单击"圆心,半径"按钮⊙，绘制一个以圆柱体上底圆心为圆心，半径为 38 的圆，效果如图 11-70 所示。

(12) 使用同样的方法绘制半径为 20 的圆，如图 11-71 所示。

(13) 绘制完成后在菜单栏中选择"视图"|"消隐"命令，得到如图 11-62 所示的消隐效果。

图 11-70　绘制大圆

图 11-71　绘制小圆

11.5　思考练习

1. 在 AutoCAD 2016 中，用户可以通过哪些方式定义点？

2. 在 AutoCAD 2016 中，有哪些方法来绘制三维网格图形？

3. 绘制三维多段线时有哪些注意事项？

4. 如何通过二维图形创建实体？

第12章　编辑三维图形

使用三维操作命令和实体编辑命令，可以对三维对象进行移动、复制、镜像、旋转、对齐、阵列等操作，或对实体进行布尔运算，编辑面、边和体等操作。此外，本章还将通过具体的实例介绍三维对象的尺寸标注方法。

12.1　三维实体的布尔运算

在 AutoCAD 2016 中，用户可以对三维基本实体进行并集、差集、交集和干涉 4 种布尔运算，来创建复杂实体。

12.1.1　对三维对象求并集

在快速访问工具栏中选择"显示菜单栏"命令，在弹出的菜单中选择"修改"|"实体编辑"|"并集"命令(UNION)，可以通过组合多个实体生成一个新实体。该命令主要用于将多个相交或相接触的对象组合在一起。当组合一些不相交的实体时，其显示效果看起来还是多个实体，但实际上却被当作了一个对象。在使用该命令时，只需要依次选择待合并的对象即可。

例如，对图 12-1 所示的粗柱体和细柱体做并集运算，只需在快速访问工具栏中选择"显示菜单栏"命令，在弹出的菜单中选择"修改"|"实体编辑"|"并集"命令(UNION)，然后选择粗柱体和细柱体，按 Enter 键即得到并集效果，如图 12-2 所示。

图 12-1　用作并集运算的实体

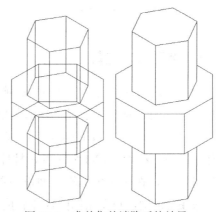

图 12-2　求并集并消隐后的效果

【练习12-1】在AutoCAD 2016中对三维图形执行"并集"运算。

(1) 在AutoCAD中打开如图12-3所示的图形后,选择"修改"|"实体编辑"|"并集"命令,执行UNION操作。

(2) 接下来,在命令窗口的"选择对象:"信息提示下,单击选中绘图区中的楔体,如图12-4所示。

图12-3　打开图形

图12-4　选中楔体

(3) 在命令窗口"选择对象:"信息提示下,单击选中绘图区中的长方体,如图 12-5所示。

(4) 最后,按下Enter键,长方体和楔体的并集运算结果如图12-6所示。

图12-5　选中长方体

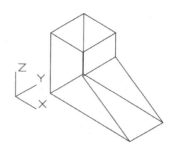

图12-6　并集运算结果

12.1.2　对三维对象求差集

在"功能区"选项板中选择"常用"选项卡,在"实体编辑"面板中单击"差集"按钮,或在快速访问工具栏中选择"显示菜单栏"命令,在弹出的菜单中选择"修改"|"实体编辑"|"差集"命令(SUBTRACT),即可从一些实体中去掉部分实体,从而得到一个新的实体。例如,要从图12-1所示的粗柱体中减去细柱体,可在"功能区"选项板中选择"常用"选项卡,在"实体编辑"面板中单击"差集"按钮,然后单击粗圆柱体作为被减实体。按Enter键,再单击细圆柱体后按Enter键确认,可得到差集效果,如图12-7所示。

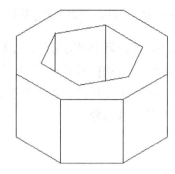

图 12-7　求差集并消隐后的效果

12.1.3　对三维对象求交集

在"功能区"选项板中选择"常用"选项卡，在"实体编辑"面板中单击"交集"按钮⬤，或在快速访问工具栏中选择"显示菜单栏"命令，在弹出的菜单中选择"修改"|"实体编辑"|"交集"命令(INTERSECT)，就可以利用各实体的公共部分创建新实体。例如，要对一个实体求交集，在"实体编辑"面板中单击"交集"按钮⬤，然后单击所有需要求交集的实体，按 Enter 键即可得到交集效果，如图 12-8 所示。

图 12-8　求交集并消隐后的效果

12.1.4　对三维对象求干涉集

干涉检查通过从两个或多个实体的公共体积创建临时组合三维实体，来亮显重叠的三维实体。如果定义了单个选择集，干涉检查将对比检查集合中的全部实体。如果定义了两个选择集，干涉检查将对比检查第一个选择集中的实体与第二个选择集中的实体。如果在两个选择集中都包括了同一个三维实体，干涉检查将此三维实体视为第一个选择集中的一部分，而在第二个选择集中忽略它。

在"功能区"选项板中选择"常用"选项卡，在"实体编辑"面板中单击"干涉检查"按钮⬛，或在快速访问工具栏中选择"显示菜单栏"命令，在弹出的菜单中选择"修改"|"三维操作"|"干涉检查"命令(INTERFERE)，就可以对对象进行干涉运算。此时，命令行显示如下提示信息。

INTERFERE 选择第一组对象或 [嵌套选择(N)/设置(S)]:

　　默认情况下，选择第一组对象后，按 Enter 键，命令行将显示"选择第二组对象或 [嵌套选择(N)/检查第一组(K)] <检查>："提示信息，此时，按 Enter 键，将打开"干涉检查"对话框，如图 12-9 所示。用户可以在干涉对象之间循环并缩放干涉对象，也可以指定关闭对话框时是否删除干涉对象。

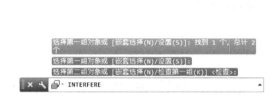

图 12-9　干涉检查

提示行中其他各选项的功能如下所示。

- "嵌套选择(N)"选项：选择该选项，用户可以选择嵌套在块和外部参照中的单个实体对象。此时命令行将显示"选择嵌套对象或 [退出(X)] <退出>:"提示信息，可以选择嵌套对象或按 Enter 键返回普通对象选择。
- "设置(S)"选项：选择该选项，将打开"干涉设置"对话框，如图 12-10 所示。该对话框用于控制干涉对象的显示。其中，"干涉对象"选项区域用于指定干涉对象的视觉样式和颜色，是亮显实体的干涉对象，还是亮显从干涉点对中创建的干涉对象；"视口"选项区域则用于指定检查干涉时的视觉样式。

例如，要对图 12-2 所示的两个实体求干涉，其结果如图 12-11 所示。

图 12-10　"干涉设置"对话框　　　　　图 12-11　求干涉集后的效果

12.2　编辑三维对象

在二维图形编辑中的许多修改命令(如移动、复制、删除等)同样适用于三维对象。另外，用户可以在快速访问工具栏中选择"显示菜单栏"命令，在弹出的菜单中选择"修改"|"三维操作"菜单中的子命令，对三维空间中的对象进行三维阵列、三维镜像、三维旋转以及对齐位置等操作。

12.2.1　移动三维对象

在"功能区"选项板中选择"常用"选项卡，在"修改"面板中单击"三维移动"按钮⊕，或在快速访问工具栏中选择"显示菜单栏"命令，在弹出的菜单中选择"修改"|"三维操作"|"三维移动"命令(3DMOVE)，可以移动三维对象。执行"三维移动"命令时，首先需要指定一个基点，然后指定第二点即可移动三维对象，如图 12-12 所示。

图 12-12　在三维空间中移动对象

12.2.2　阵列三维对象

在"功能区"选项板中选择"常用"选项卡，在"修改"面板中单击"三维阵列"按钮▦，或在快速访问工具栏中选择"显示菜单栏"命令，在弹出的菜单中选择"修改"|"三维操作"|"三维阵列"命令(3DARRAY)，可以在三维空间中使用环形阵列或矩形阵列方式复制对象。

1. 矩形阵列

在命令行的"输入阵列类型 [矩形(R)/环形(P)] <矩形>:"提示下，选择"矩形"选项或者直接按 Enter 键，可以以矩形阵列方式复制对象，此时需要依次指定阵列的行数、列数、阵列的层数、行间距、列间距及层间距。其中，矩形阵列的行、列、层分别沿着当前UCS 的 X 轴、Y 轴和 Z 轴的方向；输入某方向的间距值为正值时，表示将沿相应坐标轴的正方向阵列，否则沿负方向阵列。

【练习 12-2】在边长为 100 的正方体上创建 16 个边长为 10 的正方形孔，如图 12-13 所示。

(1) 在"功能区"选项板中选择"常用"选项卡，在"建模"面板中单击"长方体"按钮，以点(0,0,0)为第一个角点，绘制一个边长为 100 的正方体，如图 12-14 所示。

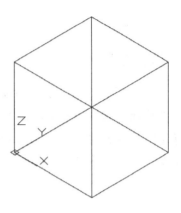

图 12-13　带孔的正方体　　　　　　　　　图 12-14　绘制正方体

(2) 在"功能区"选项板中选择"常用"选项卡，在"建模"面板中单击"长方体"按钮，以点(15,15,0)为长方体第 1 个角点，(25,25,0)为第 2 个角点，绘制一个底边长为 10，高为 100 的长方体，效果如图 12-15 所示。

(3) 选择"修改"|"三维操作"|"三维阵列"命令，然后在命令窗口"选择对象"提示信息下，选中创建的长方体，然后按下 Enter 键。

(4) 此时自动打开"阵列"选项卡，设置列数为 4，行数为 4，列间距和行间距都为 20，如图 12-16 所示。

(5) 在"功能区"选项板中选择"常用"选项卡，在"实体编辑"面板中单击"差集"按钮，对源图形与新绘制的 6 个圆柱体做差集运算，得到的最后结果如图 12-13 所示。

图 12-15　绘制长方体　　　　　　　　　图 12-16　阵列复制结果

2. 环形阵列

在命令行的"输入阵列类型 [矩形(R)/环形(P)] <矩形>："提示下，选择"环形(R)"

选项，可以以环形阵列方式复制对象，此时需要输入阵列的项目个数，并指定环形阵列的填充角度，确认是否要进行自身旋转，然后指定阵列的中心点及旋转轴上的另一点，确定旋转轴。

【练习 12-3】使用环形阵列绘制法兰盘图形。

(1) 在"功能区"选项板中选择"常用"选项卡，在"建模"面板中单击"圆柱体"按钮□，以点"0,0,0"为底面中心，分别绘制两个圆柱体：一个半径为 120，高为 40；一个半径为 30，高为 100。效果如图 12-17 所示。

(2) 以点"0,0,40"为底面中心，绘制半径为 50，高为 60 的圆柱体，效果如图 12-18 所示。

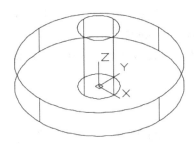

图 12-17　绘制半径 120 和 30 的圆柱体

图 12-18　绘制半径 50 圆柱体

(3) 以点"85,0,0"为底面中心，绘制半径为 10，高为 40 的圆柱体；以点"85,0,20"为底面中心，绘制半径为 20，高为 20 的圆柱体，如图 12-19 所示。

(4) 在"功能区"选项板中选择"常用"选项卡，在"实体编辑"面板中单击"并集"按钮⑩，将半径为 120 与 50 的圆柱体进行并集处理，并将半径为 10 与 20 的圆柱体进行并集处理，如图 12-20 所示。

图 12-19　绘制半径 10 和 20 的圆柱体

图 12-20　对圆柱体并集处理

(5) 选择"修改"|"三维操作"|"三维阵列"命令，在命令窗口"选择对象:"提示信息下选择半径 10 与 20 的圆柱体并集后的图形，如图 12-21 所示。

(6) 在命令窗口"输入阵列类型[矩形(R)/环形(P)] <矩形>:"提示信息下输入 P，选择环形阵列，输入阵列中的项目数目 6 ，指定环形阵列的填充角度为 360°，以(0,0,0)为阵列的中心点，以(0,0,100)为旋转轴上的第二点，阵列复制结果如图 12-22 所示。

图 12-21　绘制半径 10 和 20 的圆柱体

图 12-22　对圆柱体并集处理

(7) 在"功能区"选项板中选择"常用"选项卡，在"实体编辑"面板中单击"差集"按钮，选择半径为 120 与 50 的圆柱体的并集作为要从中减去的实体，选择阵列后的对象和半径为 30 的圆柱体作为要减去的实体，进行差集处理，如图 12-23 所示。

(8) 在快速访问工具栏中选择"显示菜单栏"命令，在弹出的菜单中选择"视图"|"消隐"命令消隐图形，如图 12-24 所示。

图 12-23　对圆柱体差集处理

图 12-24　图形效果

12.2.3　镜像三维对象

在"功能区"选项板中选择"常用"选项卡，在"修改"面板中单击"三维镜像"按钮，或在快速访问工具栏中选择"显示菜单栏"命令，在弹出的菜单中选择"修改"|"三维操作"|"三维镜像"命令(MIRROR3D)，可以在三维空间中将指定对象相对于某一平面镜像。执行该命令并选择需要进行镜像的对象，然后指定镜像面。镜像面可以通过 3 点确定，也可以是对象、最近定义的面、Z 轴、视图、XY 平面、YZ 平面和 ZX 平面，如图 12-25 所示。

图 12-25　三维镜像

12.2.4　旋转三维对象

在"功能区"选项板中选择"常用"选项卡，在"修改"面板中单击"三维旋转"按钮，或在快速访问工具栏中选择"显示菜单栏"命令，在弹出的菜单中选择"修改"|"三维操作"|"三维旋转"命令(ROTATE3D)，可以使对象绕三维空间中任意轴(X 轴、Y 轴或 Z 轴)、视图、对象或两点旋转，其方法与三维镜像图形的方法相似。

【练习 12-4】将如图 12-26 所示的图形绕 X 轴旋转 90°，然后再绕 Z 轴选装 45°。

(1) 在"功能区"选项板中选择"常用"选项卡，在"修改"面板中单击"三维旋转"按钮，在"选择对象："提示下选择需要旋转的对象。

(2) 在命令行的"指定基点:"提示信息下确定旋转的基点(0,0)。

(3) 此时，在绘图窗口中出现一个球形坐标(红色代表 X 轴，绿色代表 Y 轴，蓝色代表 Z 轴)，单击红色环型线确认绕 X 轴旋转，如图 12-27 所示。

图 12-26　原始图形

图 12-27　确认旋转轴

(4) 在命令行的"指定角的起点或键入角度:"提示信息下输入 90，并按 Enter 键，此时图形将绕 X 轴选择 90°，结果如图 12-28 所示。

(5) 使用同样的方法将图形绕 Z 轴旋转 45°，效果如图 12-29 所示。

图 12-28　绕 X 轴旋转 90° 后的图形

图 12-29　绕 Z 轴旋转 45° 后的图形

12.2.5　对齐三维对象

在"功能区"选项板中选择"常用"选项卡，在"修改"面板中，单击"三维对齐"按钮，或在快速访问工具栏中选择"显示菜单栏"命令，在弹出的菜单中选择"修改"|"三维操作"|"三维对齐"命令(3DALIGN)，可以对齐对象。

下面将通过一个实例，介绍在 AutoCAD 中使用"三维对齐"命令的方法。

【练习 12-5】在 AutoCAD 中将长方体对齐于坐标"0,0,0"、"0,40,0"和"0,0,40"。

(1) 在 AutoCAD 中打开如图 12-30 所示的长方体，然后选择"修改"|"三维操作"|"三维对齐"命令，执行 3DALIGN 操作。

(2) 在命令窗口"选择对象:"提示信息下，单击选中绘图区中的零件图形，然后在"指定基点或[复制(C)]:"提示信息下，指定第一个点 A，如图 12-31 所示。

图 12-30　打开图形

图 12-31　选中第一个基点 A

(3) 在命令窗口"指定第二个点或[延续(C)]:"提示信息下，指定第二个点 B，如图 12-32 所示。

(4) 在命令窗口"指定第三个点或[延续(C)]:"提示信息下，指定第三个点 C，如图 12-33 所示。

图 12-32　选中第二个基点 B

图 12-33　选中第三个基点 C

(5) 在命令窗口"指定第一个目标点"提示信息下，输入"0,0,0"，如图 12-34 所示。

(6) 在命令窗口"指定第二个目标点"提示信息下，输入"0,40,0"，在"指定第三个目标点"提示信息下，输入"0,0,40"，长方体效果如图 12-35 所示。

图 12-34　指定第一个目标点

图 12-35　图形对齐效果

12.3　编辑三维实体

在 AutoCAD 2016 中，可以对三维基本实体进行布尔运算来创建复杂实体，也可以对实体进行各种编辑操作。

12.3.1　编辑实体的边

在 AutoCAD 的"功能区"选项板中选择"常用"选项卡，在"实体编辑"面板中单击编辑"提取边"按钮，或在菜单栏中选择"修改"|"实体编辑"子菜单中的命令，可以编辑实体的边，如提取边、复制边、着色边等。

1. 提取边

在"功能区"选项板中选择"常用"选项卡，在"实体编辑"面板中单击"提取边"按钮 ，或在菜单栏中选择"修改"|"三维操作"|"提取边"命令(XEDGES)，可以通过从三维实体或曲面中提取边来创建线框几何体。例如，要提取如图 12-36 所示长方体中的边，可以在"功能区"选项板中选择"常用"选项卡，在"实体编辑"面板中单击"提取边"按钮，然后选择长方体，按 Enter 键即可。如图 12-37 所示为提取出的一条边。

图 12-36　长方体

图 12-37　从长方体中提取的边

2. 压印边

在"功能区"选项板中选择"常用"选项卡，在"实体编辑"面板中单击"压印"按钮 ，或在菜单栏中选择"修改"|"实体编辑"|"压印"命令(IMPRINT)，可以将对象压印到选定的实体上。例如，要在长方体上压印圆，可在"功能区"选项板中选择"常用"选项卡，在"实体编辑"面板中单击"压印"按钮，然后选择长方体作为三维实体，选择圆作为要压印的对象，若要删除压印对象，可在命令行"是否删除源对象 [是(Y)/否(N)]<N>:"提示下输入 Y，然后连续按 Enter 键即可，如图 12-38 所示。

| 选定实体 | 选定对象 | 压印效果 |

图 12-38　压印边

3. 着色边

在"功能区"选项板中选择"常用"选项卡，在"实体编辑"面板中单击"着色边"按钮，或在菜单栏中选择"修改"|"实体编辑"|"着色边"命令，可着色实体的边。

用户在执行着色边命令时，选定边后，将弹出"选择颜色"对话框，可以选择用于着色边的颜色。

4. 复制边

在"功能区"选项板中选择"常用"选项卡，在"实体编辑"面板中单击"复制边"按钮，或在菜单栏中选择"修改"|"实体编辑"|"复制边"命令，可以将三维实体边复制为直线、圆弧、圆、椭圆或样条曲线。

12.3.2　编辑实体的面

在 AutoCAD 的"功能区"选项板中选择"常用"选项卡，在"实体编辑"面板中单击相关按钮，或在菜单栏中选择"修改"|"实体编辑"子菜单中的命令，可以对实体面进行拉伸、移动、偏移、删除、旋转、倾斜、着色和复制等操作，如图 12-39 所示。

图 12-39　编辑按钮和命令

1. 拉伸面

在"功能区"选项板中选择"常用"选项卡，在"实体编辑"面板中单击"拉伸面"按钮，或在菜单栏中选择"修改"|"实体编辑"|"拉伸面"命令，可以按指定的长度或沿指定的路径拉伸实体面。

例如，要将图 12-40 所示图形中 A 处的面拉伸 40 个单位，可在"常用"选项卡的"实体编辑"面板中，单击"拉伸面"按钮，并单击 A 处所在的面，然后在命令行的提示下输入拉伸高度为 40，其结果如图 12-41 所示。

2. 移动面

在"功能区"选项板中选择"常用"选项卡，在"实体编辑"面板中单击"移动面"按钮，或在菜单栏中选择"修改"|"实体编辑"|"移动面"命令，可以按指定的距离移动实体的指定面。

例如，若要对图 12-40 所示对象中点 A 处的面进行移动，并指定位移的基点为(0,0,0)，位移的第 2 点为(0,40,0)，移动的结果也将如图 12-41 所示。

3. 偏移面

在"功能区"选项板中选择"常用"选项卡，在"实体编辑"面板中单击"偏移面"按钮，或在菜单栏中选择"修改"|"实体编辑"|"偏移面"命令，可以等距离偏移实体的指定面。例如，若对图 12-40 所示对象中点 A 处的面进行偏移，并指定偏移距离为 40，移动的结果也将如图 12-41 所示。

图 12-40　待拉伸的图形

图 12-41　拉伸后的效果

4. 删除面

在"功能区"选项板中选择"常用"选项卡，在"实体编辑"面板中单击"删除面"按钮，在菜单栏中选择"修改"|"实体编辑"|"删除面"命令，可以删除实体上指定的面。

例如，要删除图 12-42 所示图形中 A 处的面，在"功能区"选项板中选择"常用"选项卡，在"实体编辑"面板中单击"删除"按钮，并单击 A 处所在的面，然后按 Enter 键即可，其结果如图 12-43 所示。

图 12-42　需要删除其面的实体

图 12-43　删除面后的效果

5. 旋转面

在"功能区"选项板中选择"常用"选项卡，在"实体编辑"面板中单击"旋转面"按钮 旋转面，或在菜单栏中选择"修改"|"实体编辑"|"旋转面"命令，可以绕指定轴旋转实体的面。

例如，将图 12-44 中 A 处的面绕 X 轴旋转 45°，可在"功能区"选项板中选择"常用"选项卡，在"实体编辑"面板中单击"旋转面"按钮，并单击点 A 处的面作为旋转面，指定轴为 X 轴，旋转原点的坐标为(0,0,0)，旋转角度为 45°，则旋转后的效果如图 12-45 所示。

6. 倾斜面

在"功能区"选项板中选择"常用"选项卡，在"实体编辑"面板中单击"倾斜面"按钮 倾斜面，或选择"修改"|"实体编辑"|"倾斜面"命令，可以将实体面倾斜为指定角度。

例如，将图 12-44 中 A 处的面以(0,0,0)为基点，以(0,0,10)为沿倾斜轴上的一点，倾斜 -45°，也可得到图 12-45 所示的结果。

图 12-44　需要旋转面的实体

图 12-45　旋转面后的效果

7. 着色面

在"功能区"选项板中选择"常用"选项卡，在"实体编辑"面板中单击"着色面"按钮，或在菜单栏中选择"修改"|"实体编辑"|"着色面"命令，可以修改实体上单个面的颜色。当执行着色面命令时，在绘图窗口中选择需要着色的面，然后按 Enter 键将打开"选择颜色"对话框。在颜色调色板中可以选择需要的颜色，最后单击"确定"按钮即可。

当为实体的面着色后，可在"功能区"选项板中选择"输出"选项卡，在"渲染"面板中单击"渲染"按钮，渲染图形，以观察其着色效果，如图 12-46 所示。

8. 复制面

在"功能区"选项板中选择"常用"选项卡，在"实体编辑"面板中单击"复制面"按钮，或在菜单栏中选择"修改"|"实体编辑"|"复制面"命令，可以复制指定的实体面。

例如，要复制图形中的圆环面，在"功能区"选项板中选择"常用"选项卡，在"实体编辑"面板中单击"复制面"按钮，并单击需要复制的面，然后指定位移的基点和位移的第 2 点，并按 Enter 键，结果如图 12-47 所示。

图 12-46　着色实体面后的渲染效果

图 12-47　复制实体面

12.3.3　分解实体

在"功能区"选项板中选择"常用"选项卡，在"修改"面板中单击"分解"按钮，或在快速访问工具栏中选择"显示菜单栏"命令，在弹出的菜单中选择"修改"|"分解"命令(EXPLODE)，可以将三维对象分解为一系列面域和主体。其中，实体中的平面被转换为面域，曲面被转化为主体。用户还可以继续使用该命令，将面域和主体分解为组成它们的基本元素，如直线、圆及圆弧等。

例如，若对如图 12-48 左图所示的图形进行分解，然后移动生成的面域或主体，效果将如图 12-48 右图所示。

图 12-48　分解实体

12.3.4　对实体修倒角和圆角

在"功能区"选项板中选择"常用"选项卡，在"修改"面板中单击"倒角"按钮 ⌐▾，或在快速访问工具栏中选择"显示菜单栏"命令，在弹出的菜单中选择"修改"|"倒角"命令(CHAMFER)，可以对实体的棱边修倒角，从而在两相邻曲面间生成一个平坦的过渡面。

在"功能区"选项板中选择"常用"选项卡，在"修改"面板中单击"圆角"按钮 ⌐▾，或在快速访问工具栏中选择"显示菜单栏"命令，在弹出的菜单中选择"修改"|"圆角"命令(FILLET)，可以为实体的棱边修圆角，从而在两个相邻面间生成一个圆滑过渡的曲面。在为几条交于同一个点的棱边修圆角时，如果圆角半径相同，则会在该公共点上生成球面的一部分。

【练习 12-6】对图 12-49 所示图形中的 A 和 B 处的棱边修倒角，倒角距离都为 5；对 C 和 D 处的棱边修圆角，圆角半径为 15。

(1) 在"功能区"选项板中选择"常用"选项卡，在"修改"面板中单击"倒角"按钮 ▨，在"选择第一条直线或 [放弃(U)/多段线(P)/距离(D)/角度(A)/修剪(T)/方式(E)/多个(M)]："提示信息下，单击 A 处作为待选择的边。

(2) 在命令行的"输入曲面选择选项 [下一个(N)/当前(OK)] <当前(OK)>:"提示信息下按 Enter 键，指定曲面为当前面。

(3) 在命令行的"指定基面的倒角距离:"提示信息下输入 5，指定基面的倒角距离为 5。

(4) 在命令行的"指定基面的倒角距离<5.000>："提示信息下按 Enter 键，指定其他曲面的倒角距离也为 5。

(5) 在命令行的"选择边或 [环(L)]:"提示信息下，单击 A 处的棱边，结果如图 12-50 所示。

(6) 使用同样的方法，对 B 处的棱边修倒角。

(7) 在"功能区"选项板中选择"常用"选项卡，在"修改"面板中单击"圆角"按钮 ▨，在命令行的"选择第一个对象或 [放弃(U)/多段线(P)/半径(R)/修剪(T)/多个(M)]:"提示信息下单击 C 处的棱边。

图 12-49　对实体修圆角和倒角

图 12-50　对 A 处的棱边修倒角

(8) 在命令行的"输入圆角半径:"提示信息下输入 15,指定圆角半径,按 Enter 键,结果如图 12-51 所示。

(9) 使用同样的方法,对 D 处的棱边修倒角。

(10) 在菜单栏中选择"视图"|"消隐"命令消隐图形,结果如图 12-52 所示。

图 12-51　指定圆角半径

图 12-52　消隐后的效果

12.3.5　剖切实体

在"功能区"选项板中选择"常用"选项卡,在"实体编辑"面板中单击"剖切"按钮，或在快速访问工具栏中选择"显示菜单栏"命令,在弹出的菜单中选择"修改"|"三维操作"|"剖切"命令(SLICE),都可以使用平面剖切一组实体。剖切面可以是对象、Z 轴、视图、XY/YZ/ZX 平面或 3 点定义的面。

【练习 12-7】在 AutoCAD 中绘制一个阀芯零件图。

(1) 在快速访问工具栏中选择"显示菜单栏"命令,在弹出的菜单中选择"视图"|"三维视图"|"西南等轴测"命令,将当前视图设置为西南等轴测视图。

(2) 在"功能区"选项板中选择"常用"选项卡,在"建模"面板中单击"球体"按钮，以点(0,0,0)为底面中心,绘制半径为 20 的球体,如图 12-53 所示。

(3) 在快速访问工具栏中选择"显示菜单栏"命令,在弹出的菜单中选择"视图"|"三维视图"|"俯视"命令,将当前视图设置为俯视图,如图 12-54 所示。

图 12-53　绘制球体

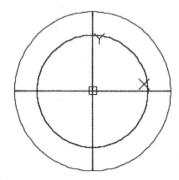

图 12-54　俯视图

(4) 在"功能区"选项板中选择"常用"选项卡，在"实体编辑"面板中单击"剖切"按钮，在命令窗口的"指定切面的起点或 [平面对象(O)/曲面(S)/Z 轴(Z)/视图(V)/XY/YZ/ZX/三点(3)] <三点>:"提示信息下输入 YZ，使用平行于 YZ 平面的面作为剖切面，如图 12-55 所示。

(5) 在命令行的"YZ 平面上的点 <0,0,0>:"提示信息下输入"16,0"，使用该点作为 YZ 平面上的点。

(6) 在命令行的"在所需的侧面上指定点或[保留两个侧面(B)]<保留两个侧面>:"提示信息下输入"0,0"，保留靠近点"0,0"一侧的图形部分，然后按下 Enter 键，图形的小狗如图 12-56 所示。

图 12-55　使用 YZ 平面的面作为剖切面

图 12-56　剖切效果

(7) 重复步骤(4)~(6)，以点(-16,0)作为 YZ 平面的一点，进行剖切处理，效果如图 12-57 所示。

(8) 在快速访问工具栏中选择"显示菜单栏"命令，在弹出的菜单中选择"视图"|"三维视图"|"左视"命令，将当前视图设置为左视图，如图 12-58 所示。

(9) 在"功能区"选项板中选择"常用"选项卡，在"建模"面板中单击"圆柱体"按钮，以点(0,0,0)为底面中心，绘制半径为 10，高为 16 的圆柱体 A；以点(48,0,0)为底面中心，绘制半径为 34，高为 5 的圆柱体 B，如图 12-59 所示。

图 12-57 剖切图形

图 12-58 左视图

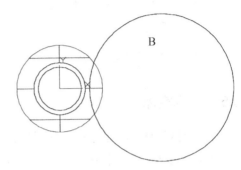

图 12-59 绘制圆柱体 A、B

(10) 在快速访问工具栏中选择"显示菜单栏"命令，在弹出的菜单中选择"视图"|"三维视图"|"西南等轴测"命令，将当前视图设置为西南等轴测视图，如图 12-60 所示。

(11) 在"功能区"选项板中选择"常用"选项卡，在"修改"面板中单击"三维镜像"按钮，将创建的圆柱体 A 和圆柱体 B 以 YZ 平面作为镜像面，进行镜像操作，效果如图 12-61 所示。

图 12-60 西南等测轴视图

图 12-61 镜像图形

(12) 在快速访问工具栏中选择"显示菜单栏"命令，在弹出的菜单中选择"修改"|"实体编辑"|"差集"命令，将球体与镜像的圆柱体进行差集运算，如图 12-62 所示。

(13) 在快速访问工具栏中选择"显示菜单栏"命令，在弹出的菜单中选择"视图"|"消隐"命令消隐图形，最终效果如图 12-63 所示。

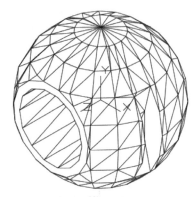

图 12-62　差集运算结果　　　　　　　　　图 12-63　图形消隐效果

12.3.6　加厚实体

在"功能区"选项板中选择"常用"选项卡，在"实体编辑"面板中单击"加厚"按钮 ，或在快速访问工具栏中选择"显示菜单栏"命令，在弹出的菜单中选择"修改"|"三维操作"|"加厚"命令(THICKEN)，可以为曲面添加厚度，使其成为一个实体。

【练习 12-8】在 AutoCAD 中对长方形曲面执行"加厚"操作。

(1) 选择"绘图"|"建模"|"曲面"|"平面"命令，绘制一个如图 12-64 所示的长方形曲面，然后选择"修改"|"三维操作"|"加厚"命令，执行 THICKEN 操作。

(2) 在命令窗口提示"选择要加厚的曲面:"信息提示下，选中绘图区绘制的曲面，如图 12-65 所示。

图 12-64　绘制曲面　　　　　　　　　　图 12-65　选中曲面

(3) 在命令窗口"指定厚度<0.0000>："提示信息下，输入 30，如图 12-66 所示。

(4) 最后，按下 Enter 键，曲面的加厚效果如图 12-67 所示。

图 12-66　设定加厚参数　　　　　　　　　图 12-67　曲面加厚效果

12.3.7　转换为实体和曲面

下面介绍在 AutoCAD 2016 中将图形转换为实体和曲面的具体方法。

1. 转换为实体

在"功能区"选项板中选择"常用"选项卡，在"实体编辑"面板中单击"转换为实体"按钮![icon]，或在快速访问工具栏中选择"显示菜单栏"命令，在弹出的菜单中选择"修改"|"三维操作"|"转换为实体"命令(CONVTOSOLID)，都可以将具有厚度的统一宽度的宽多段线、闭合的或具有厚度的零宽度多段线、具有厚度的圆转换为实体。

注意：
无法对包含零宽度顶点或可变宽度线段的多段线使用 CONVTOSOLID 命令。

2. 转换为曲面

在"功能区"选项板中选择"常用"选项卡，在"实体编辑"面板中单击"转换为曲面"按钮![icon]，或在快速访问工具栏中选择"显示菜单栏"命令，在弹出的菜单中选择"修改"|"三维操作"|"转换为曲面"命令(CONVTOSURFACE)，都可以将二维实体、面域、体、开放的或具有厚度的零宽度多段线、具有厚度的直线、具有厚度的圆弧以及三维平面转换为曲面。

12.3.8　实体分割、清除、抽壳与检查

在 AutoCAD 的"功能区"选项板中选择"常用"选项卡，使用"实体编辑"面板中的清除、分割、抽壳和检查工具，或在快速访问工具栏中选择"显示菜单栏"命令，在弹出的菜单中选择"修改"|"实体编辑"子菜单中的相关命令，可以对实体进行清除、分割、抽壳和检查操作。如图 12-68 所示为相关的编辑工具。

图 12-68　分割、清除、抽壳和检查工具

1. 分割

在"功能区"选项板中选择"常用"选项卡，在"实体编辑"面板中单击"分割"按钮![icon 分割]，或在菜单栏中选择"修改"|"实体编辑"|"分割"命令，可以将不相连的三维实体对象分割成独立的三维实体对象。

例如，使用"分割"命令分割如图 12-69 所示的三维实体后，效果如图 12-70 所示。

图 12-69　实体分割前效果

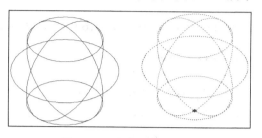

图 12-70　实体分割后效果

2. 清除

在"功能区"选项板中选择"常用"选项卡，在"实体编辑"面板中单击"清除"按钮■ 清除，或在菜单栏中选择"修改"|"实体编辑"|"清除"命令，可以删除共享边以及那些在边或顶点具有相同表面或曲线定义的顶点。可以删除所有多余的边、顶点以及不使用的几何图形，但不删除压印的边。

例如，使用"清除"命令清除如图 12-71 所示的三维实体后，效果如图 12-72 所示。

图 12-71　实体清除前

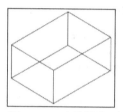

图 12-72　实体清除后

3. 抽壳

在"功能区"选项板中选择"常用"选项卡，在"实体编辑"面板中单击"抽壳"按钮■ 抽壳，或在菜单栏中选择"修改"|"实体编辑"|"抽壳"命令，可以用指定的厚度创建一个空的薄层。可以为所有面指定一个固定的薄层厚度。通过选择面可以将这些面排除在壳外。一个三维实体只能有一个壳。通过将现有面偏移出其原位置来创建新的面。

使用"抽壳"命令进行抽壳操作时，若输入抽壳偏移距离的值为正值，表示从圆周外开始抽壳，指定为负值，表示从圆周内开始抽壳。

例如，使用"抽壳"命令对如图 12-73 所示的三维实体抽壳后的效果如图 12-74 所示。

4. 检查

在"功能区"选项板中选择"常用"选项卡，在"实体编辑"面板中单击"检查"按钮■ 检查，或在菜单栏中选择"修改"|"实体编辑"|"检查"命令，可以检查选中的三维对象是否是有效的实体，如图 12-75 所示。

图 12-73 实体抽壳前

图 12-74 实体抽壳后

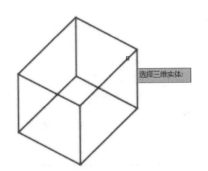

图 12-75 检查实体

12.4 标注三维对象的尺寸

在 AutoCAD 中，使用"标注"菜单中的命令或"标注"面板中的标注工具，不仅可以标注二维对象的尺寸，还可以标注三维对象的尺寸。由于所有的尺寸标注只能在当前坐标的 XY 平面中进行，因此为了准确标注三维对象中各部分的尺寸，需要不断地变换坐标系。

【练习 12-9】标注如图 12-76 所示的图形。

(1) 根据前面介绍的方法绘制如图 12-76 所示的图形。

(2) 在"功能区"选项板中选择"常用"选项卡，在"图层"面板中单击"图层特性"按钮 🗐，打开"图层特性管理器"面板，新建一个"标注层"，并将该层设置为当前层。

(3) 在"功能区"选项板中选择"可视化"选项卡，在"坐标"面板中单击"原点"按钮 ⌐，将坐标系移动到如图 12-77 所示的位置。

图 12-76 绘制图形

图 12-77 移动坐标系

(4) 在"功能区"选项板中选择"注释"选项卡，在"标注"面板中单击"线性"按钮 线性，标注底部图形的长和宽，如图 12-78 所示。

(5) 在"功能区"选项板中选择"可视化"选项卡，在"坐标"面板中单击 X 按钮，将坐标系绕 X 轴旋转 90°，结果如图 12-79 所示。

图 12-78 线性标注

图 12-79 旋转坐标系

(6) 在"功能区"选项板中选择"注释"选项卡，在"标注"面板中单击"线性"按钮 线性，标注底部图形的高度，如图 12-80 所示。

(7) 在"功能区"选项板中选择"视图"选项卡，在"坐标"面板中单击"原点"按钮，将坐标系移动到圆柱体顶部圆心处。

(8) 在"功能区"选项板中选择"注释"选项卡，在"标注"面板中单击"半径"按钮 线性，标注顶部两个圆的半径，如图 12-81 所示。

图 12-80 标注长方体高度

图 12-81 标注半径

(9) 在"功能区"选项板中选择"视图"选项卡，在"坐标"面板中单击 X 按钮，将坐标系绕 X 轴旋转 90°，结果如图 12-82 所示。

(10) 在"功能区"选项板中选择"注释"选项卡，在"标注"面板中单击"线性"按

钮 线性，标注圆柱体的高度，结果如图 12-83 所示。

图 12-82　旋转坐标系

图 12-83　标注圆柱高度

12.5　思考练习

1. 在 AutoCAD 2016 中，如何对三维基本实体进行并集、差集、交集和干涉 4 种布尔运算？

2. 是否可以将二维实体、面域、体、开放的或具有厚度的零宽度多段线、具有厚度的直线、具有厚度的圆弧以及三维平面转换为曲面？如果可以，如何操作？

3. 是否可以删除实体的一个面？如果可以，如何操作？

4. 绘制如图 12-84 所示的图形并进行标注。

5. 绘制如图 12-85 所示的图形并进行标注。

图 12-84　练习 4

图 12-85　练习 5

第13章 观察与渲染三维图形

使用三维观察和导航工具，可以在图形中导航、为指定视图设置相机以及创建动画以便与其他人共享设计。可以围绕三维模型进行动态观察、回旋、漫游和飞行，设置相机，创建预览动画以及录制运动路径动画，用户可以将这些分发给其他人以从视觉上传达设计意图。要从视觉上能更形象、真实地观测三维模型的效果，还需要对模型应用视觉样式或进行渲染。本章将介绍观察与渲染三维图形的相关知识。

13.1 使用三维导航工具

三维导航工具允许用户从不同的角度、高度和距离查看图形中的对象。用户可以使用以下三维工具在三维视图中进行动态观察、回旋、调整距离、缩放和平移。

- 受约束的动态观察：沿 XY 平面或 Z 轴约束三维动态观察。
- 自由动态观察：不参照平面，在任意方向上进行动态观察。沿 XY 平面和 Z 轴进行动态观察时，视点不受约束。
- 连续动态观察：连续地进行动态观察。在要使连续动态观察移动的方向上单击并拖动，然后释放鼠标按钮，轨道沿该方向继续移动。
- 调整距离：垂直移动光标时，将更改对象的距离。可以使对象显示得较大或较小，并可以调整距离。
- 回旋：在拖动方向上模拟平移相机。查看的目标将更改。可以沿 XY 平面或 Z 轴回旋视图。
- 缩放：模拟移动相机靠近或远离对象，可以放大图像。
- 平移：启用交互式三维视图并允许用户水平和垂直拖动视图。

下面将主要介绍前 3 种动态观察三维视图的方法。

13.1.1 受约束的动态观察

在窗口"导航栏"面板中单击"动态观察"按钮 ，或在快速访问工具栏中选择"显示菜单栏"命令，在弹出的菜单中选择"视图"|"动态观察"|"受约束的动态观察"命令(3DORBIT)，可以在当前视口中激活三维动态观察视图。

当"受约束的动态观察"处于活动状态时，视图的目标将保持静止，而相机的位置(或视点)将围绕目标移动。但是，看起来好像三维模型正在随着鼠标光标的拖动而旋转。用户可以此方式指定模型的任意视图。此时，显示三维动态观察光标图标。如果水平拖动光标，相机将平行于世界坐标系(WCS)的 XY 平面移动。如果垂直拖动光标，相机将沿 Z 轴移动，如图 13-1 所示。

图 13-1　受约束的动态观察

13.1.2　自由动态观察

在窗口"导航栏"面板中单击"自由动态观察"按钮，或在快速访问工具栏中选择"显示菜单栏"命令，在弹出的菜单中选择"视图"|"动态观察"|"自由动态观察"命令(3DFORBIT)，可以在当前视口中激活三维自由动态观察视图。如果用户坐标系(UCS)图标为开，则表示当前 UCS 的着色三维 UCS 图标显示在三维动态观察视图中。

三维自由动态观察视图显示一个导航球，它被更小的圆分成 4 个区域，如图 13-2 所示。取消选择快捷菜单中的"启用动态观察自动目标"选项时，视图的目标将保持固定不变。相机位置或视点将绕目标移动。目标点是导航球的中心，而不是正在查看的对象的中心。与"受约束的动态观察"不同，"自由动态观察"不约束沿 XY 轴或 Z 方向的视图变化。

图 13-2　自由动态观察

13.1.3　连续动态观察

在窗口"导航栏"面板中单击"连续动态观察"按钮，或在快速访问工具栏中选

择"显示菜单栏"命令，在弹出的菜单中选择"视图"|"动态观察"|"连续动态观察"命令(3DCORBIT)，可以启用交互式三维视图并将对象设置为连续运动。

执行 3DCORBIT 命令，在绘图区域中单击并沿任意方向拖动鼠标，使对象沿正在拖动的方向开始移动。释放鼠标，对象在指定的方向上继续进行它们的轨迹运动。为光标移动设置的速度决定了对象的旋转速度。可通过再次单击并拖动来改变连续动态观察的方向。在绘图区域中右击并从快捷菜单中选择选项，也可以修改连续动态观察的显示，如图 13-3所示。

图 13-3   连续动态观察

13.2   使用相机功能

在 AutoCAD 2016 中，通过使用相机功能，用户可以在模型空间放置一台或多台相机来定义 3D 透视图。

13.2.1   认识相机

在图形中，可以通过放置相机来定义三维视图；可以打开或关闭相机并使用夹点来编辑相机的位置、目标或焦距；可以通过位置 XYZ 坐标、目标 XYZ 坐标和视野/焦距(用于确定倍率或缩放比例)定义相机。可以指定的相机属性如下。

- 位置：定义要观察三维模型的起点。
- 目标：通过指定视图中心的坐标来定义要观察的点。
- 焦距：定义相机镜头的比例特性。焦距越大，视野越窄。
- 前向和后向剪裁平面：指定剪裁平面的位置。剪裁平面是定义(或剪裁)视图的边界。在相机视图中，将隐藏相机与前向剪裁平面之间的所有对象。同样隐藏后向剪裁平面与目标之间的所有对象。

默认情况下，已保存相机的名称为 Camera1、Camera2 等。用户可以根据需要重命名相机以便更好地描述相机视图。

13.2.2　创建相机

在 AutoCAD 的快速访问工具栏中选择"显示菜单栏"命令，在弹出的菜单中选择"视图"|"创建相机"命令(CAMERA)，可以设置相机和目标的位置，以创建并保存对象的三维透视图，如图 13-4 所示。

图 13-4　创建相机

通过定义相机的位置和目标，然后进一步定义其名称、高度、焦距和剪裁平面来创建新相机。执行"创建相机"命令时，当在图形中指定了相机位置和目标位置后，命令行显示如下提示信息。

CAMERA 输入选项 [?/名称(N)/位置(LO)/高度(H)/坐标(T)/镜头(LE)/剪裁(C)/视图(V)/退出(X)]<退出>:

该命令提示下，可以指定是否显示当前已定义相机的列表、相机名称、相机位置、相机高度、相机目标位置、相机焦距、剪裁平面以及设置当前视图以匹配相机设置，如图 13-5 所示。

图 13-5　设置相机

13.2.3　修改相机特性

在图形中创建相机后，当选中相机时，将打开"相机预览"窗口，如图 13-6 所示。其中，预览窗口用于显示相机视图的预览效果；"视觉样式"下拉列表框用于指定应用于预览的视觉样式，如概念、三维隐藏、三维线框及真实等；"编辑相机时显示该窗口"复选框，用于指定编辑相机时是否显示"相机预览"窗口。

在选中相机后，可以通过以下几种方式来更改相机设置。

- 单击并拖动夹点，以调整焦距、视野大小，或重新设置相机位置，如图 13-7 所示。
- 使用动态输入工具栏提示输入 X、Y、Z 坐标值，如图 13-8 所示。

图 13-6　相机预览窗口

图 13-7　通过夹点进行设置　　　　图 13-8　使用动态输入

- 使用"特性"面板修改相机特性，如图 13-9 所示。

图 13-9　打开相机的"特性"面板

【**练习 13-1**】使用相机观察如图 13-10 所示的图形。

(1) 在快速访问工具栏中选择"显示菜单栏"命令，在弹出的菜单中选择"文件"|"打开"命令，打开一个三维图形，如图 13-10 所示。

(2) 在弹出的菜单中选择"视图"|"创建相机"命令(CAMERA)，在视图中通过添加相机来观察图形，如图 13-11 所示。

图 13-10　打开三维图形

图 13-11　创建相机

(3) 选中创建的相机，在"常用"选项卡中单击"特性"选项板下的"特性"按钮，打开"特性"面板，如图 13-12 所示。

(4) 在"特性"面板中，参考图 13-13 所示设置相机的参数。

图 13-12　单击"特性"按钮

图 13-13　设置相机参数

(5) 单击创建的相机，在打开的"相机预览"窗口中调整视觉样式，如图 13-14 所示。

图 13-14　调整相机视觉样式

13.2.4 调整视距

在快速访问工具栏中选择"显示菜单栏"命令，在弹出的菜单中选择"视图"|"相机"|"调整视距"命令(3DDISTANCE)，可以将光标更改为具有上箭头和下箭头的直线。单击并向屏幕顶部垂直拖动光标使相机靠近对象，从而使对象显示得更大。单击并向屏幕底部垂直拖动光标使相机远离对象，从而使对象显示得更小，如图 13-15 所示。

图 13-15　调整视距

13.2.5 设置回旋

在快速访问工具栏中选择"显示菜单栏"命令，在弹出的菜单中选择"视图"|"相机"|"回旋"命令(3DSWIVEL)，可以在拖动方向上模拟平移相机。可以沿 XY 平面或 Z 轴回旋视图，如图 13-16 所示。

图 13-16　回旋视图

13.3　使用运动路径动画

使用运动路径动画(例如模型的三维动画穿越漫游)可以向用户形象地演示模型。通过录制和回放导航过程，以动态传达设计意图。

13.3.1 控制相机运动路径的方法

用户可以通过将相机及其目标链接到点或路径来控制相机运动，从而控制动画。要使用运动路径创建动画，可以将相机及其目标链接到某个点或某条路径上。

● 如果要相机保持原样，则将其链接到某个点；如果要相机沿路径运动，则将其链接到路径上。

● 如果要目标保持原样，则将其链接到某个点；如果要目标移动，则将其链接到某条路径上。无法将相机和目标链接到一个点。

● 如果要使动画视图与相机路径一致，则使用同一路径。在"运动路径动画"对话框中，将目标路径设置为"无"可以实现该目的。

注意：

相机或目标链接的路径，必须在创建运动路径动画之前创建路径对象。路径对象可以是直线、圆弧、椭圆弧、圆、多段线、三维多段线或样条曲线。

13.3.2　设置运动路径动画参数

在快速访问工具栏中选择"显示菜单栏"命令，在弹出的菜单中选择"视图"|"动画运动路径"命令(ANIPATH)，打开"运动路径动画"对话框，如图 13-17 所示。

图 13-17　打开"运动路径动画"对话框

1. 设置相机

在"相机"选项区域中，可以设置将相机链接至图形中的静态点或运动路径。当选择"点"或"路径"按钮，可以单击"拾取"按钮 ，选择相机所在位置的点或沿相机运动的路径，这时在下拉列表框中将显示可以链接相机的命名点或路径列表。

注意：

创建运动路径时，将自动创建相机。如果删除指定为运动路径的对象，也将同时删除命名的运动路径。

2. 设置目标

在"目标"选项区域中，可以设置将相机目标链接至点或路径。如果将相机链接至点，则必须将目标链接至路径；如果将相机链接至路径，可以将目标链接至点或路径。

3. 设置动画

在"动画设置"选项区域中，可以控制动画文件的输出。其中，"帧频"文本框用于设置动画运行的速度，以每秒帧数为单位计量，指定范围为 1~60，默认值为 30；"帧数"文本框用于指定动画中的总帧数，该值与帧率共同确定动画的长度，更改该数值时，将自动重新计算"持续时间"值；"持续时间"文本框用于指定动画(片断中)的持续时间；"视觉样式"下拉列表框，显示可应用于动画文件的视觉样式和渲染预设的列表；"格式"下拉列表框用于指定动画的文件格式，可以将动画保存为 AVI、MOV、MPG 或 WMV 文件格式以便日后回放；"分辨率"下拉列表框用于以屏幕显示单位定义生成的动画的宽度和高度，默认值为 320×240；"角减速"复选框用于设置相机转弯时，以较低的速率移动相机；"反向"复选框用于设置反转动画的方向。

4. 预览动画

在"运动路径动画"对话框中，选择"预览时显示相机预览"复选框，将显示"动画预览"窗口，从而可以在保存动画之前进行预览。单击"预览"按钮，将打开"动画预览"窗口。在"动画预览"窗口中，可以预览使用运动路径或三维导航创建的运动路径动画。

13.3.3　创建运动路径动画

了解了运动路径动画的设置方法后，下面通过一个具体实例来介绍运动路径动画的创建方法。

【练习 13-2】在如图 13-18 所示的机件图形的 Z 轴正方向上绘制一个圆，然后创建沿圆运动的动画效果，其中目标位置为原点，视觉样式为概念，动画输出格式为 WMV。

(1) 打开如图 13-18 所示的图形。在 Z 轴正方向的某一位置(用户可以自己指定)创建一个圆，然后调整视图显示，效果如图 13-19 所示。

图 13-18　机件图形

图 13-19　绘制圆并调整视图显示

(2) 在菜单栏中选择"视图"|"运动路径动画"命令(ANIPATH)，打开"运动路径动

画"对话框。

(3) 在"相机"选项区域中选择"路径"单选按钮，并单击"选择路径"按钮切换到绘图窗口，单击绘制的圆作为相机的运动路径，此时将打开"路径名称"对话框，保持默认名称，单击"确定"按钮返回"运动路径动画"对话框。

(4) 在"目标"选项区域中选择"点"单选按钮，并单击"拾取点"按钮切换到绘图窗口，拾取原点(0,0,0)作为相机的目标位置，此时将打开"点名称"对话框，保持默认名称单击"确定"按钮返回"运动路径动画"对话框。

(5) 在"动画设置"选项区域的"视觉样式"下拉列表框中选择"概念"，在"格式"下拉列表框中选择"WMV"，如图 13-20 所示。

(6) 单击"预览"按钮，预览动画效果，满意后关闭"动画预览"窗口，返回到"运动路径动画"对话框。

(7) 单击"确定"按钮，打开"另存为"对话框，保存动画文件为"运动路径动画.wmv"，如图 13-21 所示。这时就可以选择一个播放器来观看动画播放效果了。

图 13-20　"运动路径动画"对话框

图 13-21　"另存为"对话框

13.4　使用漫游和飞行

在快速访问工具栏中选择"显示菜单栏"命令，在弹出的菜单中选择"视图"|"漫游和飞行"|"漫游"命令(3DWALK)，交互式更改三维图形的视图，使用户像在模型中漫游一样。

同样，在快速访问工具栏中选择"显示菜单栏"命令，在弹出的菜单中选择"视图"|"漫游和飞行"|"飞行"命令(3DFLY)，可以交互式更改三维图形的视图，使用户就像在模型中飞行一样。

穿越漫游模型时，将沿 XY 平面行进。飞越模型时，将不受 XY 平面的约束，所以看起来像"飞"过模型中的区域。 用户可以使用一套标准的键盘和鼠标交互在图形中漫游和飞行。使用键盘上的 4 个箭头键或 W 键、A 键、S 键和 D 键来向上、向下、向左或向右移动。要在漫游模式和飞行模式之间切换，按 F 键。要指定查看方向，沿要查看的方向拖动鼠标。漫游或飞行时显示模型的俯视图。

在三维模型中漫游或飞行时，可以追踪用户在三维模型中的位置。当执行"漫游"或"飞行"命令时，打开的"定位器"面板会显示模型的俯视图。位置指示器显示模型关系中用户的位置，而目标指示器显示用户正在其中漫游或飞行的模型。在开始漫游模式或飞行模式之前或在模型中移动时，用户可在"定位器"面板中编辑位置设置，如图 13-22 所示。

要控制漫游和飞行设置，可在快速访问工具栏中选择"显示菜单栏"命令，在弹出的菜单中选择"视图"|"漫游和飞行"|"漫游和飞行设置"命令(WALKFLYSETTINGS)，打开"漫游和飞行设置"对话框进行相关设置，如图 13-23 所示。

图 13-22 "定位器"选项板

图 13-23 "漫游和飞行设置"对话框

在"漫游和飞行设置"对话框的"设置"选项区域中，可以指定与"指令"窗口和"定位器"面板相关的设置。其中，"进入漫游和飞行模式时"单选按钮，用于指定每次进入漫游或飞行模式时均显示"漫游和飞行导航映射"对话框；"每个任务显示一次"单选按钮，用于指定当在每个 AutoCAD 任务中首次进入漫游或飞行模式时，显示"漫游和飞行导航映射"对话框；"从不"单选按钮，用于指定从不显示"漫游和飞行导航映射"对话框；"显示定位器窗口"复选框，用于指定进入漫游模式时是否打开"定位器"窗口。

注意：

在"当前图形设置"选项区域中，可以指定与当前图形有关的漫游和飞行模式设置。其中，"漫游/飞行步长"文本框用于按图形单位指定每步的大小；"每秒步数"文本框用于指定每秒发生的步数。

13.5 观察三维图形

在 AutoCAD 中，不仅可以缩放或平移三维图形，以观察图形的整体或局部，还可以通过旋转及消隐等方法来观察三维图形。

13.5.1 消隐图形

在快速访问工具栏中选择"显示菜单栏"命令，在弹出的菜单中选择"视图"|"消隐"命令(HIDE)，可以暂时隐藏位于实体背后而被遮挡的部分，如图 13-24 所示。

图 13-24 消隐图形

注意：

执行消隐操作之后，绘图窗口将暂时无法使用"缩放"和"平移"命令，直到在快速访问工具栏中选择"显示菜单栏"命令，在弹出的菜单中选择"视图"|"重生成"命令重生成图形为止。

13.5.2 改变三维图形的曲面轮廓素线

当三维图形中包含弯曲面时(如球体和圆柱体等)，曲面在线框模式下用线条的形式来显示，这些线条称为网线或轮廓素线。使用系统变量 ISOLINES 可以设置显示曲面所用的网线条数，默认值为 4，即使用 4 条网线来表达每一个曲面。该值为 0 时，表示曲面没有网线，如果增加网线的条数，则会使图形看起来更接近三维实物，如图 13-25 所示。

ISOLINES=10   ISOLINES=32

图 13-25 ISOLINES 设置对实体显示的影响

13.5.3 以线框形式显示实体轮廓

使用系统变量 DISPSILH 可以以线框形式显示实体轮廓。此时需要将其值设置为 1，并用"消隐"命令隐藏曲面的小平面，如图 13-26 所示。

图 13-26　以线框形式显示实体轮廓

13.5.4　改变实体表面的平滑度

要改变实体表面的平滑度，可通过修改系统变量 FACETRES 来实现。该变量用于设置曲面的面数，取值范围为 0.01~10。其值越大，曲面越平滑，如图 13-27 所示。

FACETRES=2　　　　　　　　　　　　　　FACETRES=10

图 13-27　改变实体表面的平滑度

注意：

如果 DISPSILH 变量值为 1，那么在执行"消隐"、"渲染"命令时并不能看到 FACETRES 设置效果，此时必须将 DISPSILH 值设置为 0。

13.6　使用视觉样式

在"功能区"选项板中选择"渲染"选项卡，在"视觉样式"面板中选择"视觉样式"下拉列表框中的视觉样式，或在快速访问工具栏中选择"显示菜单栏"命令，在弹出的菜单中选择"视图"|"视觉样式"子命令，可以对视图应用视觉样式。

13.6.1　应用视觉样式

视觉样式是一组设置，用来控制视口中边和着色的显示。一旦应用了视觉样式或更改了其设置，就可以在视口中查看效果。在 AutoCAD 中，有以下 5 种默认的视觉样式。

- 二维线框：显示用直线和曲线表示边界的对象。光栅和 OLE 对象、线型和线宽均可见，如图 13-28 所示。
- 线框：显示用直线和曲线表示边界的对象，如图 13-29 所示。

图 13-28 二维线框视觉样式

图 13-29 三维线框视觉样式

- 隐藏：显示用三维线框表示的对象并隐藏表示后向面的直线，如图 13-30 所示。
- 真实：着色多边形平面间的对象，并使对象的边平滑化。将显示已附着到对象的材质，如图 13-31 所示。

图 13-30 三维隐藏视觉样式

图 13-31 真实视觉样式

- 概念：着色多边形平面间的对象，并使对象的边平滑化。着色使用古氏面样式，一种冷色和暖色之间的过渡，而不是从深色到浅色的过渡。效果缺乏真实感，但是可以更方便地查看模型的细节，如图 13-32 所示。
- 着色：在着色视觉样式中来回移动模型时，跟随视点的两个平行光源将会照亮面。该默认光源被设计为照亮模型中的所有面，以便从视觉上可以辨别这些面，如图 13-33 所示。仅在其他光源(包括阳光)关闭时，才能使用默认光源。

图 13-32 概念视觉样式

图 13-33 着色视觉样式

注意:

在着色视觉样式中来回移动模型时, 跟随视点的两个平行光源将会照亮面。该默认光源被设计为照亮模型中的所有面, 以便从视觉上可以辨别这些面。仅在其他光源(包括阳光)关闭时, 才能使用默认光源。

13.6.2　管理视觉样式

在"功能区"选项板中选择"渲染"选项卡, 在"视觉样式"面板中单击"视觉样式管理器"按钮 ▣ , 或在快速访问工具栏中选择"显示菜单栏"命令, 在弹出的菜单中选择"视图"|"视觉样式"|"视觉样式管理器"命令, 打开"视觉样式管理器"面板, 如图 13-34 所示。

图 13-34　打开"视觉样式管理器"面板

在"图形中的可用视觉样式"列表中显示了图形中的可用视觉样式的样例图像。当选定某一视觉样式, 该视觉样式显示黄色边框, 选定的视觉样式的名称显示在面板的底部。在"视觉样式管理器"面板的下部, 将显示该视觉样式的面设置、环境设置和边设置。

在"视觉样式管理器"面板中, 使用工具条中的工具按钮, 可以创建新的视觉样式、将选定的视觉样式应用于当前视口、将选定的视觉样式输出到工具选项板以及删除选定的视觉样式。

注意:

在"图形中的可用视觉样式"列表中选择的视觉样式不同, 设置区中的参数选项也不同, 用户可以根据需要在面板中进行相关设置。

13.7　使用光源

当场景中没有用户创建的光源时，AutoCAD 将使用系统默认光源对场景进行着色或渲染。默认光源是来自视点后面的两个平行光源，模型中所有的面均被照亮，以使其可见。用户可以控制其亮度和对比度，而无须创建或放置光源。

要插入自定义光源或启用阳光，可在"功能区"选项板中选择"渲染"选项卡，在"光源"面板中单击相应的按钮，或在快速访问工具栏中选择"显示菜单栏"命令，在弹出的菜单中选择"视图"|"渲染"|"光源"子命令。插入自定义光源或启用阳光后，默认光源将会被禁用。

13.7.1　点光源

点光源从其所在位置向四周发射光线，它不以某一对象为目标。使用点光源可以达到基本的照明效果。在"功能区"选项板中选择"渲染"选项卡，在"光源"面板中单击"点光源"按钮，或在快速访问工具栏中选择"显示菜单栏"命令，在弹出的菜单中选择"视图"|"渲染"|"光源"|"新建点光源"命令，可以创建点光源，如图 13-35 所示。点光源可以手动设置为强度随距离线性衰减(根据距离的平方反比)或者不衰减。默认情况下，衰减设置为无。

用户也可以使用 TARGETPOINT 命令创建目标点光源。目标点光源和点光源的区别在于可用的其他目标特性，目标光源可以指向一个对象。将点光源的"目标"特性从"否"更改为"是"，就从点光源更改为目标点光源了，其他目标特性也将会启用。

创建点光源时，当指定了光源位置后，还可以设置光源的名称、强度因子、状态、光度、阴影、衰减及过滤颜色等选项，此时命令行显示如下提示信息。

输入要更改的选项 [名称(N)/强度因子(I)/状态(S)/光度(P)/阴影(W)/衰减(A)/颜色(C)/退出(X)] <退出>:

在点光源的"特性"面板中，可以修改光源的特性，如图 13-36 所示。

图 13-35　创建点光源

图 13-36　点光源特性面板

13.7.2 聚光灯

聚光灯(例如闪光灯、剧场中的跟踪聚光灯或前灯)分布投射一个聚焦光束，发射定向锥形光，可以控制光源的方向和圆锥体的尺寸。在"功能区"选项板中选择"渲染"选项卡，在"光源"面板中单击"聚光灯"按钮，或在快速访问工具栏中选择"显示菜单栏"命令，在弹出的菜单中选择"视图"|"渲染"|"光源"|"新建聚光灯"命令，可以创建聚光灯，如图 13-37 所示。

创建聚光灯时，当指定了光源位置和目标位置后，还可以设置光源的名称、强度因子、状态、光度、聚光角、照射角、阴影、衰减及过滤颜色等选项，此时命令行显示如下提示信息。

　　输入要更改的选项 [名称(N)/强度因子(I)/状态(S)/光度(P)/聚光角(H)/照射角(F)/阴影(W)/衰减(A)/过滤颜色(C)/退出(X)]<退出>::

像点光源一样，聚光灯也可以手动设置为强度随距离衰减。但是，聚光灯的强度始终还是根据相对于聚光灯的目标矢量的角度衰减。此衰减由聚光灯的聚光角角度和照射角角度控制。聚光灯可用于亮显模型中的特定特征和区域。聚光灯具有目标特性，可以使用聚光灯的"特性"面板设置，如图 13-38 所示。

图 13-37　创建聚光灯

图 13-38　聚光灯光源特性面板

13.7.3 平行光

平行光仅向一个方向发射统一的平行光光线。可以在视口中的任意位置指定 FROM 点和 TO 点，以定义光线的方向。在快速访问工具栏中选择"显示菜单栏"命令，在弹出的菜单中选择"视图"|"渲染"|"光源"|"新建平行光"命令，可以创建平行光。

创建平行光时，当指定了光源的矢量方向后，还可以设置光源的名称、强度因子、状态、光度、阴影及过滤颜色等选项，此时命令行显示如下提示信息。

　　输入要更改的选项 [名称(N)/强度因子(I)/状态(S)/光度(P)/阴影(W)/过滤颜色(C)/退出(X)] <退出>:

在图形中,可以使用不同的光线轮廓表示每个聚光灯和点光源,但不会用轮廓表示平行光和阳光,因为它们没有离散的位置并且也不会影响整个场景。

平行光的强度并不随着距离的增加而衰减;对于每个照射的面,平行光的亮度都与其在光源处相同。可以用平行光统一照亮对象或背景。

注意:
平行光在物理上不是非常精确,因此建议用户不要在光度控制流程中使用。

13.7.4 查看光源列表

在"功能区"选项板中选择"渲染"选项卡,在"光源"面板中单击"模型中的光源"按钮 ,或在快速访问工具栏中选择"显示菜单栏"命令,在弹出的菜单中选择"视图"|"渲染"|"光源"|"光源列表"命令,将打开"模型中的光源"选项,其中显示了当前模型中的光源,单击此光源即可在模型中选中它,如图 13-39 所示。

图 13-39 查看光源列表

13.7.5 阳光与天光

在"功能区"选项板中选择"渲染"选项卡,使用"阳光和位置"面板,可以设置阳光和天光。

1. 阳光

太阳是模拟太阳光源效果的光源,可以用于显示结构投射的阴影如何影响周围区域。

阳光与天光是 AutoCAD 中自然照明的主要来源。但是,阳光的光线是平行的且为淡黄色,而大气投射的光线来自所有方向且颜色为明显的蓝色。系统变量 LIGHTINGUNITS 设置为光度时,将提供更多阳光特性。

流程为光度控制流程时,阳光特性具有更多可用的特性并且使用物理上更加精确的阳光模型在内部进行渲染。由于将根据图形中指定的时间、日期和位置自动计算颜色,因此光度控制阳光的阳光颜色处于禁用状态。根据天空中的位置确定颜色。流程是常规光源或标准光源时，其他阳光与天光特性不可用。

　　阳光的光线相互平行，并且在任何距离处都具有相同强度。可以打开或关闭阴影。若要提高性能，在不需要阴影时将其关闭。除地理位置以外，阳光的所有设置均由视口保存，而不是由图形保存。地理位置由图形保存。

　　在"功能区"选项板中选择"可视化"选项卡，在"阳光和位置"面板中单击"阳光特性"按钮▣，打开"阳光特性"面板，可以设置阳光特性，如图 13-40 所示。

图 13-40　打开"阳光特性"面板

　　在"功能区"选项板中选择"可视化"选项卡，在"阳光和位置"面板中单击"阳光状态"按钮▣，或者在命令窗口中执行 SUNSTATUS 命令，都可以设置默认光源的打开状态，如图 13-41 所示。

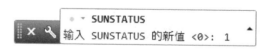

图 13-41　设置默认光源打开状态

　　由于太阳光受地理位置的影响，因此在使用太阳光时，还可以在"功能区"选项板中选择"可视化"选项卡，在"阳光和位置"面板中单击"设置位置"按钮，打开"地理位置-实时地图数据"对话框，单击"是"按钮，打开"地理位置"对话框，可以设置光源的地理位置，如纬度、经度、北向以及地区等。

　　注意：

　　此外，在"时间和位置"面板中，还可以通过拖动"阳光日期"和"阳光时间"滑块，设置阳光的日期和时间。

2. 天光背景

选择天光背景的选项仅在光源单位为光度单位时可用。如果用户选择了天光背景并且将光源更改为标准(常规)光源，则天光背景将被禁用。

在"功能区"选项板中选择"可视化"选项卡，在"阳光和位置"面板中单击"天光背景"按钮、"关闭天光"按钮和"伴有照明的天光背景"按钮，可以在视图中使用天光背景或天光背景和照明。

13.8　材质和贴图

将材质添加到图形中的对象上，可以展现对象的真实效果。使用贴图可以增加材质的复杂性和纹理的真实性。在"功能区"选项板中选择"渲染"选项卡，使用"材质"面板，或在快速访问工具栏中选择"显示菜单栏"命令，在弹出的菜单中选择"视图"|"渲染"|"材质"、"贴图"子命令，可以创建材质和贴图，并将其应用于对象上。

13.8.1　使用材质

在"功能区"选项板中选择"渲染"选项卡，在"材质"面板中单击"材质浏览器"按钮 ◙，在快速访问工具栏中选择"显示菜单栏"命令，在弹出的菜单中选择"视图"|"渲染"|"材质浏览器"命令，打开"材质浏览器"选项板，使用户可以快速访问与使用预设材质，如图 13-42 所示。

图 13-42　打开"材质浏览器"选项板

单击"图形中可用的材质"面板下的"在文档中创建新材质"按钮 ◙，可以创建新材质。使用"材质编辑器"面板，可以为要创建的新材质选择材质类型和样板。设置这些特性后，用户还可以使用"贴图"(例如纹理贴图或程序贴图)、"高级光源替代"、"材质缩放与平铺"和"材质偏移与预览"面板进一步修改新材质的特性。

13.8.2　将材质应用于对象和面

　　用户可以将材质应用到单个的面和对象，或将其附着到一个图层上的对象。要将材质应用到对象或面(曲面对象的三角形或四边形部分)，可以将材质从工具选项板拖动到对象。材质将添加到图形中，并且也将作为样例显示在"材质"窗口中，如图 13-43 所示。

图 13-43　将材质应用于对象和面

13.8.3　使用贴图

　　贴图是增加材质复杂性的一种方式，贴图使用多种级别的贴图设置和特性。附着带纹理的材质后，可以调整对象或面上纹理贴图的方向。

　　材质被映射后，用户可以调整材质以适应对象的形状。将合适的材质贴图类型应用到对象，可以使之更加适合对象。AutoCAD 提供的贴图类型有以下几种。

- 平面贴图：将图像映射到对象上，就像将其从幻灯片投影器投影到二维曲面上一样。图像不会失真，但是会被缩放以适应对象，该贴图常用于面。
- 长方体贴图：将图像映射到类似长方体的实体上，该图像将在对象的每个面上重复使用。
- 球面贴图：在水平和垂直两个方向上同时使图像弯曲。纹理贴图的顶边在球体的"北极"压缩为一个点；同样，其底边在"南极"压缩为一个点。
- 柱面贴图：将图像映射到圆柱形对象上；水平边将一起弯曲，但顶边和底边不会弯曲。图像的高度将沿圆柱体的轴进行缩放。

注意：
若需要做进一步调整，可以使用显示在对象上的贴图工具，移动或旋转对象上的贴图。

　　贴图工具是一些视口图标，使用鼠标变换选择时，它可以使用户快速选择一个或两个轴。通过将鼠标放置在图标的任意轴上选择一个轴，然后拖动鼠标沿该轴变换选择。此外，移动或缩放对象时，可以使用工具的其他区域同时沿着两条轴执行变换。使用工具使用户可以在不同的变换轴和平面之间快速而轻松地进行切换。

13.9　渲染对象

渲染基于三维场景来创建二维图像。它使用已设置的光源、已应用的材质和环境设置(例如背景和雾化)，为场景的几何图形着色。

在"功能区"选项板中选择"渲染"选项卡，使用"渲染"面板，或在快速访问工具栏中选择"显示菜单栏"命令，在弹出的菜单中选择"视图"|"渲染"子命令，可以设置渲染参数并渲染对象，如图 13-44 所示。

图 13-44　"渲染"面板与"渲染"菜单

13.9.1　高级渲染设置

在"功能区"选项板中选择"渲染"选项卡，在"渲染"面板中单击"高级渲染设置"按钮，或在快速访问工具栏中选择"显示菜单栏"命令，在弹出的菜单中选择"视图"|"渲染"|"高级渲染设置"命令，打开"高级渲染设置"选项板，可以设置渲染高级选项，如图 13-45 所示。

图 13-45　打开"高级渲染设置"选项板

"高级渲染设置"选项板被分为从常规设置到高级设置的若干部分。"常规"部分包含了影响模型的渲染方式、材质和阴影的处理方式以及反锯齿执行方式的设置(反锯齿可以削弱曲线式线条或边在边界处的锯齿效果);"光线跟踪"部分控制如何产生着色;"间接发光"部分用于控制光源特性、场景照明方式以及是否进行全局照明和最终采集。此外,还可以使用诊断控件来帮助用户了解图像没有按照预期效果进行渲染的原因。

从一个下拉列表中选择一组预定义的渲染设置,称为渲染预设。渲染预设存储了多组设置,使渲染器可以产生不同质量的图像。标准预设的范围从草图质量(用于快速测试图像)到演示质量(提供照片级真实感图像)。还可以在"功能区"选项板中选择"渲染"选项卡,在"渲染"面板中选择"渲染预设"下拉列表框中的"管理渲染预设"选项,打开渲染预设管理器,从中可以创建自定义预设,如图 13-46 所示。

图 13-46　打开"管理渲染预设"对话框

13.9.2　控制渲染

在"功能区"选项板中选择"渲染"选项卡,在"渲染"面板中单击"环境"按钮,或在快速访问工具栏中选择"显示菜单栏"命令,在弹出的菜单中选择"视图"|"渲染"|"渲染环境"命令,打开"渲染环境"对话框,可以使用环境功能来设置雾化效果或背景图像,如图 13-47 所示。

图 13-47　打开"渲染环境"对话框

雾化和深度设置是非常相似的大气效果,可以使对象随着距相机距离的增大而显示得越浅。雾化使用白色,而深度设置使用黑色。在"渲染环境"对话框中,要设置的关键参数包括雾化或深度设置的颜色、近距离和远距离以及近处雾化百分率和远处雾化百分率。

雾化或深度设置的密度由近处雾化百分率和远处雾化百分率来控制。这些设置的范围从 0.0001~100。值越高，表示雾化或深度设置越不透明。

13.9.3　渲染并保存图像

默认情况下，渲染过程为渲染图形内当前视图中的所有对象。如果没有打开命名视图或相机视图，则渲染当前视图。虽然在渲染关键对象或视图的较小部分时渲染速度较快，但渲染整个视图可以让用户看到所有对象之间是如何相互定位的。

在"功能区"选项板中选择"渲染"选项卡，在"渲染"面板中单击"渲染"按钮，或在快速访问工具栏中选择"显示菜单栏"命令，在弹出的菜单中选择"视图"|"渲染"|"渲染"命令，打开"渲染"窗口，可以快速渲染对象，如图 13-48 所示。

图 13-48　渲染图形

渲染窗口中显示了当前视图中图形的渲染效果。在其右边的列表中，显示了图像的质量、光源和材质等详细信息；在其下面的文件列表中，显示了当前渲染图像的文件名称、大小、渲染时间等信息。用户可以右击某一渲染图形，这时将弹出一个快捷菜单，可以选择其中的命令来保存和清理渲染图像。

【练习 13-3】打开如图 13-49 所示的图形，对其进行渲染。

(1) 启动 AutoCAD 2016，打开如图 13-49 所示的图形。

(2) 在菜单栏中选择"视图"|"视觉样式"|"真实"命令，此时模型转变为"真实"显示，如图 13-50 所示。

(3) 在菜单栏中选择"视图"|"渲染"|"光源"|"新建点光源"命令，打开"光源"对话框，单击"关闭默认光源"链接，返回到绘图窗口，在命令行的提示下在图形窗口的适当位置单击，确定点光源的位置。

(4) 在命令行的提示下，输入 C，按 Enter 键，切换到"颜色"状态，再在命令行的提示下输入真彩色为(150,100,250)，并按 Enter 键完成输入。

(5) 按 Enter 键，完成点光源的设置，其效果如图 13-51 所示。

图 13-49　原始图形

图 13-50　真实效果

图 13-51　设置点光源

（6）在命令行中输入命令"VIEW"，然后按 Enter 键，打开"视图管理器"对话框，如图 13-52 所示。

（7）单击"新建"按钮，打开"新建视图"对话框，在"视图名称"文本框中输入"我的视图"，在"背景"下拉列表框中选择"图像"选项，打开"背景"对话框，如图 13-53 所示。

图 13-52　"视图管理器"对话框

图 13-53　"背景"对话框

（8）单击"浏览"按钮，在打开的对话框中选择图像，如图 13-54 所示。

（9）单击"确定"按钮，返回"视图管理器"对话框，在"查看"列表中选择"我的视图"，然后单击"置为当前"按钮，如图 13-55 所示。

图 13-54　选择图像

图 13-55　"视图管理器"对话框

（10）单击"确定"按钮，此时绘图窗口如图 13-56 所示。

（11）在"功能区"选项板中选择"渲染"选项卡，在"渲染"面板中设置渲染输出图像的大小、渲染质量等，然后在"渲染"面板中单击"渲染"按钮，完成操作，如图 13-57所示，显示了图像信息。

图 13-56　使用背景

图 13-57　渲染效果

13.10　思考练习

1. 在 AutoCAD 中，如何使用三维导航工具观察图形？

2. 在 AutoCAD 中，如何设置运动路径动画？

3. 在 AutoCAD 中，漫游和飞行各有什么特点？

4. 使用相机观察如图 13-58 所示的图形。其中，设置相机的名称为 mycamera，相机位置为(80,80,80)，相机高度为 80，目标位置为(0,0)，镜头长度为 80mm。

图 13-58　练习 4

第14章 图形输入输出和打印发布

AutoCAD 2016 提供了图形输入与输出接口。不仅可以将其他应用程序中处理好的数据传送给 AutoCAD，以显示其图形，还可以将在 AutoCAD 中绘制好的图形打印出来，或者把它们的信息传送给其他应用程序。此外，用户利用 Internet 网络平台还可以发布、传递图形，进行技术交流或信息资源共享等。

14.1 输入和输出图形

AutoCAD 2016 除了可以打开和保存 DWG 格式的图形文件外，还可以输入和输出其他格式的图形。

14.1.1 输入图形

在 AutoCAD 2016 的菜单栏中选择"文件"|"输入"命令，或在"功能区"选项板中选择"插入"选项卡，在"输入"面板中单击"输入"按钮，都将打开"输入文件"对话框。在其中的"文件类型"下拉列表框中可以看到，系统允许输入"图元文件"、ACIS 及 3D Studio 等图形格式的文件。

图 14-1 "输入文件"对话框

14.1.2 插入 OLE 对象

OLE(Object Linking and Embedding，即：对象连接与嵌入)，是在 Windows 环境下实现不同 Windows 实用程序之间共享数据和程序功能的一种方法。

在菜单栏中选择"插入"|"OLE 对象"命令，或在"功能区"选项板中选择"插入"选项卡，在"数据"面板中单击"OLE 对象"按钮，都可打开"插入对象"对话框，可

以插入对象链接或者嵌入对象，如图 14-2 所示。

图 14-2　"插入对象"对话框

14.1.3　输出图形

使用 AutoCAD 2016 绘制的图形对象，不仅可以在 AutoCAD 中进行编辑处理，还可以通过其他图形处理软件进行处理，例如 Photoshop、CorelDRAW 等，但是必须将图形输出为其他软件能够识别的文件格式。

在 AutoCAD 2016 中，输出命令主要有以下几种调用方法：

- 选择"文件"|"输出"命令；
- 单击"文档管理器"按钮 ，在弹出的菜单中选择"输出"|"其他格式"命令，如图 14-3 所示；
- 在命令窗口中执行 EXPORT 命令。

在执行输出命令后，软件将打开如图 14-4 所示的"输出数据"对话框，在该对话框的"保存于"下拉列表框中选择文件的保存路径，在"文件类型"下拉列表框中选择要输出的文件格式，在"文件名"下拉列表框中输入输出图形文件的名称，然后单击"保存"按钮即可输出图形文件。

图 14-3　选择输出格式　　　　　　　　　　图 14-4　"输出数据"对话框

在 AutoCAD 中，可以将图形输出为以下几种格式的图形文件。

- **.bmp**：输出为位图文件，该格式几乎可以供所有图像处理软件使用。
- **.wmf**：输出为 Windows 图元文件格式。
- **.dwf**：输出为 Autodesk Web 图形格式，便于在网上发布。
- **.dxx**：输出为 DXX 属性的抽取文件。
- **.dgn**：输出为 MicroStation V8 DGN 格式的文件。
- **.dwg**：输出为可供其他 AutoCAD 版本使用的图块文件。
- **.stl**：输出为实体对象立体画文件。
- **.sat**：输出为 ACIS 文件。
- **.eos**：输出为封装的 PostScript 文件。

【练习 14-1】在 AutoCAD 2016 中将零件图以.wmf 格式进行输出。

(1) 打开如图 14-5 所示的零件图以后，在命令窗口中执行 EXPORT 命令。

(2) 打开"输出数据"对话框，然后单击"文件类型"下拉列表按钮，在弹出的下拉列表中选中"图元文件(*.wmf)"选项，在"文件名"文本框中输入文件名称"阵列图"后，单击"保存"按钮，即可将打开的图形保存为.wmf 格式的文件，如图 14-6 所示。

图 14-5　打开图形文件

图 14-6　"输出数据"对话框

14.2　创建与管理布局

在 AutoCAD 2016 中，可以创建多种布局，每个布局都代表一张单独的打印输出图纸，用户可以根据设计需求创建多个布局以显示不同的视图，并且还可以在布局中创建多个浮动视口。

14.2.1　模型空间和布局空间

模型空间和布局空间是 AutoCAD 的两个工作空间，并且通过这两个空间可以设置打印效果，其中通过布局空间的打印方式比较方便快捷。在 AutoCAD 中，模型空间主要用于绘制图形的主体模型，而布局空间主要用于打印输出图纸时对图形的排列和编辑。

1. 模型空间

模型空间是绘图和设计图纸时最常用的工作空间。在该空间中，用户可以创建物体的视图模型包括二维和三维图形造型。此外还可以根据需求，添加尺寸标注和注释等来完成所需要的全部绘图工作。在屏幕底部的状态栏中单击"模型"按钮，系统将自动进入模型工作空间，效果如图 14-7 所示。

图 14-7　模型工作空间

2. 布局空间

布局空间又称为图纸空间，主要用于图形排列、添加标题栏、明细栏以及起到模拟打印效果的作用。在该空间中，通过移动或改变视口的尺寸可以排列视图。另外，该空间可以完全模拟图纸页面，在绘图之前或之后安排图形的布局输出。

在屏幕底部的状态栏中单击"布局"按钮，系统将自动进入布局工作空间，效果如图 14-8 所示。在绘图区左侧的"模型"和"布局"选项卡中，用户可以通过选择选项卡进行模拟空间和布局空间的切换，效果如图 14-9 所示。

图 14-8　布局空间

图 14-9　切换空间

14.2.2　创建布局

布局空间在图形输出中占有极大的优势和地位，同时也为用户提供了多种用于创建布局的方式和管理布局的不同方法。

1. 新建布局

利用该方式可以直接插入新建的布局。选择"工具"|"工具栏"|AutoCAD|"布局"命令，打开"布局"工具栏，单击"新建布局"按钮，并在命令行中输入新布局名称，即可创建新的布局，如图 14-10 所示。

图 14-10　新建布局空间

2. 使用布局向导

该方式是对所创建布局的名称、图纸尺寸、打印方向以及布局位置等主要选项进行详细的设置。因此使用布局向导创建的布局一般不需要再进行调整和修改，即可执行打印输出操作，适合初学者使用。使用布局向导创建布局的步骤如下。

【练习 14-2】为图 14-11 所示的示例图形创建布局。

(1) 打开图形后，在菜单栏中选择"工具"|"向导"|"创建布局"命令，打开"创建布局-开始"对话框，并在"输入新布局的名称"文本框中输入新创建的布局的名称，如 Newlayout，单击【下一步】按钮，如图 14-12 所示。

图 14-11　示例图形

图 14-12　命名布局

（2）打开"创建布局-打印机"对话框，选择当前配置的打印机，单击"下一步"按钮，如图 14-13 所示。

（3）打开"创建布局-图纸尺寸"对话框，选择打印图纸的大小并选择所用的单位。图形单位可以是毫米、英寸或像素。这里选择绘图单位为毫米，纸张大小为 A4，单击【下一步】按钮，如图 14-14 所示。

图 14-13　设置打印机

图 14-14　图形图纸的设定

（4）打开"创建布局-方向"对话框，设置打印的方向，可以是横向打印，也可以是纵向打印，这里选择"横向"单选按钮，如图 14-15 所示。

（5）打开"创建布局-标题栏"对话框，选择图纸的边框和标题栏的样式，单击"下一步"按钮，如图 14-16 所示。

图 14-15　设置布局方向

图 14-16　创建布局-标题栏

（6）打开"创建布局-定义视口"对话框，指定新创建布局的默认视口的设置和比例等。在"视口设置"选项区域中选择"单个"单选按钮，在"视口比例"下拉列表框中选择"按图纸空间缩放"选项，单击"下一步"按钮，如图 14-17 所示。

（7）打开"创建布局-拾取位置"对话框，单击"选择位置"按钮，切换到绘图窗口，并指定视口的大小和位置，单击"下一步"按钮，如图 14-18 所示。

图 14-17　创建布局-定义视口

图 14-18　创建布局-拾取位置

(8) 打开"创建布局-完成"对话框，单击"完成"按钮，如图 14-19 所示。完成新布局及默认的视口创建。创建的打印布局如图 14-20 所示。

图 14-19　创建布局-完成

图 14-20　创建的 Newlayout 布局

14.2.3　设置布局

右击"布局"选项卡，选择弹出的快捷菜单中的命令，可以删除、新建、重命名、移动或复制布局，如图 14-21 所示。

如果在绘图窗口中未显示"模型"和"布局"选项卡，可在状态栏中右击"模型"按钮，在弹出的快捷菜单中选择"显示布局和模型选项卡"命令即可。

另外，在绘图区空白处右击，并在打开的快捷菜单中选中"选项"命令，打开"选项"对话框。用户可以通过在该对话框中禁用"显示布局和模型选项卡"复选框实现隐藏布局和"模型"选项卡的效果，如图 14-22 所示。

图 14-21　选择命令

图 14-22　"选项"对话框

14.2.4　布局的页面设置

在进行图纸打印时，必须对打印页面的打印样式、打印设备、图纸大小、图纸打印方向以及打印比例等参数进行设置。

1. 页面设置选项

在"布局"工具栏中单击"页面设置管理器"按钮，将打开"页面设置管理器"对话框，如图 14-23 所示。在该对话框中用户可以对页面布局进行新建、修改和输入等操作。

图 14-23　打开"页面设置管理器"对话框

在"页面设置管理器"对话框中单击"新建"按钮，打开"新建页面设置"对话框，可以在其中创建新的布局，如图 14-24 所示。单击"修改"按钮，即可在打开的"页面设置"对话框中对该页面进行重新设置，如图 14-25 所示。

图 14-24　"新建页面设置"对话框　　　　图 14-25　"页面设置"对话框

"页面设置"对话框中主要面板的功能如下所示。

- "打印机/绘图仪"选项区域：指定打印机的名称、位置和说明。在"名称"下拉列表框中可以选择当前配置的打印机。如果要查看或修改打印机的配置信息，可单击"特性"按钮，在打开的"绘图仪配置编辑器"对话框中进行设置。

- "打印样式表"选项区域：为当前布局指定打印样式和打印样式表。当在下拉列表框中选择一个打印样式后，单击"编辑"按钮，可以使用打开的"打印样式表编辑器"对话框(如图 14-26 所示)查看或修改打印样式(与附着的打印样式表相关联的打印样式)。当在下拉列表框中选择"新建"选项时，将打开"添加颜色相关打印样式表"向导，用于创建新的打印样式表，如图 14-27 所示。另外，在"打印样式表"选项区域中，"显示打印样式"复选框用于确定是否在布局中显示打印样式。

图 14-26　"打印样式表编辑器"对话框

图 14-27　"添加颜色相关打印样式表"向导

- "图纸尺寸"选项区域：指定图纸的尺寸大小。
- "打印区域"选项区域：设置布局的打印区域。在"打印范围"下拉列表框中，可以选择要打印的区域，包括布局、视图、显示和窗口。默认设置为布局，表示针对"布局"选项卡，打印图纸尺寸边界内的所有图形，或表示针对"模型"选项卡，打印绘图区中所有显示的几何图形。
- "打印偏移"选项区域：显示相对于介质源左下角的打印偏移值的设置。在布局中，可打印区域的左下角点，由图纸的左下边距决定，用户可以在 X 和 Y 文本框中输入偏移量。如果选中"居中打印"复选框，则可以自动计算输入的偏移值，以便居中打印。
- "打印比例"选项区域：设置打印比例。在"比例"下拉列表框中可以选择标准缩放比例，或者输入自定义值。布局空间的默认比例为 1:1，模型空间的默认比例为"按图纸空间缩放"。如果要按打印比例缩放线宽，可选中"缩放线宽"复选框。布局空间的打印比例一般为 1:1。如果要缩小为原尺寸的一半，则打印比例为 1:2，线宽也随比例缩放。
- "着色视口选项"选项区域：指定着色和渲染视口的打印方式，并确定它们的分辨率大小和 DPI 值。其中，在"着色打印"下拉列表框中，可以指定视图的打印方式；在"质量"下拉列表框中，可以指定着色和渲染视口的打印分辨率；在 DPI 文本框中，可以指定渲染和着色视图每英寸的点数，最大可为当前打印设备分辨率的最大值，该选项只有在"质量"下拉列表框中选择"自定义"选项后才可用。
- "打印选项"选项区域：设置打印选项。例如打印线宽、显示打印样式和打印几何图形的次序等。如果选中"打印对象线宽"复选框，可以打印对象和图层的线宽；选中"按样式打印"复选框，可以打印应用于对象和图层的打印样式；选中"最后打印图纸空间"复选框，可以先打印模型空间几何图形，通常先打印图纸空间几何图形，然后再打印模型空间几何图形；选中"隐藏图纸空间对象"复选框，可以指定"消隐"操作应用于图纸空间视口中的对象,该选项仅在"布局"选项卡中可用。并且,该设置的效果反映在打印预览中,而不反映在布局中。

- "方向"选项区域:指定图形方向是横向还是纵向。选中"上下颠倒打印"复选框,还可以指定图形在图纸页上倒置打印,相当于旋转180°打印。

2. 输入页面设置

命名和保存图形中的页面设置后,要将这些页面设置用于其他图形,可以在"页面设置管理器"对话框中单击"输入"按钮,系统将打开如图 14-28 所示的"从文件选择页面设置"对话框。

在"从文件选择页面设置"对话框中选择页面设置方案的图形文件后单击"打开"按钮,将打开"输入页面设置"对话框。然后,在该对话框中选择需要输入的页面设置方案,并单击"确定"按钮。此后,该页面方案将会出现在"页面设置管理器"对话框中的"页面设置"列表框中,如图 14-29 所示。

图 14-28 "从文件选择页面设置"对话框

图 14-29 显示页面方案

14.3 使用浮动视口

在构造布局图时,可以将浮动视口视为图纸空间的图形对象,并对其进行移动和调整。浮动视口可以相互重叠或分离。在图纸空间中无法编辑模型空间中的对象,如果要编辑模型,必须激活浮动视口,进入浮动模型空间。激活浮动视口的方法有多种,如可执行 MSPACE 命令、单击状态栏上的"图纸"按钮或双击浮动视口区域中的任意位置。

14.3.1 调整浮动视口

在布局图中,选择浮动视口边界,然后按 Delete 键即可删除浮动视口。删除浮动视口后,在菜单栏中选择"视图"|"视口"|"新建视口"命令,或在"功能区"选项板中选择"视图"选项卡,在"模型视口"面板中单击相应的功能按钮,都可以创建新的浮动视口,

此时需要指定创建浮动视口的数量和区域。图 14-30 所示是在图纸空间中新建的 3 个浮动视口。

相对于图纸空间，浮动视口和一般的图形对象没什么区别。每个浮动视口均被绘制在当前层上，且采用当前层的颜色和线型。因此，可使用通常的图形编辑方法来编辑浮动视口。例如，可以通过拉伸和移动夹点来调整浮动视口的边界。

14.3.2 设置相同缩放比例

如果布局图中使用了多个浮动视口时，就可以为这些视口中的视图建立相同的缩放比例。这时可选择要修改其缩放比例的浮动视口，在"状态栏"的"视口比例" ![0.482864] 下拉列表框中选择某一比例，然后对其他的所有浮动视口执行同样的操作，就可以设置一个相同的比例值，如图 14-31 所示。

在 AutoCAD 中，通过对齐两个浮动视口中的视图，可以排列图形中的元素。要采用角度、水平和垂直对齐方式，可以相对一个视口中指定的基点平移另一个视口中的视图。

图 14-30　新建浮动视口

图 14-31　为浮动视口设置相同的比例

14.3.3 浮动视口中的旋转视图

在浮动视口中，执行 MVSETUP 命令可以旋转整个视图。该功能与 ROTATE 命令不同，ROTATE 命令只能旋转单个对象。

【练习 14-3】在浮动视口中将图 14-32 所示图形旋转 60°。

(1) 在命令行中输入 MVSETUP 命令。

(2) 在命令行的"输入选项 [对齐(A)/创建(C)/缩放视口(S)/选项(O)/标题栏(T)/放弃(U)]:"提示信息下输入 A，选择对齐方式。

(3) 在命令行的"输入选项 [角度(A)/水平(H)/垂直对齐(V)/旋转视图(R)/放弃(U)]:"提示信息下输入 R，以旋转视图。

(4) 在命令行的"指定视口中要旋转视图的基点:"提示信息下，指定视口中要旋转视图的基点坐标为(0,0)。

(5) 在命令行的"指定相对基点的角度: "提示信息下，指定旋转角度为 180°，然后按 Enter 键，则旋转结果如图 14-33 所示。

图 14-32 在浮动视口中旋转视图前的效果

图 14-33 在浮动视口中旋转视图后的效果

14.3.4 创建特殊形状的浮动视口

在删除浮动视口后，可以在菜单栏中选择"视图"|"视口"|"多边形视口"命令，创建多边形形状的浮动视口，如图 14-34 所示。

也可以将图纸空间中绘制的封闭多段线、圆、面域、样条或椭圆等对象设置为视口边界，这时可在菜单栏中选择"视图"|"视口"|"对象"命令来创建，如图 14-35 所示。

图 14-34 多边形浮动视口

图 14-35 根据对象创建浮动视口

14.4 打印图形

使用打印机打印图形时，首先应选择打印机，然后再设置好打印参数，才能更快、更好地打印出令人满意的图形。设置打印参数，主要包括设置打印设备、图纸纸型和打印比例等。

14.4.1 调用"打印"命令

图形绘制完成后根据需求用户可以将图形进行打印输出，在打印图形之前，还需要对打印参数进行设置，如选择打印设备、设定打印样式、选择图纸、设置打印方向等。在

AutoCAD 2016 中"打印"命令主要有以下几种调用方式。

- 单击"应用程序"按钮，在打开的文档浏览器中选择"打印"|"打印"命令，如图 14-36 所示。
- 在快速访问工具栏中单击"打印"按钮。
- 在命令窗口中执行 PLOT 命令。

执行"打印"命令后，将打开如图 14-37 所示的"打印-模型"对话框，在该对话框中用户可以对图形的打印参数进行设置，例如打印设备、设置打印样式表和选择打印图纸等。

图 14-36　选择"打印"命令　　　　　　　图 14-37　"打印-模型"对话框

14.4.2　选择打印设备

要将图形从打印机打印到图纸上，首先应安装打印机，然后在"打印-模型"对话框的"打印机/绘图仪"栏中的"名称"下拉列表框中进行打印设备的选择，如图 14-38 所示。

图 14-38　选择打印设备

14.4.3　指定打印样式表

打印样式用于修改图形的外观，选择某个打印样式后，图形中的每个对象或图层都具有该打印样式的属性，修改打印样式可以改变对象输出的颜色、线型或线宽等特性。

在"打印-模型"对话框的"打印样式表"栏的下拉列表框中选择要使用的打印样式，

即可指定打印样式表，如图 14-39 所示。单击"打印样式表"栏中的"编辑"按钮，打开如图 14-40 所示的"打印样式表编辑器"对话框，在该对话框中可以查看或修改当前指定的打印样式表。

图 14-39　选择打印样式表　　　　　　　图 14-40　设置打印样式表

14.4.4　选择图纸纸型

图纸纸型是指用于打印图形的纸张大小，在"打印-模型"对话框的"图纸尺寸"下拉列表框中即可选择纸型，如图 14-41 所示。不同的打印设备支持的图纸也不相同，所以选择的打印设备不同，在该下拉列表框中选中的选项也不同，但是一般设备都支持 A4 和 B5 等标准纸型。

图 14-41　选择图纸纸型

14.4.5　控制出图比例

在"打印-模型"对话框的"打印比例"栏中，用户可以设置图形输出的打印比例，如图 14-42 所示。打印比例主要用于控制图形单位与打印单位之间的相对尺寸，其中各选项的功能含义如下。

图 14-42 "打印比例"选项区域

- 布满图纸：若选中该复选框，将缩放打印图形以布满所选图纸尺寸，并不在"比例"下拉列表框、"毫米"和"单位"文本框中显示自定义的缩放比例因子。
- 比例：用于定义图形的打印比例。
- 毫米/英寸：该下拉列表用于指定与单位数等价的英寸数或毫米。当前所选图纸尺寸决定单位是英寸还是毫米。
- 单位：指定与英寸数、毫米数或像素数等价的单位数。
- 缩放线宽：与打印比例成正比缩放线宽。这时可以指定打印对象的线宽并按该尺寸打印而不考虑打印比例。

14.4.6 设置打印区域

在打印时，用户必须设置图形的打印区域，才能更准确地打印需要的图形。在"打印-模型"对话框的"打印区域"栏的"打印范围"下拉列表框中可以选择打印区域的类型，如图 14-43 所示。

图 14-43 "打印范围"栏

在"打印范围"下拉列表框中，各选项的主要功能如下。

- 窗口：选择该选项后，将返回绘图区指定要打印的窗口，在绘图区中绘制一个矩形框，选择打印区域后将返回"打印模型"对话框，同时右侧出现 窗口(O)< 按钮，单击该按钮可以返回绘图区重新选择打印区域，如图 14-44 所示。

图 14-44　指定要打印的窗口

- 范围：选择该选项后，在打印图形时，将打印出当前空间内的所有图形对象。
- 图形界限：选择该选项后，打印时只会打印绘制的图形界限内的所有对象。
- 显示：打印模型空间当前视口中的视图或布局空间中当前图纸空间视图的对象。

14.4.7　设置图形打印方向

打印方向指的是图形在图纸上打印时的方向，例如横向和纵向。在"打印-模型"对话框的"图形方向"栏中，用户可以设置图形的打印方向。该栏中各个选项的功能说明如下。

- 纵向：选中该单选按钮，将图纸的边长作为图形页面的顶部进行打印，如图 14-45 所示。
- 横向：选中该单选按钮，将图纸的边长作为图形页面的顶部进行打印，如图 14-46 所示。

图 14-45　纵向打印　　　　　　　　　　图 14-46　横向打印

- 上下颠倒打印：选中该复选框后，将图形在图纸上倒置进行打印，相当于将图形旋转 180°后再进行打印。

14.4.8　设置打印偏移

在"打印-模型"对话框的"打印偏移"栏中，用户可以对打印时图形位于图纸的位置进行设置，包含相对于 X 轴和 Y 轴方向的位置，也可以将图形进行居中打印。该栏中各选项的功能说明如下。

- X：指定打印原点在 X 轴方向的偏移量，如图 14-47 所示。
- Y：指定打印原点在 Y 轴方向的偏移量，如图 14-48 所示。

图 14-47　设置 X 轴方向偏移量　　　　　图 14-48　设置 Y 轴方向偏移量

- 居中打印：选中该复选框后，将图形打印到图纸的正中间，AutoCAD 软件将自动计算出 X 和 Y 偏移值。

14.4.9　设置着色视口选项

如果用户要将着色后的三维模型打印到图纸上，需要在"打印-模型"对话框的"着色视口选项"栏中进行设置，如图 14-49 所示。

图 14-49　"着色视口选项"栏

"着色视口选项"栏中，"着色打印"下拉列表框内主要选项的功能说明如下。

- 按显示：按对象在屏幕上显示的效果进行打印。
- 传统线框：用线框方式打印对象，不考虑它在屏幕上的显示方式。
- 传统隐藏：打印对象时消除隐藏线，不考虑它在屏幕上的显示方式。
- 渲染：按渲染后的效果打印对象，不考虑它在屏幕上的显示方式。

14.4.10　设置打印预览

将图形发送到打印机或绘图仪之前，最好先进行打印预览，打印预览显示的图形与打印输出时的图形效果相同。在"打印-模型"对话框中单击"预览"按钮，即可预览图形的打印效果，如图 14-50 所示。

图 14-50 打印预览

14.5 发布图形

AutoCAD 拥有与 Internet 进行连接的多种方式，并且能够在其中运行 Web 浏览器。用户可以通过 Internet 访问或存储 AutoCAD 图形以及相关文件，并且通过该方式生成相应的 DWF 文件，以便进行浏览与打印。

14.5.1 创建图纸集

图纸集是来自一些图形文件的一系列图纸的有序集合。用户可以在任何图形中将布局作为图纸编号输入到图纸集中，在图纸一览表和图纸之间建立一种连接。在 AutoCAD 中，图纸集可以作为一个整体进行管理、传递、发布和归档。

在 AutoCAD 中，用户可以通过使用"创建图纸集"向导来创建图纸集。在向导中，既可以基于现有图形从头开始创建图纸集，也可以使用样例图纸集作为样板进行创建。

1. 从样例图纸集创建图纸集

在"创建图纸集"向导中，选择从样例图纸集创建图纸集时，该样例将提供新图纸集的组织结果和默认设置。用户可以指定根据图纸集的子集存储路径创建文件夹。使用此选项创建空图纸集后，可以单独地输入布局或创建图纸。

2. 从现有图形文件创建图纸集

在"创建图纸集"向导中，选择从现有文件创建图纸集时，需要指定一个或多个包含图形文件的文件夹。使用此选项，可以指定让图纸集的子集阻止复制图形文件的文件夹结构，并且这些图形的布局可以自动输入到图纸集中。另外，通过单击每个附加文件夹的"浏览"按钮，可以轻松地添加更多包含图形的文件夹。

下面将介绍从现有图形文件创建图纸集的具体操作步骤。

【练习 14-4】在 AutoCAD 中从现有图形文件创建图纸集。

(1) 在"应用程序"菜单中选择"文件"|"新建图纸集"命令，打开"创建图纸集-

开始"对话框,选择"现有图形"单选按钮,然后单击"下一步"按钮,如图 14-51 所示。

(2) 打开"创建图纸集-图纸集详细信息"对话框,输入新建图纸集的名称,并指定保存图纸集数据文件的路径,单击"下一步"按钮,如图 14-52 所示。

图 14-51 "创建图纸集-开始"对话框

图 14-52 输入新图纸集名称

(3) 在打开的"创建图纸集-选择布局"对话框中单击"浏览"按钮,在打开的"浏览文件夹"对话框中选中可以将图形中的布局添加至图纸集中的文件夹,单击"下一步"按钮,如图 14-53 所示。

(4) 在打开的"创建图纸集-确认"对话框中,审查要创建的图纸集信息,然后单击"完成"按钮,即可完成操作,如图 14-54 所示。

图 14-53 指定布局文件夹

图 14-54 审查创建图纸集信息

14.5.2 发布 DWF 文件

DWF 文件是一种安全的适用于在 Internet 上发布的文件格式。使用此格式,可以在任何装有网络浏览器和专用插件的计算机中执行打开、查看或输出操作。此外在发布 DWF 文件时,可以使用绘图仪配置文件,也可以使用安装时默认选择的 DWF6 ePlot.pc3 绘图仪驱动程序,还可以修改配置设置,如颜色深度、显示精度、文件压缩以及字体处理等其他选项。

在输入 DWF 文件之前,首选需要创建 DWF 文件。在 AutoCAD 中可以使用 ePlot.pc3 配置文件,创建带有白色背景和纸张边界的 DWF 文件。在使用 ePlot 功能时,软件将会创建一个虚拟电子出图,利用 ePlot 可指定多种设置(如指定旋转和图纸尺寸等),并且这些设置都会影响 DWF 文件的打印效果。

【练习 14-5】在 AutoCAD 中创建一个零件图的 DWF 文件。

(1) 在 AutoCAD 中打开零件图形文件，然后在"输出"选项卡的"打印"选项板中单击"打印"按钮 🖨。

(2) 打开"打印-模型"对话框，然后在该对话框中选择打印机为"DWF6ePlot.pc3"，单击"确定"按钮，如图 14-55 所示。

(3) 打开"浏览打印文件"对话框，设置 ePlot 文件的名称和路径，单击"保存"按钮，即可完成 DWF 文件的创建操作，如图 14-56 所示。

图 14-55　"打印-模型"对话框

图 14-56　"浏览打印文件"对话框

14.6　思考练习

1. 简述 AutoCAD 中模型空间和布局空间的区别与联系。
2. 如何将图形文件发布为 DWF 文件，并将文件发布到 Web？